Fakultät II – Informatik, Wirtschafts- und Rechtswissenschaften
Department für Informatik

Ein Framework zur Architekturbeschreibung von sozio-technischen maritimen Systemen

Von der Fakultät für Informatik, Wirtschafts- und Rechtswissenschaften der Carl von Ossietzky Universität Oldenburg zur Erlangung des Grades und Titels eines

Doktors der Ingenieurwissenschaften (Dr.-Ing.)

angenommene Dissertation
von Herrn Benjamin Weinert
geboren am 23.12.1987 in Haselünne

31.01.2018

Ein Framework zur Architekturbeschreibung von sozio-technischen maritimen Systemen

von Benjamin Weinert

Gutachter der Disseration: Prof. Dr.-Ing. Axel Hahn
Weitere Gutachter: Prof. Dr. Ulrike Steffens
Tag der Disputation: 29.03.2018

ISBN: 978-3-9818529-3-6

1. Auflage 2018

MBSE4U, www.mbse4u.com

Gestaltung Umschlaggrafik: Gerrit Gromm & Kristina Arnold (www.grommgrafik.de)
Herstellung: BoD – Books on Demand, Norderstedt.

Bibliografische Information der Deutschen Nationalbibliothek

Die Deutsche Nationalbibliothek verzeichnet diese Publikation in der Deutschen Nationalbibliografie; detaillierte bibliografische Daten sind im Internet über http://dnb.dnb.de abrufbar.

Zusammenfassung

Eine nachhaltige und sichere Optimierung des maritimen Transportprozesses soll gemäß der *International Maritime Organization* (IMO) u.a. durch die Kopplung see- und landseitiger maritimer Systeme erfolgen. Ein erforderlicher harmonisierter Informationsaustausch zwischen existierenden und künftigen Systemen bzw. Systemkomponenten wird unter dem Begriff e-Navigation international vorangetrieben. Dabei soll nicht nur eine technische Interoperabilität zwischen den Systemen gewährleistet, sondern auch menschliche Nutzer und existierende Regularien berücksichtigt werden.

Für die Unterstützung dieser Harmonisierung sowie für die Integration von Systemen in eine (bestehende) Systemumgebung muss eine umfassende Sicht auf die jeweiligen Systeme innerhalb des maritimen Kontexts aus verschiedenen technischen und nicht-technischen Perspektiven ermöglicht werden.

Der in dieser Arbeit betrachtete Ansatz einer Entwicklung eines maritimen Architekturframeworks ermöglicht den Anwendern auf formale Art und Weise, die Eigenschaften von Systemen zu erfassen. Auf dieser Basis können Architekturmodelle erstellt werden, die eine ganzheitliche Betrachtung des entsprechenden Systems innerhalb der maritimen Domäne und ihrer Merkmale ermöglicht. Im Zuge dessen unterstützt das entwickelte Prinzip verschiedene Betrachtungsmöglichkeiten zur Identifikation einer internen Konsistenz oder von Interoperabilitätsmerkmalen in und zwischen den betrachteten Systemen.

Die vorgestellte Arbeit vereint Merkmale aus dem Systems Engineering, dem System of Systems Engineering sowie insbesondere aus dem Enterprise Architecture Management in einem Ansatz. Dieser beinhaltet die Entwicklung einer geeigneten Methodik zur Erfassung und Beschreibung einer Systemarchitektur sowie die Entwicklung einer Struktur zur Erstellung von Architekturmodellen unter Berücksichtigung maritimer Charakteristiken. Hinzu kommen weitere Aspekte, die im Rahmen der Arbeit Berücksichtigung finden. Dazu zählen sowohl ein Anforderungsmanagement als auch die Nutzung des Ansatzes für potentielle Analysen.

Danksagung

„Das hat sich doch nur jemand ausgedacht.“ - K.

Ich möchte mich an dieser Stelle bei Prof. Dr.-Ing Axel Hahn sowie Dr. André Bolles für die hervorragende Zusammenarbeit und Begleitung während dieser Doktorarbeit bedanken. Insbesondere Prof. Dr.-Ing. Axel Hahn ist mit seiner fachlichen Kompetenz sowie seiner Begeisterung für das maritime Forschungsfeld im Allgemeinen die treibende Kraft und Motivator gewesen. Großer Dank gebührt Dr. Bolles, der mich mit seiner pragmatischen Rationalität bei verschiedenen Gelegenheiten zu immer mehr Leistungen motiviert hat.

Ich bedanke mich bei Apl. Prof. Dr. Jürgen Sauer für seine konstruktive Kritik bei verschiedenen Gelegenheiten sowie bei Dr. Michael Siegel für das in mich gesetzte Vertrauen.

Besonderen Dank gebührt auch Dr.-Ing. Mathias Uslar für die Investition seiner Zeit und Fachkompetenz in den vielen Stunden an konstruktiven Informations- und Meinungsaustausch.

Zudem bedanke ich mich beim Kultusministerium des Landes Niedersachsen für die Förderung durch das Promotionsprogramm SAMS sowie bei Dr.-Ing. Volker Gollücke für Rat und Tat und als direkter Ansprechpartner in allen Belangen SAMS betreffend.

Vielen Dank auch an meine Frau, Lisa Pörtge für die uneingeschränkte Unterstützung während der Promotion, ihre Geduld, sowie für die Verbesserung meines Schreib- und Sprachduktus.

Abschließend möchte ich mich noch bei den Mitarbeiterinnen und Mitarbeitern der Universität Oldenburg sowie des OFFIS Institut für Informatik bedanken. Besonders hervorzuheben sind hier die Kollegen aus den Abteilungen Kooperierende Mobile Systeme und Systemanalyse- und Optimierung. Ich bedanke mich bei meiner Familie, die mich in den letzten drei Jahren auf unterschiedliche Art und Weise unterstützt hat.

Für Batta.

Inhaltsverzeichnis

Abbildungsverzeichnis

Abkürzungsverzeichnis

ADM	Architecture Development Method
AIS	Automatic Identification System
BPMN	Business Process Model Notation
COLREG	Convention on the International Regulations for Preventing Collisions at Sea
DMA	Danish Maritime Authority
EAM	Enterprise Architecture Management
EC	Enterprise Continuum
ES2	EfficienSea 2
FuE	Forschung und Entwicklung
IALA	International Association of Marine Aids to Navigation and Lighthouse Authorities
IMO	Internation Maritime Organization
KVR	Kollisionsverhütungsregeln
MAF	Maritime Architecture Framework
MCP	Maritime Connectivity Platform
MDA	Model Driven Architecture
MDE	Model Driven Engineering
MSP	Maritime Service Portfolio
OMG	Object Management Group
SE	Systems Engineering
SeeSchStrO	Seeschiffahrtsstraßen-Ordnung
SOG	Fahrt über Grund
SOLAS	International Convention for the Safety of Life at Sea
SoS	System of Systems Engineering
STM	Sea Traffic Management Validation Project
SysML	Systems Modeling Language
UML	Unified Modeling Language
TOGAF	The Open Group Architecture Framework
DODAF	Department of Defense Architecture Framework
VTS	Vessel Traffic Service

Kapitel 1
Einleitung

„Eine Einführung in die Motivation und in das Thema dieser Dissertation"

Rund 90% des weltweiten Handelsaufkommens wird durch Schiffe transportiert [Alli15]. Die internationale Seefahrt ist charakterisiert als ein kontinuierlich wandelnder Markt. Als ein Ergebnis der stetigen Entwicklung von Navigations- und Kommunikationssystemen innerhalb der letzten Jahrzehnte sind Schiffe und landgestützte Verkehrszentralen sowie weitere Einrichtungen mit einer Vielzahl unterschiedlicher maritimer Systeme für sichere bzw. effiziente Navigation und Verkehrsüberwachung ausgestattet [Imo74], [Mari17]. Diese Systeme können jedoch nicht notwendigerweise miteinander kooperieren.

Daher hat die International Maritime Organization (IMO) als Ansatz für eine Optimierung in der zivilen Seefahrt die Notwendigkeit erkannt, diese heterogenen Systeme miteinander zu verbinden, um eine Harmonisierung des Informationsaustausches sowohl see- und landseitig als auch zwischen See und Land anzustreben [Msc809].

Daraus resultierte im Jahr 2007 die Einführung der globalen e-Navigation-Strategie für eine Harmonisierung existierender und künftiger maritimer Systeme sowohl see- als auch landseitig. Diese Strategie beinhaltet eine Sammlung von übergeordneten Zielen über die künftige Ausrichtung der maritimen Domäne aus Sicht der IMO. Die e-Navigation zielt dabei auf eine nachhaltige und sichere Entwicklung des maritimen Transportprozesses ab und adressiert dabei u.a. einen interoperablen Informationsaustausch zwischen maritimen Systemen [Msc809].

Die Umsetzung dieser Strategie kann dabei als langfristige Entwicklung gesehen werden, die das Potenzial hat, die organisatorischen und technischen Infrastrukturen der maritimen Domäne nachhaltig zu verändern. Aus den Anforderungen der e-Navigation erwachsene Ansätze, wie etwa die Maritime Connectivity Platform als ein maritimes Kommunikationsframework, befinden sich derzeit im Rahmen verschiedener internationaler Projekte in der Entwicklung.

Die daraus entstehenden organisatorischen und technischen Innovationen im maritimen Sektor offenbaren dabei die Notwendigkeit eines ganzheitlichen Ansatzes zur Koordinierung und

Durchführung der Entwicklungsprozesse zwischen maritimen Systemen und deren Tätigkeitsfeld.

1.1 Herausforderungen in der maritimen Domäne

Vor dem Hintergrund der e-Navigation und der damit verbundenen übergeordneten Zielvorgaben seitens der IMO werden innerhalb von Industrie und Forschung verschiedene Konzepte, Technologien und Produkte entwickelt bzw. erweitert, um die damit einhergehenden Problemstellungen zu bearbeiten. Dies beinhaltet u.a. den Betrieb von Plattformen für Experimente und Forschungen („Testfelder"), den Ausbau von Infrastruktur und Kommunikationsmitteln, die Unterstützung mit Big Data oder die Entwicklung von Standards für einheitliche Datenmodelle. [Iala17], [RoBa11]

Potentielle Lösungansätze haben die gemeinsame Herausforderung, den Informationsaustausch zwischen heterogenen Systemen, Sensoren oder Aktoren zu harmonisieren. So adressiert beispielsweise das von der Europäischen Union (EU) geförderte Horizon2020 Projekt EfficienSea2 (ES2) [Effi16] die Entwicklung eines Kommunikationsframeworks zur Gewährleistung eines Informationsaustausches zwischen maritimen Systemen bzw. Stakeholdern unter Verwendung der existierenden Technologie bzw. der bereits etablierten Systeme und Kommunikationsmittel land- und seeseitig [Mari00].

Um dem Anspruch aus der e-Navigation nach einer Kollaboration verschiedener Systeme nachzukommen, ist es notwendig, die maritimen Systeme in ihrer Gesamtheit als sozio-technische Systeme zu betrachten. So kann das Zusammenspiel zwischen der menschlichen Komponente, operativen Prozessen bzw. Organisationsstrukturen in Verbindung mit technischen Elementen in Gänze erfasst und berücksichtigt werden [Günt99], [Anto07]. Abbildung 1 stellt die Abhängigkeiten dieser verschiedenen Aspekte und die Notwendigkeit der Angleichung untereinander schematisch dar.

Abbildung 1. Wechselseitige Abhängigkeiten zwischen Organisationsstrukturen, Regularien & Standards und technischen Elementen in einem Gesamtsystem

Sowohl technische Systeme als auch operative Prozesse und Organisationsstrukturen werden üblicherweise im Rahmen ihres Entwicklungsprozesses als Architekturen abgebildet. Solche Architekturen sind je nach Verwendungszweck und Perspektive unterschiedlich: So werden zum

Beispiel ein Datenmodell in ein Entity Relationship Diagramm (ERD), Organisationsstrukturen in einem Organigramm und technische Elemente und ihre Schnittstellen sowie Beziehungen in einen UML-Komponentendiagramm abgebildet. Vor diesem Hintergrund bilden sogenannte Architekturframeworks eine Basis für die Erstellung von Architekturbeschreibungen eines Systems unter Berücksichtigung unterschiedlicher Architekturperspektiven.

Auf Basis dieses Ansatzes leitet sich die initiale These ab, dass ein Architekturframework mit einer Methodik für Design und Integration unterschiedlicher Systemarchitekturen in eine maritime Systemumgebung die angestrebte Harmonisierung zwischen maritimen Systemen positiv unterstützen kann. In diesem Rahmen befasst sich die vorliegende Dissertation mit folgender Forschungsfrage:

I. *Wie muss ein domänen-spezifisches Architekturframework aufgebaut sein, um den Entwicklungsprozess von Systemarchitekturen maritimer sozio-technischer Systeme zu unterstützen?*

Neben dem Ziel, ein Architekturframework als Grundlage für Betrachtung, Koordination und Diskussion maritimer Systeme im Kontext ihrer technischen und organisatorischen Aspekte beziehungsweise innerhalb ihres Anwendungsgebiets anzubieten, orientiert sich diese Forschung zudem an der Entwicklung eines möglichst standardisierten Vorgehensmodells zur Spezifikation von Systemarchitekturen für sozio-technische Systeme als Teil der maritimen Domäne.

Daraus resultieren die weiteren Forschungsfragen:

II. *Was muss in einem Vorgehensmodell zur Beschreibung und Optimierung maritimer Systemarchitekturen berücksichtigt werden?*

III. *Wie kann ein Architekturframework den Entwicklungsprozess sozio-technischer Systemarchitekturen für die maritime Domäne harmonisieren?*

Es wird angenommen, dass ein solches domänenspezfisches Architekturframework die gegenwärtigen Bestrebungen im Rahmen der Einführung der e-Navigation und verwandter Ansätze innerhalb der maritimen Domäne einen unterstützenden Beitrag leisten kann.

1.2 Zielsetzung

Ausgehend von den übergeordneten Forschungsfragen leiten sich unterschiedliche Ziele ab, die im Rahmen dieser Forschungsarbeit adressiert werden sollen. Ein Erfolg der Einführung der e-Navigation, aber auch der von Systemintegrationen jeglicher Art (cyber-physisches System, operative Prozesse, soziale- und organisatorische Hierarchien) in eine maritime Systemumgebung ist maßgeblich abhängig von den potenziellen Schnittpunkten zwischen den Systemen auf verschiedenen Ebenen. Harmonisierter Informationsaustausch bedeutet in dem Fall, dass sowohl existierende domänenspezifische Eigenschaften wie Regularien, Organisationsstrukturen als auch technische Elemente und -systeme entsprechend aufeinander abgestimmt sind. Hierfür ist systemisches Denken [Espe94] seitens der Anwender notwendig, um die wechselseitigen Auswirkungen und Beziehungen zwischen den verschiedenen Einzelsystemen in und zwischen den unterschiedlichen Betrachtungsebenen verstehen und entsprechend berücksichtigen zu können: Änderungen in technischen Systemen können einen Änderungsbedarf in Organisationsstrukturen erfordern und umgekehrt.

Bei der Entwicklung neuer Einzelsysteme können wechselseitige Abhängigkeiten mit bestehenden Systemen bereits beim Systemdesign und vor der Integration in eine bestehende Systemumgebung in diesem Sinne berücksichtigt werden. Bereits bestehende Systeme in einem maritimen System-of-System (SoS) sind jedoch, falls überhaupt, meist nur lose miteinander verknüpft. Daher ist es hier erforderlich, sofern ein nahtloser Informationsaustausch und eine gemeinsame Kooperation verschiedener Systeme im Rahmen der e-Navigation angestrebt werden soll, diese Systeme in Gänze zu betrachten und entsprechend von einem sozio-technischen Standpunkt aus zu harmonisieren.

Daraus ergibt sich folglich die Notwendigkeit, sowohl zu entwickelnde als auch existierende Systeme auf Basis ihrer Systemarchitekturen zu analysieren und für einen gemeinsamen Einsatz in der maritimen Domäne entsprechend zu harmonisieren. Dies schließt die Erfassung, Beschreibung und Berücksichtigung von Anforderungen mit ein. Vor diesem Hintergrund lassen sich die folgenden Ziele, die von einem maritimen Architekturframework unterstützt werden sollen aus dem skizzierten Anwendungsszenario herleiten:

Anpassung von Systemarchitekturen Das Ziel ist die Anpassung von Systemarchitekturen existierender maritimer Systeme als Grundlage zur Erreichung einer Harmonisierung des Informationsaustausches zwischen den jeweiligen Systemen. Es müssen dabei unterschiedliche Anforderungen resultierend aus IMOs e-Navigation-Strategie und den inherenten Eigenschaften der maritimen Domäne erfüllt werden. Das angestrebte Architekturframework soll vor dem Hintergrund des systemischen Denkens die Betrachtung und Diskussion von maritimen Systemarchitekturen auf Basis ihrer technischen und organisatorischen Eigenschaften im Rahmen ihres Einsatzbereiches unterstützen. Das schließt die Optimierung und Anpassung von Organisationsstrukturen, Funktionen, betrieblichen Abläufen, menschliche Nutzer sowie (unterstützende) technische Systeme und Informationssysteme ein.

Entwicklung neuer Systemarchitekturen Dieses Ziel des angestrebten Architekturframeworks fokussiert sich auf die Unterstützung in der Entwicklung und Integration neuer Systemarchitekturen im Rahmen der e-Navigation. Konsequenterweise soll ein Top-down Entwicklungsparadigma mit der Definition von Funktionen und betrieblichen Abläufen und Prozessen sowie der Beschreibung von unterstützenden technischen Systemen adressiert werden. Dies schließt die Identifikation und Beschreibung von äußeren Faktoren und Rahmenbedingungen resultierend aus domänenspezifischen Charakteristiken, sprich

Anforderungen, ein. Das Ziel muss es sein, die Entwicklung des sozio-technischen Systems im Kontext der maritimen Strukturen zu unterstützen.

Integration und Adaption von Systemarchitekturen Als ein weiteres Ziel kann die Integration und Adaption von Systemarchitekturen genannt werden. Es konzentriert sich auf die technologiegetriebene Entwicklung neuer Systeme. Der Fokus ist die Integration von zusätzlichen technischen Komponenten innerhalb eines sozio-technischen Systems bzw. das Reengineering bestehender Systeme mit der Konsequenz, neue technische Elemente als Ersatz oder Ergänzung für Bestehendes in ein System zu integrieren. Dieses Szenario folgt dem Entwicklungsparadigma Bottom-up und beginnt entsprechend mit der Entwicklung einer technischen Systemarchitektur, die im Rahmen der weiteren Entwicklung mit regulativen, organisatorischen und funktionalen Strukturen der jeweiligen Systemumgebung kontextualisiert wird. Hierbei wird es im Regelfall erforderlich sein, bestehende betriebliche Abläufe, Standards oder Strukturen entsprechend den neuen technischen Gegebenheiten anzupassen.

1.3 Aufbau der Arbeit

Der Aufbau dieser Arbeit orientiert sich an gängigen Forschungsmethoden wie [HMPR04] und [PTRC07] unter Verwendung von Fallbeispielen, Anforderungsanalyse sowie Literaturrecherche. Bei Betrachtung von unterschiedlichen Vorgehensmodellen in Wissenschaft und Forschung, lässt sich die vorliegende Forschungsarbeit in die folgenden sukzessiven aufeinander aufbauenden Elemente unterteilen:

- Problemstellung & Motivation
- Zieldefinition
- Design & Entwicklung
- Demonstration
- Evaluation
- Veröffentlichung
- Forschungsbeitrag

Unter Berücksichtigung dieser Reihenfolge von Elementen ist der Aufbau dieser Forschungsarbeit in Abbildung 2 dargestellt.

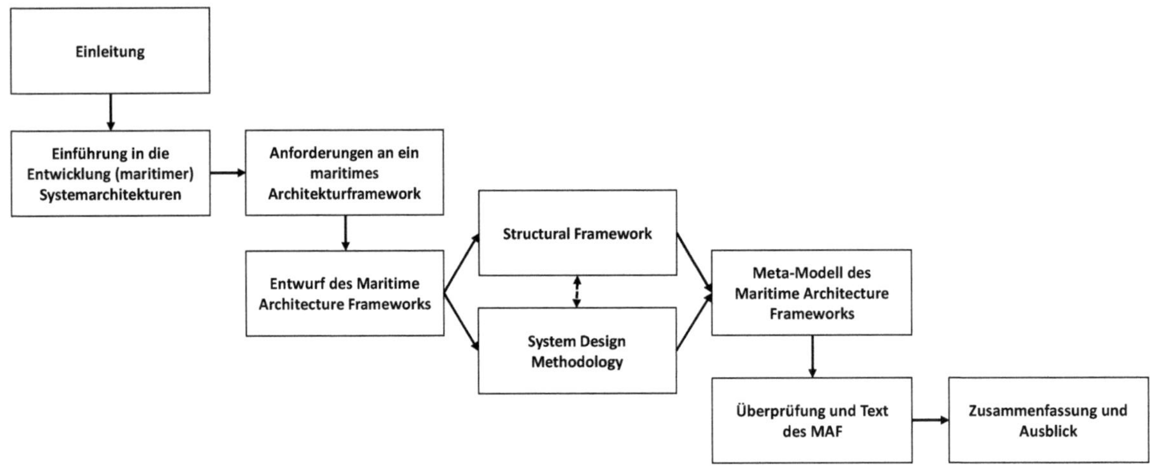

Abbildung 2. Aufbau der Arbeit

Nach allgemeiner Einführung in die Thematik sowie in den Aufbau der Arbeit in Kapitel 1 werden in Kapitel 2 relevante Begriffe aus dem Bereich des Systems Engineering und der maritimen Domäne betrachtet und diskutiert. Das Kapitel ermöglicht einen Überblick über verwandte Arbeiten aus dem Bereich der Architekturentwicklung und beschreibt unterschiedliche (regulative) Aspekte der maritimen Domäne sowie damit einhergehende Wechselbeziehungen. Abschließend wird die e-Navigation-Strategie eingeführt.

Kapitel 3 fokussiert sich auf die Beschreibung des künftigen Systemeinsatzes und der daraus resultierenden Zielsetzung für ein maritimes Architekturframework. Unter Berücksichtigung von Erkenntnissen aus dem maritimen Anwendungsbereich aus Kapitel 2 werden so entsprechende Anforderungen beschrieben. Das Kapitel endet mit der Überprüfung bestehender Architekturframeworks hinsichtlich ihrer Eignung gemäß der zuvor erhobenen Anforderungen.

In Kapitel 4 wird der auf Basis der Anforderungen erstellte Entwurf diskutiert. Dabei werden die verschiedenen Aufgabenbereiche der einzelnen Komponenten beschrieben und priorisiert.

Kapitel 5 und 6 können nebenläufig betrachtet werden. Während Kapitel 5 auf die Entwicklung und Beschreibung des *Structural Frameworks* eingeht, fokussiert sich Kapitel 6 auf die Definition der *System Design Methodology* und weiterer Komponenten. Dabei werden jeweils die Herausforderungen, das Konzept sowie die Umsetzung und Gestaltung diskutiert.

In Kapitel 7 werden die verschiedenen zuvor beschriebenen Komponenten des Architekturframeworks aufgegriffen und im Kontext zueinander in einem Meta-Model betrachtet.

In Kapitel 8 wird die Evaluation durchgeführt und so der eigene Forschungsbeitrag hinsichtlich einer Eignung für den anvisierten Einsatz überprüft.

In Kapitel 9 wird diese Arbeit in einem retroperspektiven Blick auf die getätigte Forschungsarbeit bzw. mit einem Blick auf mögliche Weiterentwicklungen zusammengefasst.

Kapitel 2
Einführung in (maritime) Systemarchitekturen

„Grundlagen zur Architekturentwicklung und eine Einführung in die maritime Domäne"

Ausgehend von der Zielsetzung der Forschungsarbeit beinhaltet dieses Kapitel eine Einführung in grundlegende Begrifflichkeiten und Methoden, die im Rahmen der Entwicklung von Systemarchitekturen zu adressieren sind (siehe Abbildung 3). Dazu zählt eine Einführung in relevante Konzepte aus dem Bereich des Systems Engineering, des System of Systems Engineering sowie des Enterprise Architecture Management wie Interoperabilität, Architekturframeworks, Architekturmodelle und Anforderungsmanagement. Im Kapitel wird die maritime Domäne hinsichtlich Struktur und Charakteristiken beschrieben, die bei der Entwicklung und Beschreibung maritimer Systemarchitekturen zu berücksichtigen sind. Dazu zählen inbesondere die e-Navigation-Strategie aber auch rechtliche Strukturen und existierende Referenzarchitekturen.

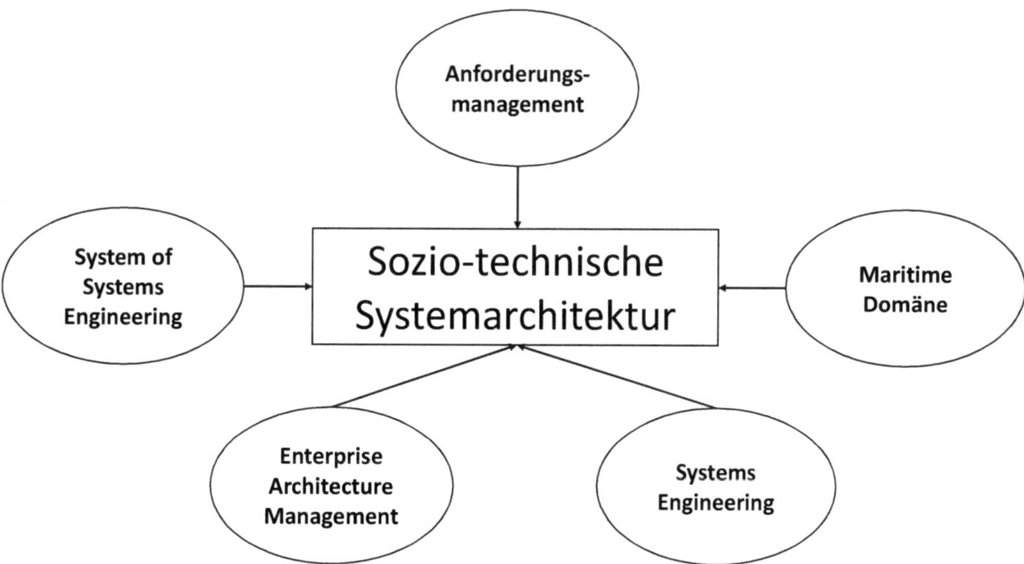

Abbildung 3. Übersicht über adressierte Thematiken in dieser Forschungsarbeit

2.1 (Sozio-technische) Systeme

Die Definition des Begriffs System wird im Folgenden gemäß der Definition von ISO / IEC / IEEE 15288 verstanden. Ein System ist definiert als *"[..]systems that are man-made and may be configured with one or more of the following: hardware, software, data, humans, processes (e.g., processes for providing service to users), procedures (e.g. operator instructions), facilities, materials and naturally occurring entities.* [Iso15]". Ein System ist eingebettet in einer entsprechenden Systemumgebung, die gemäß [Iso11] wie folgt definiert ist: *"(system) context determining the setting and circumstances of all influences upon a system. The environment of a system includes development, technological, business, operational, organizational, political, economic, legal, regulatory, ecological and social influences."*.

Trotz einer generellen Assoziation eines Systems mit technischen Elementen, ist ein System nicht zwangsläufig gleichzusetzen mit einem technischen System. Es kann auch als ein Sozialsystem, bestehend aus Geschäfts- oder behördlichen Strukturen oder ein sozio-technisches System verstanden werden. Der Begriff „sozio-technisches System" ist nicht eindeutig definiert, ein solches System beinhaltet jedoch im Allgemeinen mindestens sowohl soziale Aspekte wie eine menschliche Komponente, behördliche Regeln und Bestimmungen oder Organisationsstrukturen als auch technische Aspekte wie Hard- und Softwarekomponenten [Comp00] [Günt99]. Exemplarisch für ein sozio-technisches System kann ein Unternehmen betrachtet werden. Ein Unternehmen beinhaltet Geschäftsprozesse, menschliche Akteure, Geschäftsziele sowie unterstützende Hard- und Softwarekomponenten. Aber auch die maritime Domäne mit einer Vielzahl an Stakeholdern, Regularien, technischen Systemen und mehr kann in ihrer Gesamtheit als ein sozio-technisches System bezeichnet werden.

Ergänzend dazu kann ein solches System auch als ein System of Systems (SoS) verstanden werden. Dies bedeutet die Integration bzw. Kombination verschiedener, eigenständiger Systeme in eine gemeinsame Systemumgebung für eine bestimmte Zielsetzung [Iso10]. Zudem gibt es cyber-physische Systeme (CPS), die eine Kombination aus Teilsystemen darstellen, das Systeme bzw. Systemelemente sowohl aus der physischen Welt (z.B. Sensoren und Aktoren) mit einem Gegenstück aus der IT kombiniert [Cpse17].

2.2 Entwicklung und Beschreibung von Systemen

Allgemein wird die Entwicklung und Beschreibung von Systemen mit dem Ansatz des Systems Engineering verbunden. Parallel zu diesem Ansatz haben sich jedoch in den letzten Dekaden verschiedene weitere Ansätze für die unterschiedlichen Arten von Systemen entwickelt. Dazu zählt auch das System of Systems Engineering als eine Fortführung des Systems Engineering sowie das Enterprise Architecture Management (EAM, dt.: Unternehmensarchitekturmanagement). Demensprechend erfolgt eine Einführung und Abgrenzung der unterschiedlichen Begrifflichkeiten.

Systems Engineering Im Allgemeinen ist der Begriff Systems Engineering geprägt als ein interdisziplinärer Ansatz für eine erfolgreiche Entwicklung und den Betrieb von Systemen. Es bezieht sich auf den kompletten Lebenszyklus eines Systems [Depa01]. Das interdisziplinäre Systems Engineering umfasst dabei laut ISO die Regelung des technischen- und Verwaltungsaufwands für die Umsetzung von Anforderungen an ein System. Dabei beinhaltet dies nicht nur die Entwicklung sondern auch die Wartung im Systemlebenszyklus [Iso10]. Ergänzend hierzu definiert das International Council on Systems Engineering (INCOSE) den Begriff als „*an interdisciplinary approach and means to enable the realization of successful systems. It focuses on defining customer needs and required functionality early in the development cycle, documenting requirements, then proceeding with design synthesis and system validation while considering the complete problem.* [What00]“. Zusammenfassend kann daher gesagt werden, dass Systems Engineering ein Ansatz zur Abdeckung verschiedener Aspekte im Rahmen einer Entwicklung beziehungsweise Konstruktion und Wartung eines Systems unter Berücksichtigung seines Systemlebenszyklus ist.

System of Systems Engineering (SoS) Ein SoS besteht aus verschiedenen Einzelsystemen mit jeweils unterschiedlichen Möglichkeiten, entwickelt für unterschiedliche Zielsetzungen. Der Zusammenschluss einer Anzahl eigenständiger Systeme zu einem SoS führt zu einem größeren System mit übergeordneter Zielsetzung und Möglichkeiten. Die Komplexität eines SoS steigt dabei mit der Anzahl an kooperierenden Systemen bzw. Komponenten innerhalb der Systemumgebung. Ein SoS besteht dabei nicht zwangsläufig aus technischen Systemen, sondern kann auch ein Zusammenschluss von sozio-technischen Systemen sein. Exemplarisch ist hier die maritime Domäne als ein übergeordnetes SoS, bestehend aus sozialen Strukturen, organisatorischen bzw. operativen Prozessen und technischen Systemen zu nennen. Die maritime Domäne kann in weitere „kleinere“ SoS unterteilt werden – etwa bei der Betrachtung einer Schiffsbrücke, ausgerüstet mit verschiedenen technischen Systemen und Prozeduren, genutzt durch menschliche Akteure für eine sichere Navigation von Hafen zu Hafen. Dadurch dass sich ein SoS in der Regel aus bereits existierenden Systemen, ergänzt durch neue Komponenten, zusammensetzt, ist ein Hauptmerkmal im SoS Engineering die Etablierung von Interoperabilität zwischen den Systemen für eine gemeinsame Zusammenarbeit. [SCCK12] [Usla15]

Enterprise Architecture Management Unternehmensarchitekturen repräsentieren den Aufbau eines Unternehmens als sozio-technisches System unter Berücksichtigung von Unternehmensstrukturen, Geschäftszielen und -prozessen im Kontext mit unterstützenden technischen- bzw. IT-Systemen. Enterprise Architecture Management zielt dabei auf die Beschreibung solcher Unternehmensarchitekturen ab. Dabei steht die Harmonisierung von technischen Systemen mit den Organisationsstrukturen eines Unternehmens sowie dessen Geschäftszielen und -prozessen im Vordergrund. Ergänzend dazu werden (Enterprise) Architekturframeworks für Entwicklung oder Optimierung von Unternehmensarchitekturen herangezogen. Sie unterstützen die Entwicklung und Wartung von solchen Systemen durch die

Bereitstellung von geeigneten Methodiken zur Definition von entsprechenden Unternehmensarchitekturen und Geschäftsprozessen. [TPGP11]

2.2.1 Systemarchitektur

Unabhängig, ob es sich um ein technisches System oder ein sozio-technisches System, etwa in Form eines Unternehmens handelt, werden Systeme auf Basis einer Architektur entwickelt. ISO / IEC / IEEE 2475:2010 definiert dabei eine (System-) Architektur als die grundlegende Organisation eines Systems. Die Architektur besteht aus einzelnen Komponenten und deren Beziehungen zu einander und berücksichtigt die jeweilige Systemumgebung sowie die angewandten Prinzipien zur Darstellung bzw. Entwicklung der Architektur. [Iso10]. Eine solche Architektur wird üblicherweise in einer sogenannten Architekturbeschreibung ausgedrückt bzw. dokumentiert [Iso10], [Syst00].

Solche Beschreibungen bilden die Grundlage für ein allgemeines Verständnis und fungieren als Diskussionsgrundlage zwischen verschiedenen Stakeholdern sowie im Rahmen dessen als Blaupause für die weitere Entwicklung des jeweiligen Systems. Die verschiedenen Stakeholder haben unterschiedliche Interessen und Anforderung an ein System, die nach [Iso11] als Anliegen bzw. Ansprüche an das System, verstanden werden. Wie in Abbildung 4 zu sehen, werden diese Ansprüche von einen oder mehreren Architekturperspektiven aufgegriffen. Diese Architekturperspektiven werden verwendet, um verschiedene (Architektur-) Sichten unter Berücksichtigung der unterschiedlichen Ansprüche der Stakeholder von verschiedenen Standpunkten auf das entsprechende System zu ermöglichen. Eine Sicht auf eine Architektur wird dabei nach [Iso11] unter Verwendung eines oder mehrerer Architekturmodelle realisiert. Solche Architekturmodelle sind (generische) Darstellungsweisen für bestimmte Arten von Architekturen unter Berücksichtigung der jeweiligen Architekturperspektive und basieren auf dem Regelwerk des verwendeten Modelltyps. Exemplarisch ist hier das Regelwerk zur Erstellung eines Diagramms eines bestimmten UML-Diagrammtyps (z.B. ein Komponentendiagramm) zur Darstellung eines komponentenbasierten Architekturmodells zu nennen.

Darüber hinaus beinhaltet eine Architekturbeschreibung gemäß [Iso11] die Elemente Entsprechungen, Entsprechungsregel bzw. Konsistenzregel sowie die Zielsetzung der Architektur. Diese Elemente sind notwendig für die Formulierung von Zusammenhängen zwischen verschiedenen Architekturelementen innerhalb der Architekturbeschreibung bzw. zur Dokumentation von relevanten Entscheidungen, die die Architekturentwicklung maßgeblich beeinflussen.

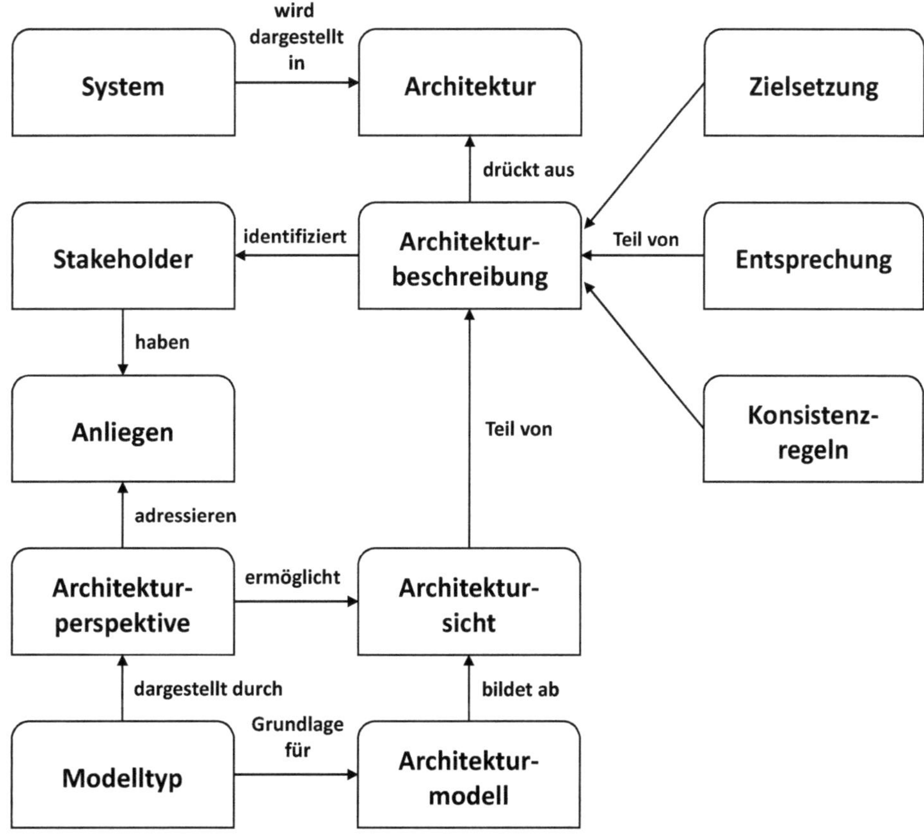

Abbildung 4. Begrifflichkeiten und Konzept von Architekturbeschreibungen, basierend auf [Iso11]

Die oben beschriebene Terminologie bzw. die Zusammenhänge der unterschiedlichen Begrifflichkeiten auf Basis von ISO 42010 bilden die Grundlage für die Herangehensweise zur Erstellung von Architekturbeschreibungen in dieser Forschungsarbeit. Insbesondere sind hierbei die unterschiedlichen Architekturperspektiven hervorzuheben, die im erweiterten Kontext die Betrachtung von sozio-technischen Systemarchitekturen aus unterschiedlichen Sichten der in der Systementwicklung involvierten Stakeholder (etwa aus technischer- oder operativer Perspektive) ermöglichen. Insbesondere die Gewährleistung der Konsistenz einer Systemarchitektur zwischen unterschiedlichen Perspektiven untereinander, aber auch die Harmonisierung von verschiedenen Einzelsystemen im Rahmen einer SoS-Architektur fallen unter den Begriff Interoperabilität, der im folgendem Kapitel erläutert wird. Weitere Relationen zwischen den diskutierten Elementen sowie die entsprechenden Multiplizitäten sind [Iso11] zu entnehmen.

Zudem wird die Erstellung solcher, wie hier beschriebenen Architekturbeschreibungen unter anderem durch die Verwendung von Architekturframeworks und Architekturmodelle, unterstützt. Diese Begrifflichkeiten werden im Anschluss entsprechend konkretisiert.

2.2.2 Interoperabilität

Die Erreichung einer Kompatibilität zwischen verschiedenen heterogenen Einzelsystemen zur Gewährleistung eines Informationsaustausches bildet die Basis für die Umsetzung der e-Navigation-

Strategie. Hierfür ist die Etablierung von Interoperabilität zwischen Systemen erforderlich. IEEE definiert den Begriff Interoperabilität als die Fähigkeit von zwei oder mehr technischen Systemen oder Komponenten, Informationen untereinander als Basis für eine ordnungsgemäße Kooperation auszutauschen [Gera91]. Es handelt sich hierbei um einen bidirektionalen Informationsaustausch zwischen zwei Systemen. Eine gemeinsame Interpretation hinsichtlich der Bedeutung der ausgetauschten Informationen muss in beiden Systemen oder Systemkomponenten gewährleistet sein. In diesem Fall wird hier von einer erfolgreichen Harmonisierung in Bezug auf einen angepassten Informationsaustausch zwischen den Systemen gesprochen. Man kann dabei zwischen technischer und nicht-technischer Interoperabilität unterscheiden. Da die in dieser Forschungsarbeit zu adressierende sozio-technische Systeme jedoch Aspekte aus beiden Welten in sich vereint, ist es erforderlich, einen Informationsaustausch nicht nur von einem technischen Standpunkt eines solchen Systems zu betrachten, sondern ebenfalls von einer organisatorischen und regulativen Perspektive. Unter Beachtung dieser Aspekte ist eine vollumfängliche Harmonisierung für einen Informationsaustausch zwischen mehreren sozio-technischen Systemen nur gegeben, wenn auf jeder Perspektive eine Interoperabilität zwischen den Systemen sichergestellt werden kann. Demzufolge müssen maritime Systemarchitekturen sozio-technischer Systeme für die Etablierung einer vollumfänglichen Interoperabilität auf allen Ebenen untereinander diesbezüglich überprüft und bei Bedarf angepasst werden.

Diese Problematik adressiert das LCIM (Levels of Conceptual Interoperability Model). Es bietet eine Anzahl von unterschiedlichen Betrachtungsebenen etwa aus technischer, syntaktischer, semantischer oder konzeptueller Perspektive als Grundlage für Interoperabilität, Integrationsfähigkeit und Kombinierbarkeit zwischen Systemen. [WaTW09]

Dieser Ansatz wird gegenwärtig innerhalb verschiedener Domänen adaptiert und den entsprechenden Bedürfnissen angepasst. Exemplarisch ist hier die entsprechende Verwendung in Unternehmen [PaMo08], Internet der Dinge [NJSY17] oder auch in der Energieversorgungsdomäne [Grid08a] zu nennen. Innerhalb der Energieversorgungsdomäne definiert beispielsweise das GridWise Architecture Council (GWAC) das Interoperability Context-Setting Framework auf Basis des LCIM. Die Aufgabe von GWAC ist Gewährleistung von Interoperabilität innerhalb des U.S. Energieversorgungssystems. Der im GWAC verfolgte Ansatz bietet das Potential für eine Übertragung innerhalb der maritimen Domäne. Er dient als Basis für eine Interoperabilität zwischen Systemen unter Berücksichtigung organisatorischer Aspekte und technischen bzw. informatorischen Schnittstellen von Systemen bzw. Systemelementen. [Grid00a] [Grid00b]

Im GWAC-Stack werden drei Hauptaspekte für eine Integration in das Ökosystem der Energieversorgungskette genannt. Diese drei Aspekte, *Technical*, *Informational* und *Organizational* sind die Eckpfeiler für in Summe acht verschiedene Interoperabilitätskategorien (siehe Abbildung 5). [Grid08b]

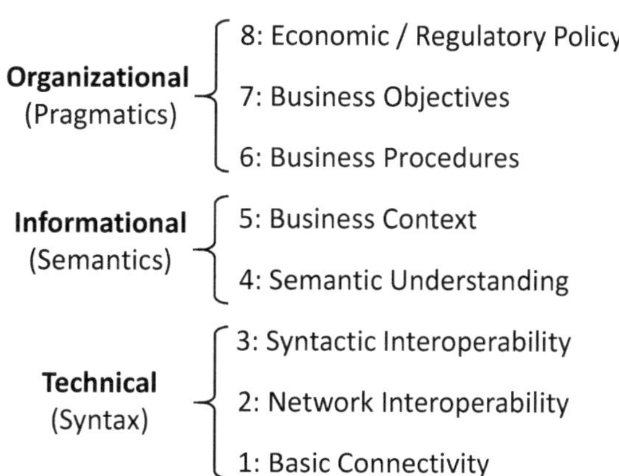

Abbildung 5. Die Interoperabilitätskategorien des GWAC-Stacks gemäß [Grid08b]

Die Kategorien der Oberkategorie *Organizational* sind charakterisiert als behördliche oder wirtschaftliche Richtlinien bzw. Regularien, beinhalten aber auch übergeordnete strategische und taktische Ziele sowie entsprechende übergeordnete Prozesse für adressierte Systeme. Die Kategorien, die *Informational* zugeordnet sind, verknüpfen den Geschäfts- oder Unternehmenskontext mit einem semantischen Verständnis der Datenstrukturen in relevanten technischen Systemen. Die technischen Kategorien gewährleisten eine syntaktische Interoperabilität sowie die Harmonisierung von Kommunikationsmitteln bzw. von physikalischen und logischen Verbindungen zwischen verschiedenen Systemen. Eingeordnete Elemente auf den jeweiligen Kategorien müssen dabei jeweils in Beziehung zu Elementen in den anderen Kategorien stehen. [Grid08b]

Da dieser Ansatz, wie am Beispiel des GWAC-Stacks gezeigt, für die Berücksichtigung organisatorischer und technischer Aspekte in einer sozio-technischen Systemumgebung herangezogen wird, scheint eine Verwendung innerhalb der maritimen Domäne zur Unterstützung der Harmonisierung des Informationsaustausches zwischen heterogenen Systemen bei entsprechender Anpassung an maritime Charakteristiken möglich.

2.2.3 Entwicklungsparadigmen

Da im Allgemeinen die Entwicklung einer Architektur unter Anwendung bestimmter Paradigmen oder Designmethoden erfolgt, werden diese nachfolgend näher erläutert. Die Unterstützung der Entwicklungsparadigmen ist im Rahmen der Zielsetzung für ein maritimes Architekturframework erforderlich. Diese Paradigmen sind vielfältig anwendbar, unabhängig, ob es sich dabei um die Realisierung von Hardware- oder Softwareelementen oder um die Erstellung einer Systemarchitektur für (sozio-technische) Systeme geht. Die bekanntesten Entwicklungsparadigmen sind top-down und bottom-up. Beide Paradigmen lassen sich in den jeweiligen Anwendungsszenarien eines maritimen Architekturframeworks mit der initial beschriebenen Aufgabenstellung einordnen.

Top-down Das Entwicklungsparadigma top-down basiert auf der Prämisse einer initialen Definition eines Konzepts, Erfassung von Anforderungen sowie der Beschreibung des Umfangs eines Systems von einer hohen Abstraktionsebene. Anschließend folgt eine iterative oder sequentielle Verfeinerung, Spezifizierung sowie (je nach Anwendungsfall) die physische Umsetzung der entsprechenden Systemelemente basierend auf der initialen Definition. Top-down wird hauptsächlich genutzt, um ein neues System von Grund auf zu entwickeln. Es ermöglicht dabei die Strukturierung des Systementwicklungsprozesses vom Abstrakten hin zum Konkreten und somit die Entwicklung und Optimierung von großen Systemen. [Dere07] [Top-00] [Bren15]

Bottom-up Dieses Entwicklungsparadigma kann als Gegenstück zu top-down angesehen werden. Es beginnt mit der Fokussierung auf konkrete technische Aspekte, also mit der Entwicklung bzw. Verknüpfung verschiedener Systemkomponenten und ermöglicht auf dieser Basis die Ableitung von übergeordneten Systembeschreibungen und -anforderungen. Im Allgemeinen wird bottom-up beim Reverse-Engineering oder bei der nachträglichen Integration technischer Komponenten in ein bestehendes System angewandt. Der Vorteil von bottom-up liegt darin, dass konkrete Lösungen für ein bestehendes Problem direkt realisiert werden, ohne vorher höhere Abstraktionsebenen zur Erfassung von Systemanforderungen zu durchlaufen. [Dere07] [Bott00]

Aus SoS-Perspektive mit Blick auf sozio-technische Systeme in der maritimen Domäne, bietet die Verwendung des top-down Paradigmas die Möglichkeit einer Langzeitentwicklung von Systemen, beginnend mit der Definition einer übergeordneten Strategie sowie davon abgeleiteten Zielen und Prozessen bis zur Implementierung eines technischen Systems zur Unterstützung der definierten Ziele. Hierbei ist zu beachten, dass eine top-down Entwicklung in der maritimen Domäne nur aus Sicht eines neu entwickelten Einzelsystems angewendet werden kann und nicht bei einer bestehenden Systemumgebung wie es im Allgemeinen der Fall ist.

Im Gegensatz dazu bietet bottom-up die Möglichkeit, kurzfristige Änderungen mit möglichst geringem (zeitlichen) Aufwand in einem technischen System vorzunehmen. [Basv11] [Sage92]

2.2.4 Anforderungsmanagement

Zur Erfüllung der Zielsetzung aus Kapitel 1 bzw. der Systementwicklung ist auch die Berücksichtigung von Anforderungen an ein System erforderlich. Dies beinhaltet nicht ausschließlich die Erfassung von Anforderungen, sondern erfordert ebenso die Einordnung von Anforderungen der Stakeholder aus ihren jeweiligen Perspektiven und ebenfalls die Gewährleistung eines gemeinsamen Verständnisses zwischen den involvierten Gruppen. Daher werden nachfolgend die später zu berücksichtigenden relevanten Aspekte des Anforderungsmanagements beschrieben.

Im Allgemeinen beginnt die Entwicklung von Systemen neben einer Formulierung der Zielsetzung mit der Erfassung und Beschreibungen von Anforderungen, die zum Erreichen der Ziele durch ein

System erfüllt werden müssen. Basierend auf ISO 9000 [Inte15] wird eine Anforderung als implizierte bzw. organisatorische Erwartung definiert. Weiter wird dort zwischen Qualitätsanforderungen, gesetzlichen und regulativen Anforderungen unterschieden. IEEE definiert im Software Engineering Glossary [Ieee90]. dagegen eine Anforderung aus dreierlei Sichten: *„(1) a condition or capability needed by a user to solve a problem or achieve an objective. (2) A condition or capability that must be met or possessed by a system or system component to satisfy a contract, standard, specification, or other formally imposed document. (3) A document representation of a condition or capability as in (1) or (2).“* Insgesamt lässt sich feststellen, dass eine Anforderung sowohl technischer als auch nicht-technischer Natur sein kann. Anforderungen können an ein (technisches oder nicht-technisches) System oder Projekt gestellt werden – oder im Rahmen von qualitätssichernden Maßnahmen im Qualitätsmanagement. Dabei steht nicht nur die Identifikation von Anforderungen, sondern auch die Vermittlung gegenüber allen Beteiligten im Fokus. Diese Aspekte kapseln sich im Anforderungsmanagement. Das beinhaltet zudem die Gewährleistung einer Nachverfolgbarkeit (engl. Traceability) über Herkunft, Entstehung und Entwicklung einer Anforderung. Verschiedene Methoden und Standards adressieren direkt oder indirekt ein jeweils anwendungsspezifisches Anforderungsmanagement, so wie etwa CMMI, V-Modell oder auch Scrum. [Team10], [Derb00], [Jeff16]

Im Kontext von IEC 42010 (siehe Kapitel 2.2.1), dass in dieser Forschungsarbeit als Grundlage für die Erstellung einer Architekturbeschreibung herangezogen wird, lassen sich die Anforderungen von den Anliegen bzw. Ansprüchen der Stakeholder an ein System ableiten. Im Kontext der in dieser Arbeit adressierten Forschungsfrage ist sowohl eine Betrachtung von technischen und nicht-technischen bzw. regulativen Anforderungen an Einzelsysteme sowie an SoS als vorteilhaft zu sehen. So könnte ein möglichst umfassendes Verständnis über Hintergründe und Ansprüche der involvierten Stakeholder generiert werden.

Ergänzend hierzu wurde das Requirements Abstraction Model (RAM) mit einer ähnlichen Zielsetzung für die Erfassung von Anforderungen branchenspezifisch für die Produktentwicklung entwickelt: Das RAM [ToCl05] ermöglicht in einem mehrstufigen Prozess die Erfassung und Beschreibung sowie die Ableitung von Anforderungen auf unterschiedliche Nutzerperspektiven, ähnlich den unterschiedlichen Interoperabilitätsperspektiven des LCIM bzw. GWAC.

2.3 Architekturframeworks

Um den in dieser Forschungsarbeit adressierten Ansatz zu motivieren, werden nachfolgend Hintergründe und Konzepte von Architekturframeworks adressiert und im Kontext der zuvor beschriebenen Vorgehensweisen zur Entwicklung und Beschreibung betrachtet. Architekturframeworks sind eine konkrete Methode, um Architekturbeschreibungen zu erstellen. Zudem gibt dieses Kapitel einen Überblick über bereits etablierte Architekturframeworks.

ISO / IEC / IEEE 42010:2011 beschreibt ein Architekturframework als ein übergeordneter gemeinsamer Ansatz auf den sich eine bestimmte Gruppe geeinigt hat um Architekturbeschreiben sowohl zu erstellen als auch zu diskutieren bzw. zu analysieren oder für weitere Aufgaben zu verwenden [Iso11].

Der Mehrwert eines Architekturframeworks liegt in der Bereitstellung einer gemeinsamen Basis für die Entwicklung und Optimierung von Systemarchitekturen bzw. in der Betrachtung von Systemen auf Basis ihrer Architekturen. Basierend auf [Iso11] lässt sich feststellen, dass Architekturframeworks dem jeweiligen Einsatzgebiet entsprechende Architekturperspektiven (z.B. von konzeptioneller, technischer oder funktionaler Perspektive) unterstützen und eine Methodik zur Entwicklung eines Systems bereithalten. Das Einsatzgebiet von Architekturframeworks ist somit mannigfaltig. So kann etwa die Entwicklung einer übergeordneten Systemarchitektur, bestehend aus Geschäftszielen, Unternehmensstrukturen und Geschäftsprozessen, unterstützt durch technische Systeme bzw. Informationssysteme etwa im Rahmen von Enterprise Architecture Management, durch ein solches Framework unterstützt werden. Auch wenn der Einsatz von Architekturframeworks zur Harmonisierung von IT-Architekturen mit Geschäftsprozessen und Unternehmensstrukturen vorherrschend ist, ist auch die Verwendung von Architekturframeworks mit Fokus auf eine Kooperation zwischen verschiedenen technischen Systemen möglich.

ISO 42010 ordnet Architekturframeworks als einen Ansatz zur methodischen Erstellung von Architekturbeschreibungen ein [Iso11]. Wie in Abbildung 6 zu sehen, wird das Architekturframework zur Identifikation von Stakeholdern und ihren jeweiligen Anliegen herangezogen. Zudem bietet ein Architekturframework zur Visualisierung der Architektur verschiedene Architekturperspektiven, basierend auf verschiedenen Modelltypen. Es existieren eine Anzahl an unterschiedlichen Architekturperspektiven im Enterprise Architecture Management. Im Rahmen von ISO/IEC 10746 werden für objektbasierte Architekturen folgende Perspektiven gelistet [Iso98]: *Enterprise viewpoin*t, *Information viewpoint*, *Computational viewpoint*, *Engineering viewpoint* und *Technology viewpoint.*

Abschließend soll ein Architekturframework gemäß dieser ISO-Norm dem Anwender verschiedene Regeln für einen konsistenten bzw. konformen Ausdruck von Zusammenhängen verschiedener Systemelemente und zwischen verschiedenen Architekturperspektiven gewährleisten.

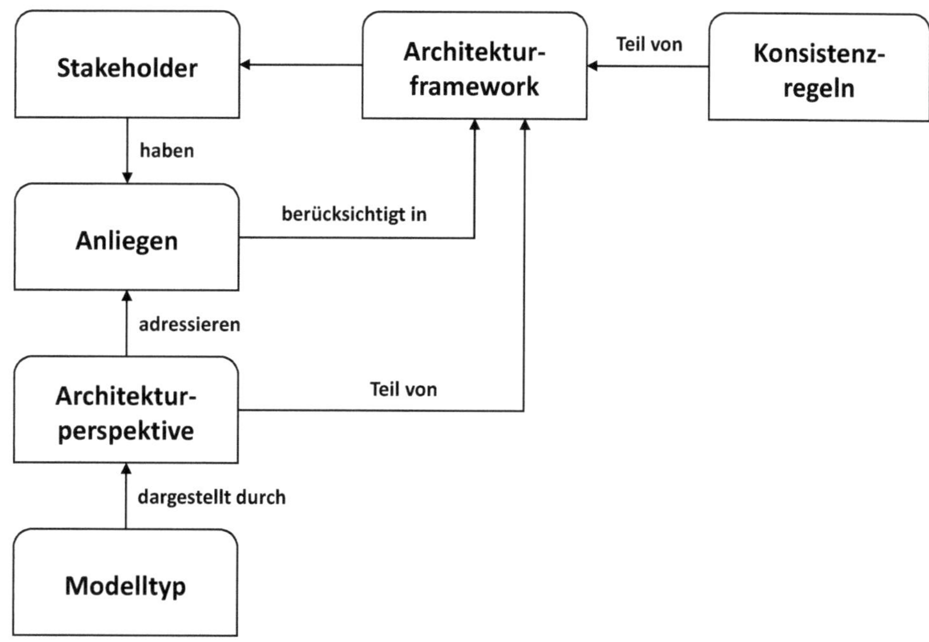

Abbildung 6. Einordnung von Architekturframeworks gemäß ISO 42010 [Iso11]

Dieses Metamodell eines Architekturframeworks lässt sich innerhalb des Ansatzes einer modellgetriebenen Entwicklung (Model Driven Engineering, MDE) einordnen. Abgeleitet vom Ansatz objektorientierter Entwicklung basiert der Betrachtungsgrundsatz dieser Methodik auf Modellen. Ein Modell wird dabei als die (vereinfachte) Kopie eines Objekts verstanden. Ein System wird in einem (Architektur-) Modell ausgedrückt. Das Modell wiederum folgt den Konventionen eines übergeordneten Metamodells, das wiederum auf den Vorgaben für Metamodelle, genannt Metametamodell, basiert. Für ein besseres Verständnis wird die Einordnung von Modellen innerhalb von unterschiedlichen Ebenen von M0 bis M3 vorgenommen, ausgehend von der „Vier Ebenen Architektur" die im Rahmen der Model Driven Architecture (MDA) durch das Konsortium Object Management Group (OMG) entwickelt worden ist (siehe auch Abbildung 7, linke Seite). [Bézi05], [Obje17], [Omg16]

Im Kontext mit der Definition von Architekturframeworks gemäß ISO 42010, wie in Abbildung 6 dargestellt, bieten Architekturframeworks ein eigenes Metamodell für z.B. Modelltypen oder Architekturperspektiven auf der Ebene M2. Solche Metamodelle basieren auf Metametamodellen (M3), die Konventionen (in Abbildung 7 exemplarisch eingeordnet: ISO 42010) zur Erstellung solcher Modelle bereithalten. Das Architekturframework und zugehörige Konventionen auf M2 wird für die Erstellung einer Architekturbeschreibung inklusive verschiedener Sichten und Architekturmodelle auf M1 verwendet. Diese Architekturbeschreibung ist eine modellbasierte Darstellung einer Systemarchitektur, Stakeholder und deren Anliegen, die auf Ebene M0 als Repräsentation der wirklichen Welt verstanden wird. [Rich17]

Abbildung 7 stellt auf der linken Seite den generischen Aufbau gemäß MDE dar. Die rechte Seite der Abbildung ordnet die Konzepte von ISO 42010 auf den Ebenen M0 – M3 exemplarisch ein.

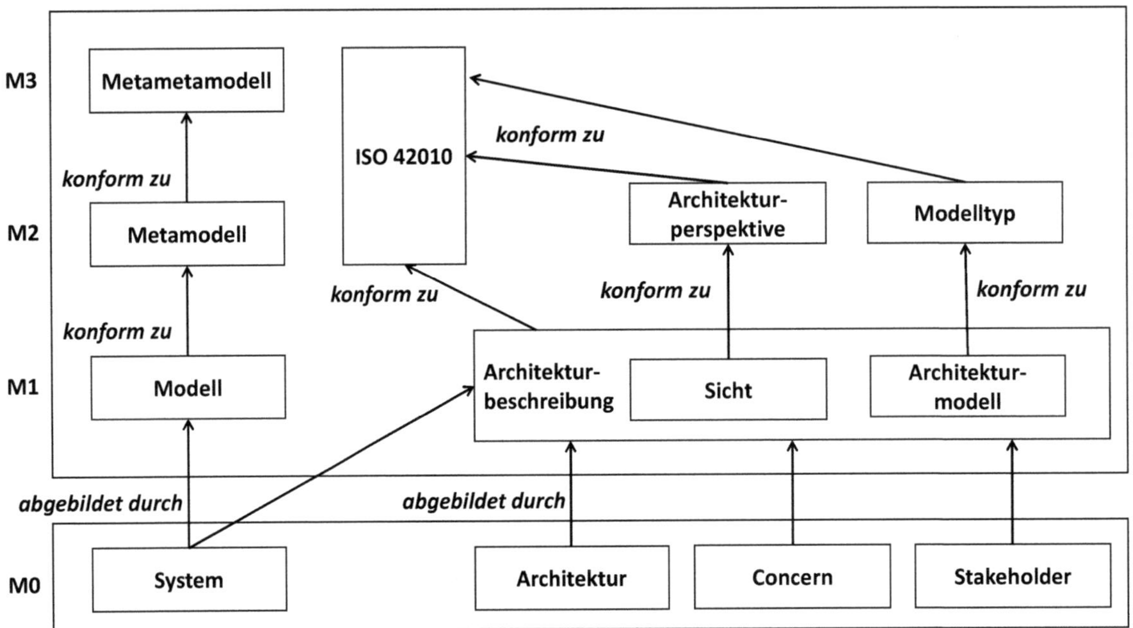

Abbildung 7. Einordnung von Architekturframeworks gemäß ISO 42010 im MDE-Kontext [Rich17]

Ergänzend dazu werden Architekturframeworks im Bereich des Method Engineering als eine spezielle Methode für die Entwicklung eines Systems bzw. einer Systemarchitektur für einen bestimmten Einsatzzweck verstanden [SuGr06]. Eine Methode *"embodies a set of concepts, that determine what is perceived (..), a set of linguistic conventions and rules which govern how the perception is presented and communicated (..) and a set of procedural guidelines which state in what order and how representations are derived/transformed"* [SuGr06].

Dementsprechend lassen sich fünf Elemente ableiten, die im Allgemeinen Bestandteil eines Architekturframeworks sind – wobei Ausprägung und Vorhandensein abhängig vom jeweiligen Architekturframework ist. Dazu zählen gemäß [SuGr06]: Metamodell, Methodik, Modellierungstechnik(en), teilnehmende Rollen und Spezifizierungsdokumente. Diese fünf Elemente werden nachfolgend kurz erläutert:

- **Methodik**: Ein Vorgehensmodell, das dem Anwender im Entwicklungsprozess von Problemidentifikation bis zur finalen Architektur ein strukturiertes Vorgehen ermöglicht. Die verwendeten Methodiken in Architekturframeworks unterscheiden sich durch die Unterstützung der Erstellung einer Architekturbeschreibung bzw. die Unterstützung eines kompletten Lebenszyklus eines Systems.
- **Metamodell:** Ein solches übergeordnete Modell erfasst und beschreibt die Zusammenhänge und Beziehungen zwischen den einzelnen Elementen eines Architekturframeworks.
- **Modellierungstechnik(en):** Sie erlauben dem Anwender in seiner jeweiligen Rolle, Prozesse und Abläufe bzw. Architekturelemente und deren Zusammenhänge mit unterschiedlichen Detaillierungsgrad zu beschreiben. Allgemeine Modellierungstechniken oder Modellierungstools sind z.B. UML, BPMN oder Entity-Relationship Diagramme.
- **Teilnehmende Rollen:** Dieses generische Element von Architekturframeworks referenziert

sowohl auf Anwender des Architekturframeworks in verschiedenen Benutzergruppen als auch auf Benutzergruppen, die im Rahmen der Architekturentwicklung berücksichtigt werden sollen.

- **Spezifizierungsdokumente**: Diese Dokumente dienen der strukturierten Beschreibung von Architekturen unter Verwendung von Diagrammen und Definitionen erstellt durch den Anwender mit Unterstützung durch Methodik und Modellierungstechniken.

Auf Basis der verschiedenen Anwendungsmöglichkeiten, etwa zur Harmonisierung von heterogenen Systemlandschaften oder zur Visualisierung der Zusammenhänge einzelner Komponenten in einem sozio-technischen System oder SoS, werden Architekturframeworks in konzeptionelle und operationelle Frameworks bzw. als Mischform kategorisiert. Ein konzeptionelles Architekturframework ermöglicht es dem Anwender, den derzeitigen Ist-Zustand einer Systemarchitektur zu beschreiben. Im Gegensatz dazu bietet ein operationelles Architekturframework eine Methodik oder einen Prozess für die Entwicklung einer Zielarchitektur. Eine Mischung beider Formen versucht die Vorteile beider Ansätze zu vereinen. [Dirk11]

Nachfolgend werden das Zachman Framework, das The Open Group Architecture Framework und das Department of Defense Architecture Framework als jeweils prominente Vertreter für konzeptionelle und operationelle Architekturframeworks bzw. als Vertreter eines kombinierten Ansatzes vorgestellt.

2.3.1 Zachman Framework

Das Zachman Framework wurde 1987 von John Zachman als Ordnungsrahmen zur domänen-unabhängigen Darstellung von Unternehmensarchitekturen entwickelt. Es bietet in seiner Gesamtheit keine Methodik zur Entwicklung von Systemarchitekturen, sondern folgt dem Ansatz, dass jedes physische Objekt auf unterschiedlichen Abstraktionsebenen mit verschiedenen Detaillierungsgraden unter Verwendung verschiedener Methoden und Tools beschrieben werden kann. [John08]

Es basiert auf einem zweidimensionalen Klassifikationsschema (Matrix), welches ursprünglich entwickelt wurde, um physische Objekte wie Gebäude, Flugzeuge oder Informationssysteme als Architekturelement darzustellen und Gemeinsamkeiten zu identifizieren. Die erste Dimension des Zachman Frameworks folgt sechs grundlegenden Fragen: *Who*, *What*, *When*, *Where*, *Why* und *How*. Die Struktur der zweiten Dimension orientiert sich an sechs verschiedenen Perspektiven: *Executive Perspective, Business Mgmt Perspective, Architect Perspective, Engineer Perspective, Technician Perspective* und *Enterprise Perspective*. Die beiden Dimensionen ermöglichen die Beschreibung von Elementen aus verschiedenen Blickwinkeln, um eine möglichst umfassende Sicht auf die Unternehmensarchitektur zu gewährleisten. [John08] [John87]

Abschließend bietet das Zachman Framework ein Regelwerk für die Abstraktion und Zuordnung der verschiedenen Elemente innerhalb des Klassifikationsschemas. [JoJo92]

2.3.2 The Open Group Architecture Framework (TOGAF)

Das operationelle Architekturframework TOGAF ist in seiner ersten Version 1995 veröffentlicht worden. Es befindet sich derzeit, frei verfügbar, in der neunten Version. TOGAF basierte ursprünglich auf TAFIM, dem Technical Architecture Framework for Information Management des U.S. Verteidigungsministeriums und wird als Unterstützung für den Entwicklungsprozess von Unternehmensarchitekturen sowie für deren LifeCycle-Management verwendet. Hierfür bietet TOGAF abweichend von [Iso98] verschiedene Architekturperspektiven wie etwa *Business Architecture, Data Architecture, Application Architecture* und *Technology Architecture*. [ARPM11] [Toga00a]

Ein wesentliches Kernelement von TOGAF ist die *Architecture Development Method* (ADM). ADM ist eine Methodik für die Entwicklung und Management von Unternehmensarchitekturen. Diese Methodik basiert auf einem kontinuierlichen Anforderungsmanagement, integriert in neun verschiedene Phasen, die, mit Ausnahme der initialen Konfigurationsphase *Preliminary* sukzessiv inkrementell durchlaufen werden kann, siehe Abbildung 8. Jede Phase repräsentiert eine Stufe des Architekturlebenszyklus. [Toga00b] [Dirk11]

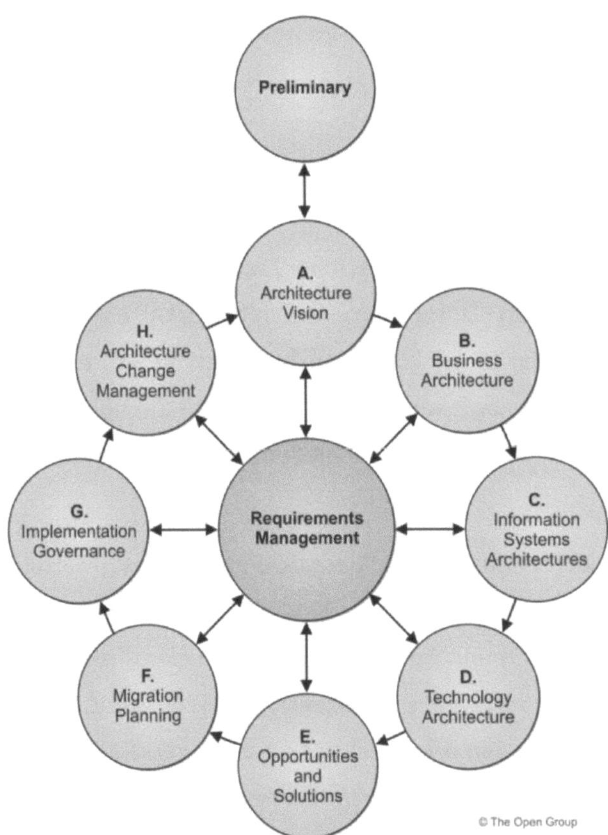

Abbildung 8. Der TOGAF Architecture Development Method Kreislauf ("ADM cycle") [Toga00b]

Eine erfolgreiche Anwendung des ADMs ist abhängig von der Anpassung der Phasen unter Berücksichtigung der jeweiligen Bedürfnisse und Anforderungen an die Entwicklung einer bestimmten Unternehmensarchitektur. Das ADM wird dabei ergänzt durch weitere Elemente von

TOGAF, wie etwa das Enterprise Continuum (EC) als eine konzeptionelle Darstellung eines Architekturrepositories. Ein solches Repository ist eine zentrale Anlaufstelle für Architekturbeschreibungen, Referenzarchitekturen oder Architekturmodelle, die im Rahmen einer Unternehmensarchitekturentwicklung mit TOGAF einen Mehrwert bieten können. [Toga00b] [Dirk11]

2.3.3 Department of Defense Architecture Framework (DoDAF)

DoDAF ist ein Architekturframework, das sowohl Ansätze konzeptioneller als auch operationeller Frameworks vereint. Es wurde durch das U.S. Verteidigungsministerium entwickelt und fokussiert sich auf die Harmonisierung verschiedener Militärsysteme. [Dirk11]

Der grundsätzliche Einsatzbereich von DoDAF ist die Unterstützung der Vernetzung resp. Verknüpfung unterschiedlicher Militärsysteme wie etwa Managementsysteme mit Informations- und Überwachungssystemen, um die Schaffung eines möglichst umfassenden Lagebildes auf Basis der verschiedenen Systeme zu ermöglichen. DoDAF besteht aus einem Metamodell (DM2), angepasst für den Militärsektor, welches die Anwender mit einer einheitlichen Terminologie, Semantik und Format als Basis zur Schaffung eines allgemeinen Verständnisses von betrachteten Systemarchitekturen unterstützt. Das Framework orientiert sich dabei auch an dem Ansatz mit Fragewörtern, wie es im Klassifikationsschema des Zachman Frameworks der Fall ist. [Dirk11] [Usde10]

Zudem bietet DoDAF mit dem Metamodell DM2 acht verschiedene Perspektiven um verschiedene Sichten und Abstraktionen einer untersuchten Systemarchitektur zu ermöglichen. Diese Perspektiven sollen die Identifikation von Interoperabilitätsaspekten zwischen verschiedenen Systemen unterstützen. Jede der acht Perspektiven bezieht sich dabei auf eine Anzahl von generischen Modellen bzw. *„Framework products“* wie Tabellen, Verzeichnisse, Diagramme und bieten jeweils einen Leitfaden, wie diese Modelle in Kombination mit einer bestimmten Architekturperspektive zur Darstellung einer Architekturbeschreibung verwendet werden sollen. [Dirk11] [Usde10]

Innerhalb von DoDAF wird nicht zwischen dem Ist- und Soll-Zustand einer Systemarchitektur unterscheiden. Beide Zustände werden als zeitbezogene Phasen der selben Architektur verstanden. Zudem bietet DoDAF unter Verwendung der acht verschiedenen Architekturperspektiven einen Architekturentwicklungsprozess, der die Entwicklung einer Systemarchitektur unter Berücksichtigung der Systemumgebung unterstützen soll. [Usde10]

2.3.4 Diskussion

Insgesamt kann festgestellt werden, dass es eine Anzahl an unterschiedlichen Architekturframeworks zur Beschreibung von Systemarchitekturen gibt. Sie bieten jeweils verschiedene Ausprägungen und Schwerpunkte bzw. Akzentsetzungen bei den grundlegenden Bestandteilen eines Architekturframeworks. So bieten Architekturframeworks beispielsweise im Allgemeinen unterschiedliche Architekturperspektiven auf eine (Unternehmens-)architektur, differenzieren jedoch bei Art und Anzahl der unterstützten Architekturperspektiven. Dabei wird z.B. in TOGAF auch ein kontinuierliches Anforderungsmanagement im ADM adressiert. Jedes Architekturframework wird für einen spezifischen Anwendungszweck bzw. Aufgabenstellung konzeptioniert. Im Rahmen der zu bearbeitenden Problemstellung dieser Forschungsarbeit scheinen Architekturframeworks wie DoDAF, die sowohl den Ist-Zustand betrachten als auch die Weiterentwicklung hin zu einem Soll-Zustand ermöglichen, eine valide Option für die Bearbeitung der Zielsetzung zu sein. Wobei auch hier spezifische maritime Aspekte nicht berücksichtigt werden sowie unterschiedliche Entwicklungsparadigmen nicht direkt adressiert werden. Andererseits bietet auch das operationelle Framework TOGAF mit der ADM eine Methodik, die für die entsprechenden Zwecke adaptiert und angepasst werden könnte. Existierende Architekturframeworks werden in Kapitel 3.3 hinsichtlich einer Eignung für die maritime Domäne geprüft.

2.4 Architekturmodelle

Die Darstellung von Architekturen erfolgt durch Architekturmodelle. Diese Modelle basieren auf den Konventionen des jeweiligen Modelltyps und ermöglichen somit die einheitliche Entwicklung eines Architekturmodells [Iso11].

Die allgemeine Betrachtung dieser Definition zeigt, dass Architekturmodelle unterschiedlicher Art und Weise in Bezug auf Umfang und Struktur, aber auch Anwendungsgebiet existieren können. Es lässt sich daher feststellen, dass ein Vorteil von Architekturmodellen in ihrer Vielfältigkeit liegt: Sie sind beispielsweise anwendbar (in entsprechender Form) in der Hard- und Softwareentwicklung oder als Grundlage für die Darstellung von Systemarchitekturen innerhalb einer bestimmten Domäne oder eines bestimmten Sektors. [Surv00]

Architekturframeworks können dabei dem Anwender Vorgaben über Art und Weise der zu verwendenden Modelle geben. In Kontext von ISO 42010 und der dortigen Definition von Architekturframeworks werden Architekturmodelle entsprechend zum Ausdruck unterschiedlicher Architekturperspektiven verwendet. So nutzt zum Beispiel das konzeptionelle Zachman Framework Abstraktionen eines solchen Modells, unter Berücksichtigung von bestimmten Perspektiven und ergänzt um branchenspezifische Assoziationen, als Basis zur Einordnung von Unternehmensarchitekturen. [John08]

In den letzten Jahren hat sich eine Anzahl an domänenspezifischen Architekturmodellen etabliert. Sie ermöglichen die Darstellung von Systemelementen sozio-technischer Systeme in einem branchenspezifischen Modell. Hierbei werden zudem unterschiedliche Architekturperspektiven in einem Modell adressiert. Auch wenn diese Modelle im allgemeinen Sprachgebrauch als

Architekturmodelle bezeichnet werden, handelt es sich im Kontext von ISO 42010 um Modelltypen („Model kinds"), die eine Darstellungsgrundlage für Architekturmodelle liefern. Nachfolgend werden die Architekturmodelle *Smart Grid Architecture Model* und *Reference Architecture Model Industry 4.0* als prominente Beispiele für domänenspezifische Architekturmodelle eingeführt.

2.4.1 Smart Grid Architecture Model

Als ein Beispiel eines Architekturmodells, das domänenspezifische Charakteristiken berücksichtigt, ist das Smart Grid Architecture Model (SGAM) der Energieversorgungsdomänen zu nennen. SGAM wurde erstmals 2012 von der Smart Grid Coordination Group (SG-CG) eingeführt, um die Anforderungen an eine technische Referenzarchitektur, resultierend aus dem Mandat M/490 der Europäischen Kommission, an den Energieversorgungsbereich zu beantworten. [Smar12]

SGAM ist entwickelt worden, um mit der Komplexität von Smart Grids umzugehen sowie Interoperabilität und Standardisierung in der Energiedomäne durch die Schaffung eines Referenzarchitekturmodelles zu fokussieren. Es ermöglicht seinen Anwendern die Visualisierung und Analyse von Anwendungsfällen, Funktionen oder Diensten vor dem Hintergrund der Energieversorgungsdomäne. Hierfür ermöglicht SGAM die Darstellung dieser Entitäten von verschiedenen Architekturperspektiven aus. SGAM teilt sich in zwei verschiedene Bereiche: Das SGAM Framework und die SGAM Methodik. Das SGAM Framework ist ein Ordnungsrahmen zur konzeptionellen Darstellung der Energieversorgungsdomäne unter Berücksichtigung von Interoperabilitätsaspekten und der Hierarchie des Stromüberwachungssystems. Die SGAM Methodik ist ein Regelwerk bzw. eine Richtlinie zur strukturierten Erfassung und Darstellung von entsprechenden Anwendungsfällen und Entitäten im SGAM Framework. [Smar12]

Das SGAM Framework Das SGAM Framework basiert auf einem dreidimensionalen Modell (siehe Abbildung 9). Es besteht aus den Dimensionen *Interoperability*, *Domains* und *Zones*. Die Dimension *Interoperability* unterteilt sich in die fünf verschiedenen Ebenen *Business*, *Function*, *Information*, *Communication* und *Component* und ermöglicht die Abstraktion von Entitäten auf jede Ebene. Diese Ebenen sind abgeleitet aus dem GridWise Interoperability Context-Setting Framework [Grid08b]. Die Dimension *Domains* bildet die physische Struktur der Energieversorgungskette ab und unterteilt sich dementsprechend in die Bereiche *Generation*, *Transmission*, *Distribution*, *DER* (Distributed Electrical Resources) und *Customer Premises*. Die dritte Dimension, *Zones*, repräsentiert die hierarchischen Strukturen des Stromüberwachungssystems gemäß IEC 62357-1:2012. Sie besteht aus den Kategorien *Process*, *Field*, *Station*, *Operation*, *Enterprise* und *Market*. [MMSJ12]

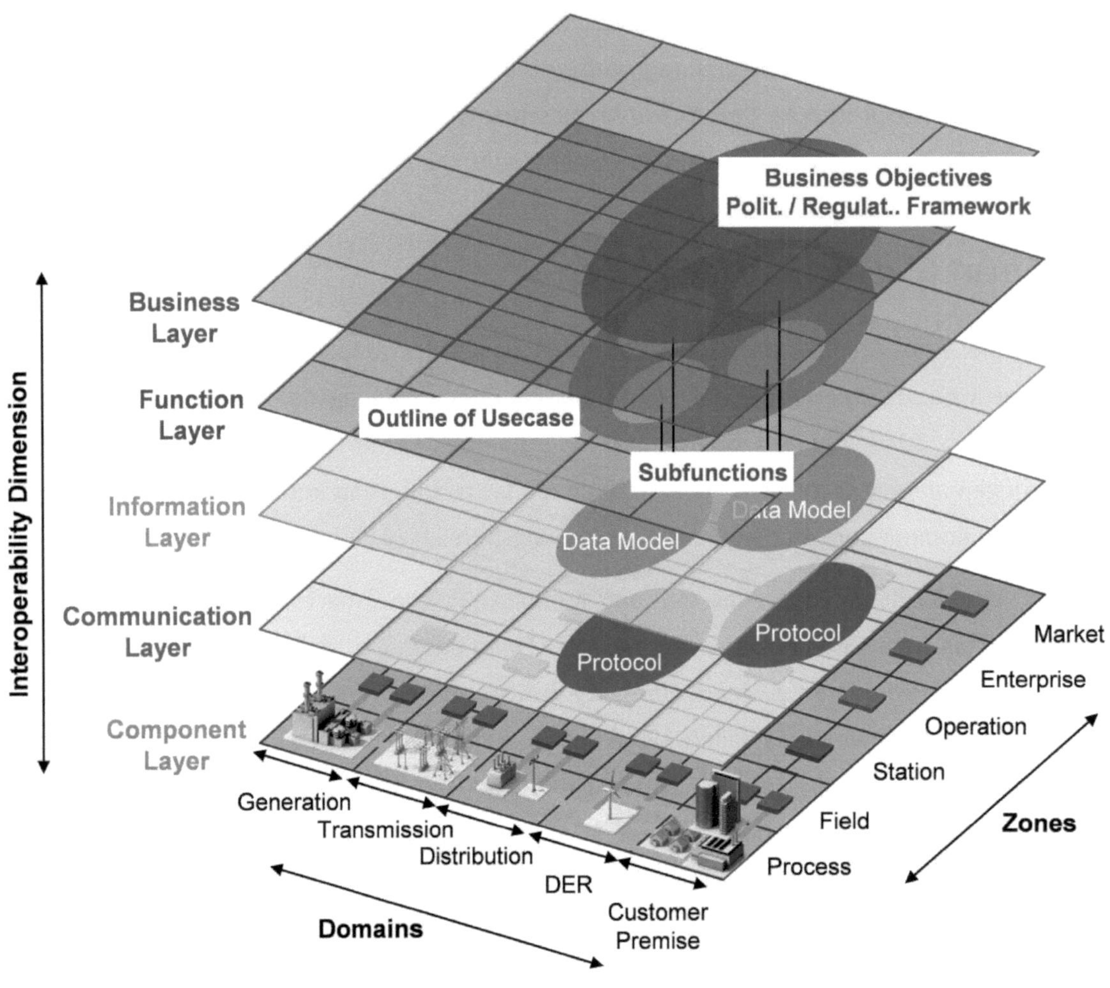

Abbildung 9. Das SGAM Framework [Smar12]

Die SGAM Methodik Die anwendungsfallgetriebene SGAM Methodik ist stark verknüpft mit dem SGAM Framework und verwendet erstellte Anwendungsfälle zur Identifikation von verschiedenen Entitäten (z.B. Komponenten, Funktionen, Kommunikationsprotokollen usw.) zwecks Einordnung auf dem SGAM Frameworks. Die Methodik folgt dabei im Allgemeinen IEC 62559 und bietet eine Entwurfsvorlage für Anwendungsfälle sowie die Identifikation bzw. Spezifizierung von Stakeholdern, Akteuren und technischen Aspekten. [MMSJ12] [Smar12]

Innerhalb von SGAM wird der GWAC-Stack als Basis für die Interoperabilitätsdimension im SGAM Framework adaptiert (siehe Abbildung 10). [Smar12]

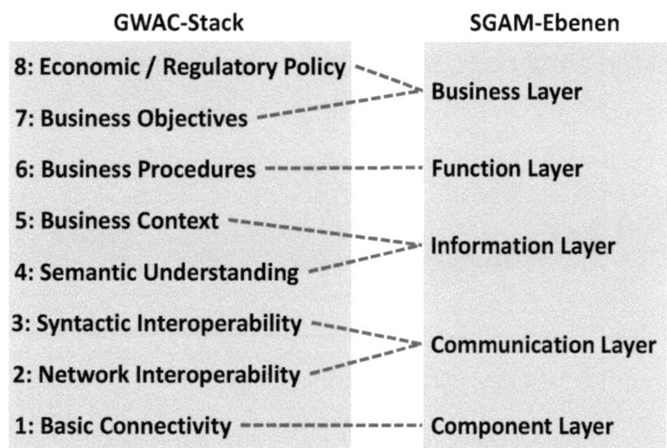

Abbildung 10. Zuordnung zwischen GWAC-Stack und SGAMs Interoperabilitätsdimension nach [Smar12]

Wie in der Abbildung zu sehen, sind die verschiedenen Kategorien des GWAC-Stacks den einzelnen Ebenen (*Business*, *Function*, *Information*, *Communication*, *Component*) im SGAM Framework zugeordnet. Im Rahmen der Entwicklung von SGAM wurde diese Reduzierung von acht auf insgesamt fünf Interoperabilitätskategorien als Basis für die Ebenen in der Interoperabilitätsdimension gewählt, um eine klare Darstellung und Handhabung bei der Visualisierung von Anwendungsfällen zu haben. Bei Bedarf einer detaillierten Visualisierung von einzelnen Interoperabilitätsaspekten ist eine Erweiterung entsprechend aller Kategorien im GWAC-Stack möglich. [Smar12]

Zusammenfassend kann gesagt werden, dass SGAM gängigen Standards insbesondere aus der Energieversorgungsdomäne folgt sowie Praktiken aus dem Bereich des Systems Engineering adaptiert. Obwohl SGAM initial als Architekturmodell bezeichnet wird, ist im Rahmen dieser Forschungsarbeit lediglich der Ordnungsrahmen (bezeichnet als SGAM Framework) als ein Architekturmodell zu verstehen. Zudem können die Konventionen des dem zugrundeliegenden multidimensionalen Modells mit Bezug auf ISO 42010 als Modelltyp für die Visualisierung von Systemelementen innerhalb eines domänenspezifischen Kontexts interpretiert werden. Dieser Ansatz wurde bereits erfolgreich für eine Verwendung in anderen Domänen wie etwa für die Industrie adaptiert (siehe Kapitel 2.4.2).

2.4.2 Reference Architectural Model Industrie 4.0

Die Industrie 4.0 Initiative adressiert den gegenwärtigen Wandel in der Industriedomäne. Existierende Produktionssysteme werden ersetzt oder zu cyber-physischen Systemen erweitert, um eine Kommunikation und Kollaboration zwischen physischen und virtuellen Systemen zu ermöglichen [Prof12]. Die Initiative zu Industrie 4.0 bietet dafür eine Anzahl von Designprinzipien, um z.B. Interoperabilität oder Informationstransparenz zwischen Maschinen, Sensoren, virtuellen Systemen und menschlichen Akteuren zu gewährleisten [Mari16].

Dementsprechend wurde das Reference Architectural Model Industrie 4.0 (RAMI 4.0) als Standard für die Klassifizierung und Entwicklung von Industrie 4.0 Technologien unter Berücksichtigung von organisatorischen Aspekten entwickelt, siehe Abbildung 11 [Din16].

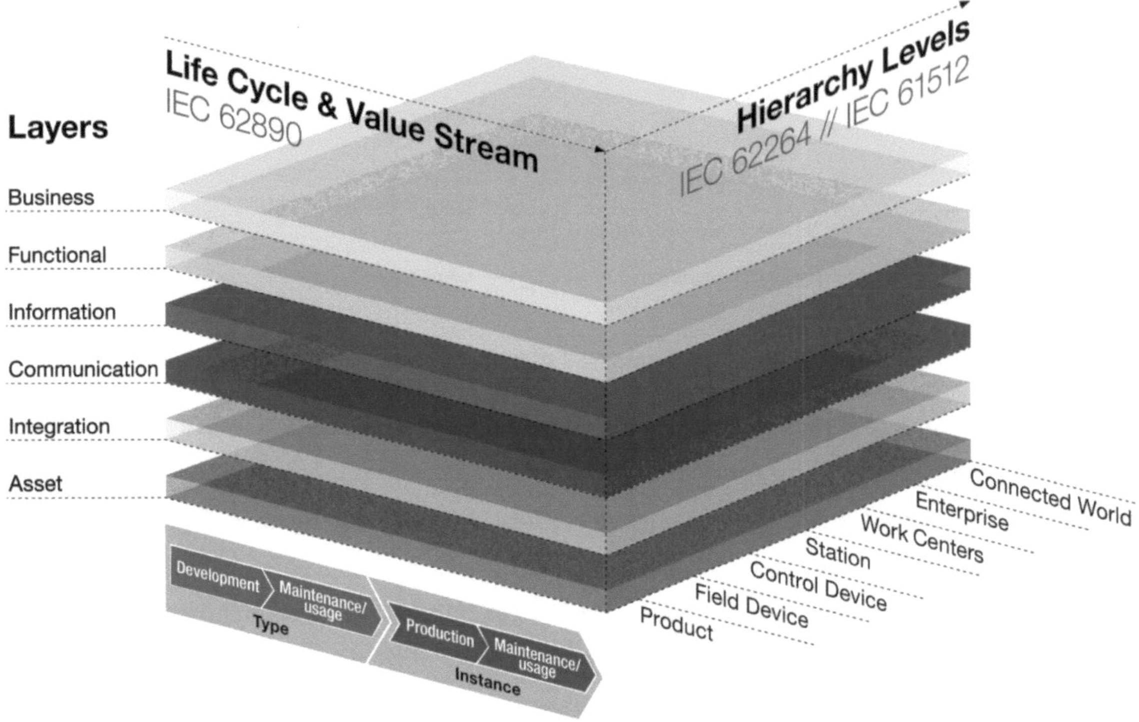

Abbildung 11. Reference Architectural Model Industrie 4.0 [Din16]

Wie in Abbildung 11 zu sehen, folgt RAMI 4.0 den Designprinzipien des SGAM Frameworks (siehe Kapitel 2.4.1). Es ist daher als ein Beispiel für die Übertragbarkeit des SGAM-Ansatzes zu verstehen. Das multidimensionale Modell wurde entsprechend modifiziert um die spezifischen Aspekte und Charakteristiken des Industriesektors zu reflektieren. RAMI 4.0 setzt sich aus einer Hierarchie-Dimension („*Hierarchy Levels*"), basierend auf IEC 62264 und IEC 61512 sowie aus der *Life cycle & Value stream* Dimension zusammen. Ergänzend dazu adaptiert RAMI 4.0 die Dimension *Interoperability* aus SGAM und verwendet eine der Domäne angepasste Strukturierung unter Verwendung der Layer *Business, Functional, Information, Communication, Integration* und *Asset* für eine Unterteilung von Systemen auf Basis ihrer Eigenschaften, Funktionen oder Assets. [Din16] [MaBo15]

2.4.3 Diskussion

Die Betrachtung von RAMI und SGAM lässt den Schluss zu, dass der Übergang zwischen Architekturframeworks und Architekturmodellen in den hier adressierten Beispielen fließend ist. Sie vereinen in ihrer Gesamtheit Aspekte, die auch einem Architekturframework zugeordnet werden können. Die hier skizzierten Beispiele resultieren aus der Notwendigkeit zur ganzheitlichen Betrachtung von Anwendungsfällen und Systemen in einer spezifischen Domäne. Hierbei wird der Gedanke des systemischen Denkens adressiert, um möglichst die wechselseitigen Abhängigkeiten zwischen verschiedenen Systemkomponenten auf unterschiedlichen Ebenen darstellen zu können.

SGAM und RAMI gehen in ihrer Gesamtheit über die in diesem Kapitel eingangs genannte Definition von Architekturmodellen hinaus, um ihren Anwendungsgebieten gerecht zu werden. Diese Anwendungsgebiete sind denen von Architekturframeworks nicht unähnlich. So beinhaltet insbesondere SGAM ein allgemeines Vorgehensmodell zur Erfassung der darzustellenden Elemente innerhalb des als SGAM Framework betitelten Ordnungsrahmens. Daher wird die Übertragung des SGAM-Ansatzes auf die in dieser Forschungsarbeit adressierte Fragestellung in Kapitel 3.3 geprüft.

Zur Trennung der Begrifflichkeiten werden nachfolgend lediglich die domänenspezifischen multidimensionalen Visualisierungen als Architekturmodell angesprochen.

2.5 Die maritime Domäne

Um die Eigenschaften und Aspekte der maritimen Domäne innerhalb eines maritimen Architekturframeworks berücksichtigen zu können, ist eine Einführung der komplexten Struktur der (zivilen) maritimen Domäne notwendig. Basierend auf ihrem geographischen Charakter beeinflusst die maritime Domäne eine Vielzahl an Staaten direkt oder indirekt. Das Paris Memorandum of Understanding on Port State Control listete z.B. in 2015 73 Hafenstaaten [Pari16].

Im Allgemeinen basiert die maritime Domäne auf dem Transport von Gütern und Passagieren auf (internationalen) Wasserstraßen, reguliert bzw. verwaltet von internationalen, nationalen, regionalen und lokalen Behörden. Da die internationale Schifffahrt nicht nach einer Seereise von Hafen zu Hafen endet, sondern auch eine Hinterlandanbindung, Hafenverwaltung oder auch den Bau, Wartung oder Verwaltung von Schiffen beinhaltet, werden viele verschiedene andere Domänen wie z.B. der Industriesektor oder die Transport- und Logistikdomäne zum Teil innerhalb der maritimen Welt verortet.

So sind maritime Aktivitäten in die internationalen Transportprozesse integriert. Rund 90% des weltweiten Handels werden durch die internationale Schifffahrt abgewickelt [Alli15]. Als Konsequenz daraus wurden in den letzten Jahren sowohl mehr als auch größere Schiffe gebaut, um den wachsenden Seehandel zu bewältigen [Alli15]. Neben der Integration in internationale Transportprozesse gibt es auch Überschneidungen mit der Energieversorgungsdomäne: (Fossile) Ressourcen wie Öl und Gas, aber auch Wasser- und Windenergie werden unter anderem durch die Nutzung von Bohrinseln oder Offshore-Windanlagen gewonnen. Zusätzlich dazu sind weitere Zweige wie die Fischereiindustrie oder die Forschung, als Teil der maritimen Domäne, zu berücksichtigen.

Aus der Perspektive des Systems Engineering setzt sich die maritime Domäne aus der menschlichen Komponente, einer hohen Anzahl an hochgradig unterschiedlichen technischen Navigations-, Kommunikations-, Überwachungs-, und Planungssystemen sowie abhängig von Einsatzgebiet, -Ziel und -Ort aus einer Vielzahl von Regularien und Betriebsprozessen zusammen. Von diesem

Standpunkt aus betrachtet, ist die maritime Domäne als ein sozio-technisches SoS zu verstehen.

Basierend auf dieser einleitenden Übersicht werden nachfolgend verschiedene Aspekte der maritimen Domäne näher erläutert, die als relevant für diese Forschungsarbeit betrachtet werden.

2.5.1 Charakteristiken der maritimen Domäne

Für die Unterstützung eines allgemeinen Architekturentwicklungsprozesses maritimer Systeme durch ein Architekturframework ist die Berücksichtigung von Einschränkungen und Ansprüchen aus der Domäne erforderlich. Das prominenteste Merkmal der maritimen Domäne ist die Unterteilung in eine See- und Landseite. Diese Unterteilung ist allgemeingültig, unabhängig von dem jeweilig betrachteten geografischen Gebiet.

Die Seeseite kann hierbei als der dynamische Teil der maritimen Domäne interpretiert werden. Schiffe oder andere mobile Entitäten wechseln auf ihrer Seereise laufend ihren Standort und haben demzufolge unterschiedliche Möglichkeiten der Kommunikation untereinander oder mit der Landseite. Die unterschiedlichen verfügbaren Kommunikationsmethoden variieren je nach Verwendungszweck, Situation und Entfernung zwischen Sender und Empfänger von Nachrichten. So ist beispielsweise die visuelle Kommunikation mit Flaggen und Lichtsignalen lokal begrenzt und wird für den Nachrichtenaustausch zwischen Schiffen oder mit Landstationen zur Koordinierung von Manövern verwendet. Sprechfunk oder eine automatische Nachrichtenübertragung (AIS) mittels UKW wird zwecks Selbstwarschau für eine Kommunikation zwischen maritimen Entitäten auf bis zu 20nm Entfernung verwendet. Im Gegensatz dazu ist landgestütztes Nachrichten-Broadcasting (NAVTEX) eine geeignete Methode für das Verteilen von sicherheitsrelevanten Information innerhalb einer ausschließlichen Wirtschaftsszone (*Exclusive Economic Zone*). Satellitengestütztes Nachrichten-Broadcasting von sicherheitsrelevanten Informationen (GNDSS) ist geeignet für eine globale Nachrichtenübermittlung. Klassischer Mobilfunk ist in der Regel nur in Inlandsgewässern, Häfen oder in Küstennähe sowie in eingeschränkter Art und Weise via Satellitenkommunikation möglich. [Dnvg15]

Basierend u.a. auf dem unterschiedlichen Ausrüstungszustand der Schiffe in (internationalen) Gewässern ist eine Verwendung der beabsichtigten oder erforderlichen Kommunikationsmethode nicht immer möglich. Gleichwohl fordert die SOLAS Konvention für alle betreffenden Schiffe die explizite Ausrüstung mit Kommunikationsmethoden wie AIS oder GNDSS [Imo74]. Obwohl diese Systeme nur für einen zweckgebundenen Einsatz verwendet werden, können die dort eingesetzten technischen Infrastrukturen dennoch zweckentfremdet in neue Kommunikationsinfrastrukturen wie etwa im Rahmen der Maritime Connectivity Platform als Teil des Maritime Messaging Service (MMS) integriert werden. [HWPC16]

Die Landseite der maritimen Domäne kann im Gegensatz zur Seeseite in der Regel ohne größere Einschränkungen auf unterschiedliche Kommunikationsmethoden wie Mobilfunk oder Internet zurückgreifen. Lediglich für die Kommunikation zwischen Land und See ist der Einsatz zuvor genannter und weiterer Kommunikationsmethoden erforderlich.

Basierend auf diesen Ausführungen müssen im Rahmen der Entwicklung eines Architekturframeworks für die maritime Domäne die topologische Struktur berücksichtigt sowie die unterschiedlichen Kommunikationsmethoden- und Einschränkungen aber auch künftige Entwicklungen reflektiert werden.

2.5.2 Rechtliche Aspekte

Die maritime Domäne wird reguliert durch eine Vielzahl von internationalen und nationalen Behörden oder behördenähnlichen Institutionen. Um Verantwortungsbereiche und Gerichtsbarkeit zwischen den Staaten und internationalen Einrichtungen wie der IMO zu regeln, haben sich die Mitgliedstaaten der Vereinten Nationen (UN) 1982 auf die *United Nations Convention on the Law of the Sea* (UNCLOS) geeinigt. [Unit82]

Die nachfolgenden Unterkapitel beschreiben verschiedene Institutionen und zeigen die Abhängigkeiten und Beziehungen zwischen verschiedenen Zuständigkeitsbereichen dieser Institutionen auf.

2.5.2.1 Maritime Institutionen

Dieses Kapitel beschreibt internationale Institutionen wie die *International Maritime Organization* (IMO) und die *International Association of Marine Aids to Navigation and Lighthouse Authorities* (IALA) sowie Aufgaben- und Zuständigkeitsbereiche auf nationaler und lokaler Ebene.

International Maritime Organization Die IMO ist eine global aktive Behörde der UN. Ihr Fokus liegt auf der Organisation der internationalen Schifffahrt und zeichnet sich dabei verantwortlich für die Sicherheit in der Schifffahrt sowie die Vermeidung von Umweltverschmutzungen auf dem Meer [Inte00a]. Die IMO besteht aus aktuell 172 Mitgliedsstaaten und wird von einem Generalsekretär geführt [Inte00b].

Der Beitrag der IMO innerhalb der maritimen Domäne basiert auf verschiedenen Konventionen für die internationale Schifffahrt. Die Mitgliedsstaaten der IMO definieren und verabschieden Konventionen wie die International *Convention for the Safety of Life at Sea* (SOLAS). SOLAS bietet beispielsweise zur Gewährleistung von sicheren Seereisen eine Vielzahl von Regularien in Bezug auf Bau und Ausstattung von Schiffen oder für das Verhalten auf hoher See. Zudem hat die IMO eine Sammlung an generellen Verkehrsregeln zur Kollisionsverhütung herausgegeben (COLREG), die neben ihrer Gültigkeit in internationalen Gewässern zum Großteil von nationalen Behörden übernommen wurden. Ergänzend hat die IMO in den letzten Jahrzehnten eine weitere Anzahl von Konventionen bzw. Standards verabschiedet. Dazu zählen die obligatorische Verwendung einer IMO-Nummer zur eindeutigen Identifizierung einer Schiffshülle, das *Automatic Identification*

System (AIS) als eine Technologie für den automatisierten Austausch von Schiffsinformationen zwischen Schiffen und mit landgestützten Einrichtungen sowie die Einführung des *Global Maritime Distress Safety System* (GMDSS). [Inte00c]

Zusammenfassend kann die IMO als eine Institution gesehen werden, die eine allgemeine Richtung für die internationale Entwicklung der Seefahrt vorgibt. Diese Interpretation der Rolle der IMO in der Schifffahrt spiegelt sich auch in der Einführung der e-Navigation-Strategie wieder.

Internationale Organisationen Neben der IMO gibt es eine Anzahl an weiteren internationalen Einrichtungen, die als Einflussgrößen der maritimen Domäne zu bezeichnen sind. So werden innerhalb der World Meteorological Organization (WMO) als eine Sonderorganisation der UN maritime Belange in Bezug auf die Überwachung von Einrichtungen zur Erfassung und Bereitstellung von meterologischen Daten in Form von Wetterdiensten adressiert. [Worl17a], [Worl17b]

Die *International Telecommunication Union* (ITU), ebenfalls eine Sonderorganisation der UN, adressiert verschiedene Belange im Kontext von Informations- und Kommunikationstechnik. Die ITU stellt u.a. technische Standards für Entwicklung und Betrieb etwa von Satelliten, Kommunikationsnetzwerken oder VHF bereit. Dabei werden auch technische Standards und Empfehlungen für den maritimen Sektor bereitgestellt, oftmals gemeinsam etwa mit der IMO und privatwirtschaftlichen maritimen Stakeholdern entwickelt (z.B. bei Global Maritime Distress and Safety System (GMDSS)). [Inte17a], [Inte17b]

Die *International Hydrographic Organization* (IHO) ist eine zwischenstaatliche Einrichtung, mit dem Ziel, nationale hydrografische Einrichtungen wie etwa das deutsche Bundesamt für Seeschifffahrt und Hydrographie (BSH) übergeoordnet zu koordinieren sowie einheitliche Standards für (elektronische) Seekarten zur Navigation bereitzustellen. Die IHO ist zudem verantwortlich für die Entwicklung von Standards für hydrografische Dienste wie in der SOLAS Konvention der IMO definiert. [Inte17c], [Iho00]

Die IALA ist eine internationale gemeinnützige Nichtregierungsorganisation. Sie fokussiert sich auf technische Aspekte innerhalb der maritimen Domäne mit dem Ziel, technische Navigationsmittel zwecks einer effizienten und sicheren Seefahrt zu harmonisieren. Als gemeinnützige Nichtregierungsorganisation kann die IALA keine rechtlich bindenden Regularien veröffentlichen. Daher veröffentlicht die IALA regelmäßig verschiedene *Recommendations* und *Guidelines* für den Einsatz unterschiedlicher Technologien bzw. technischer Systeme, die gemeinhin als de facto Standard Berücksichtigung finden. [Iala00a] [Iala00b]

Nationale Behörden Nationale Behörden wie z.B. die deutsche *Wasserstraßen- und Schifffahrtsverwaltung des Bundes* (WSV) haben im Allgemeinen das übergeordnete Ziel, eine reibungslose und sichere Schifffahrt auf den Inland- und Küstenwasserstraßen zu gewährleisten.

Sie sind verantwortlich für Wartung und Verkehrsmanagement auf diesen Wasserstraßen und übernehmen hoheitsrechtliche Aufgaben innerhalb der eigenen Hoheitsgewässer. [Wass00a] Zudem konzentrieren sich Behörden wie beispielsweise die *Danish Maritime Authority* (DMA) auf die Wettbewerbsfähigkeit der landeseigenen Handelsflotte und Schifffahrtsunternehmen im globalen Handel. [Dani00]

Lokale Behörden Zu Vertretern von Behörden auf lokaler Ebene zählen Hafenverwaltungen oder Verkehrsüberwachungszentren. Sie sind verantwortlich für die Organisation und Überwachung eines bestimmten Seegebiets (oder Hafens) mit dem Ziel eine ökonomische, sichere und nachhaltige Seefahrt in diesen Gebieten zu gewährleisten. In der Regel sind diese Institutionen nationalen Behörden zugeordnet und folgen nationalem Recht sowie lokalen Richtlinien und Bestimmungen für das jeweilige Seegebiet. [Usco00] [Wass00b]

2.5.2.2 Regulative Wechselbeziehungen

Um die regulativen Aspekte bei der Entwicklung sozio-technischer Systeme in der maritimen Domäne zu berücksichtigen, ist es erforderlich, die vielfältigen Wechselbeziehungen zwischen internationalen, nationalen, regionalen und lokalen Gesetzen und Richtlinien zu adressieren. Internationale Konventionen der IMO werden parallel mit *Recommendations* und *Guidelines* der IALA zur Regulierung von internationalen Gewässern herangezogen. International tätige maritime Stakeholder sind abhängig von diesen Vorschriften.

Ergänzend dazu sind internationale Vorschriften häufig die Grundlage für nationales Recht von Küstenstaaten und ihren Hoheitsgewässern. So adaptieren beispielsweise die deutsche *Seeschifffahrtstraßenverordnung* und die *United States Coast Guard* die Kollisionsverhütungsregeln aus den COLREGs für ihre Gewässer. [Bund71] [Usde84]

Zudem ziehen Anrainerstaaten an gemeinsamen Wasserstraßen bzw. Seeregionen (z.B. der Ärmelkanal) diese internationalen Vorschriften als gemeinsame Basis für die Schaffung von Richtlinien, angepasst an die entsprechende Region, heran. Staatenverbünde wie z.B. die Europäische Union (EU) erlassen für ihre angrenzenden Seegebiete unterschiedliche Direktiven wie etwa Direktive 2001/96/EC [EuCo01], die auch einen direkten Bezug auf Konventionen der IMO nehmen. [Euro00]

Ergänzend dazu nutzen lokale Behörden bzw. lokale Vertreter nationaler Behörden nationale Regularien und ergänzen diese entsprechend der Eigenschaften und Gefahren, die sich beim Befahren eines bestimmten Wasserweges, wie z.B. der Straße von Dover, ergeben können. [Mari99]

Die oben beschriebenen Beziehungen und Abhängigkeiten sind in Abbildung 12 zusammengefasst.

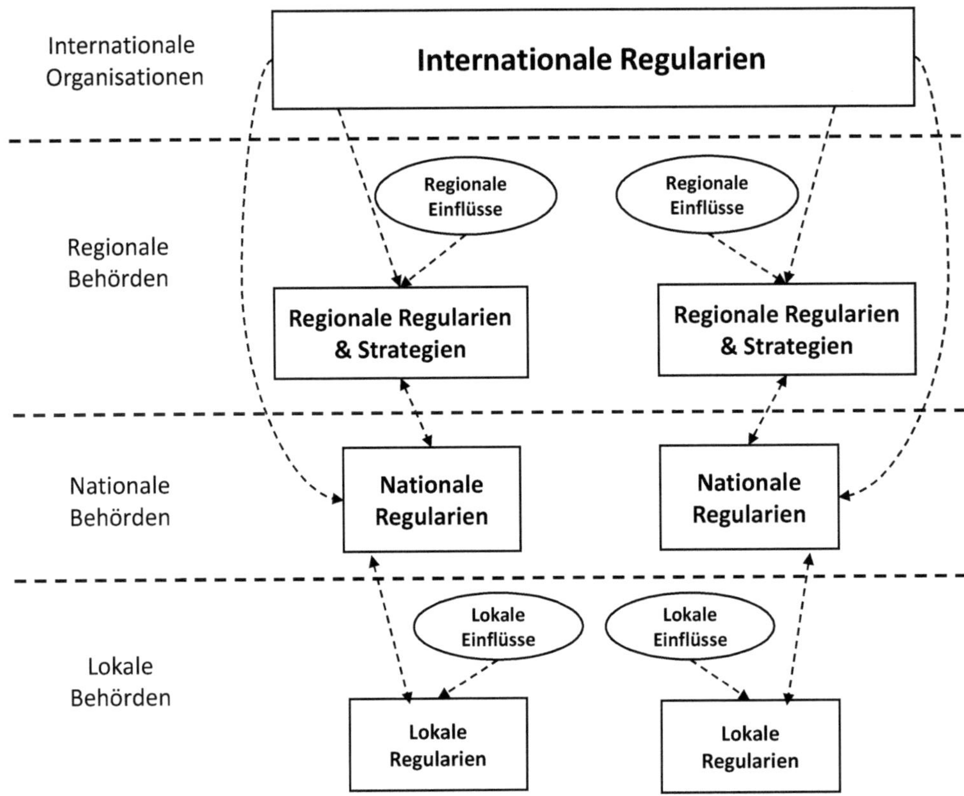

Abbildung 12. Abhängigkeiten und wechselseitige Beziehungen zwischen internationalen, regionalen, nationalen und lokalen Behörden (Angelehnt an [Iala15a], Abbildung 5)

2.5.3 e-Navigation

Mit der globalen Einführung der e-Navigation in 2007 durch die IMO muss insbesondere diese Strategie bei der Beschreibung maritimer Systemarchitekturen berücksichtigt werden. e-Navigation ist dabei charakterisiert als *„the harmonized collection, integration, exchange, presentation and analysis of marine information on board and ashore by electronic means to enhance berth to berth navigation and related services for safety and security at sea and protection of the marine environment"* [Msc809] geprägt. Die Vision hinter diesem Begriff basiert auf der Schaffung einer Strategie für eine Integration bzw. Standardisierung existierender und künftiger Systeme für eine hinreichende Koordination und Navigation auf Basis eines Informationsaustausches zwischen Schiffen und Landstationen.

Dementsprechend orientiert sich die e-Navigation an einem möglichst nahtlosen Informationsaustausch an Bord eines Schiffes, zwischen Schiffen und mit Landstationen bzw. auch zwischen Landstationen. [Msc809] Ergänzend dazu hat die IMO eine Reihe von *Maritime Service Portfolios* (MSPs) als eine Sammlung von operativen- und technischen Diensten und verantwortlichen Dienstleistern definiert [Ncsr14]. Solche MSPs wie beispielsweise MSP1 – VTS Information Service (IS) können als Ansatz zur Kapselung und Strukturierung von erforderlichen (elektronischen) Informationen im Rahmen der e-Navigation umgesetzt werden [Ncsr14]. Die MSPs adressieren sechs verschiedene topologische Gebiete der maritimen Domäne (z.B. Hafen,

Küstengewässer usw.). Auch wenn die MSPs nicht direkt für die Umsetzung des e-Navigation-Konzepts definiert sind, sondern vielmehr für eine sichere Navigation von Hafen zu Hafen, sollen diese als Anwendungsfälle für die Entwicklung von technischen Systemen herangezogen werden. [Ncsr14]

Darüber hinaus ist die e-Navigation als eine Strategie mit Fokus auf die Gewährleistung von Interoperabilität zwischen unabhängigen operativen Diensten und den dazugehörigen technischen Systemen auf operationaler sowie technischer Ebene zu verstehen. Die IMO hat dazu eine übergeordnete e-Navigation-Architektur definiert, die ihre Vision sowie die maritime Domäne aus ihrer Sicht wiedergibt (siehe Abbildung 13) [Ncsr14].

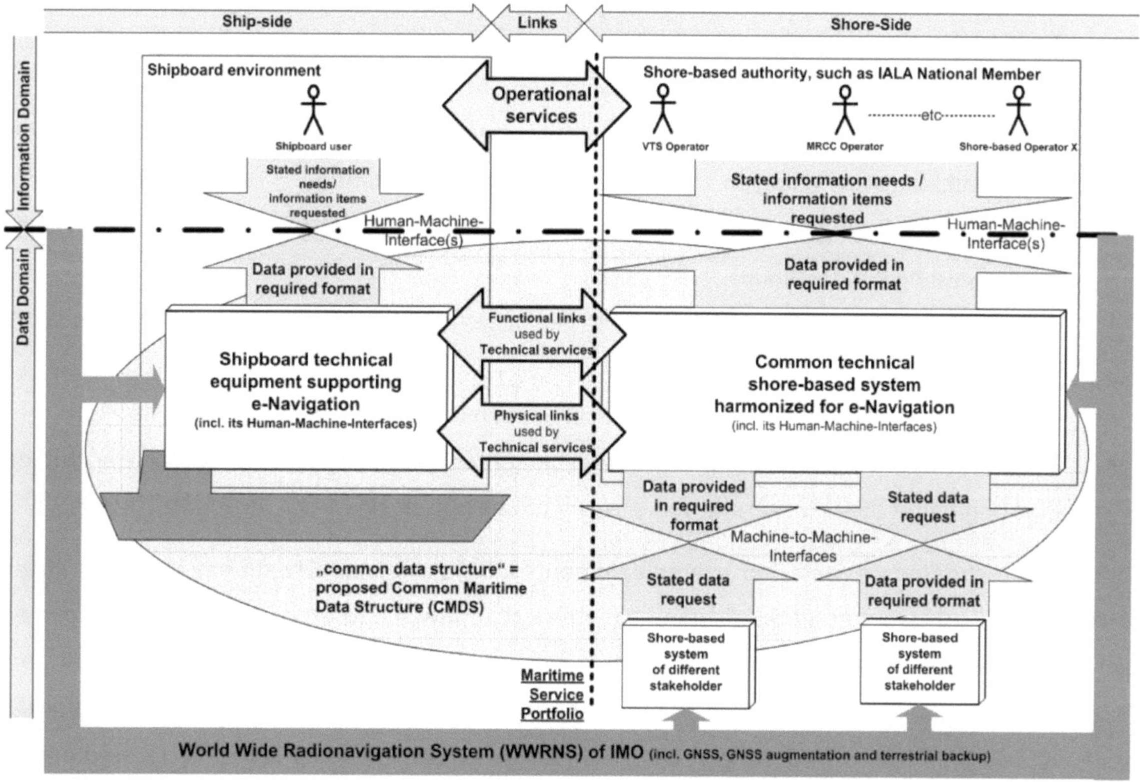

Abbildung 13. Die e-Navigation-Architektur [Ncsr14]

Wie in dieser Abbildung zu sehen ist, berücksichtigt die Architektur die Unterteilung der maritimen Domäne in eine schiffsseitige- und landseitige Systemumgebung. Beide Seiten sind auf verschiedenen Ebenen über physische, funktionale und operative Verknüpfungen miteinander verbunden. Ergänzend hierzu hat die IMO einen allgemeinen *e-Navigation strategy implementation plan* (SIP) für die Einführung des e-Navigation-Konzepts in die maritime Welt veröffentlicht. Der SIP beinhaltet keine Strategien oder Implementierungsprozesse für die Systeme und Dienste an sich, sondern hält Prozessschritte und Aufgaben vor, die es für eine Einführung der e-Navigation zu erfüllen gilt. [Msc809]

Zudem hat die IMO eine Anzahl an zentralen Strategieelementen für die Einführung von e-Navigation bzw. die Entwicklung von e-Navigation Technologien identifiziert. Diese werden nachfolgend in gekürzter Fassung wiedergegeben: [Msc809]

- **Architektur**: Eine übergreifende konzeptionelle, funktionale und technische Architektur muss entwickelt werden und dabei Prozessbeschreibungen, Datenstrukturen, Informationssysteme, Kommunikationstechnologie und Regularien berücksichtigen. [Msc809]
- **Menschliche Komponente**: Berücksichtigung von Ausbildung, Kompetenzen, Sprachfähigkeiten, Arbeitsbelastung und Motivation. [Msc809]
- **Konventionen und Standards:** Beachtung und Bereitstellung von internationalen Konventionen, Standards, Regularien, Richtlinien sowie von nationaler Gesetzgebung. [Msc809]
- **Positionsbestimmung:** Berücksichtigung von Genauigkeit, Integrität, Zuverlässigkeit und Redundanz von Positionsbestimmungssystemen. [Msc809]
- **Kommunikationstechnologie und Informationssysteme:** Identifikation von Kommunikationstechnologien und Informationssystemen entsprechend der Benutzeranforderungen. Dies schließt eine potenzielle Erweiterung sowie die Entwicklung neuer Systeme ein. [Msc809]
- **ENCs:** Unterstützung von elektronische Seekarten auf Basis des IHO S-100 Standards. [Msc809]
- **Ausrüstungsstandardisierung:** Die Entwicklung von Performance-Standards. [Msc809]
- **Skalierbarkeit:** Gewährleistung von Skalierbarkeit von e-Navigation für potenzielle Nutzer. Dies beinhaltet die Erweiterung von e-Navigation auch für Nicht-SOLAS Schiffe. [Msc809]

Die oben beschriebenen zentralen Strategieelemente adressieren Aspekte für einen strukturierten Entwicklungsprozess unter Berücksichtigung (externer) Einflüsse und Anforderungen. Dies spiegelt sich insbesondere in den Punkten Architektur, menschliche Komponente, Konventionen und Standards, Kommunikationstechnologie und Informationssysteme sowie ENCs. Zudem werden auch nicht-funktionale Anforderungen wie Nachhaltigkeit, Skalierbarkeit sowie Systemredundanz im Rahmen der Punkte Skalierbarkeit und Positionsbestimmung adressiert. [Msc809]

Im Zuge der Entwicklung der e-Navigation hat die IMO einen iterativen Implementierungsprozess für die Einführung neuer Technologien im Rahmen des e-Navigation-Konzeptes definiert [Msc809]. In Abbildung 14 ist dieser generische Implementierungsprozess als Kreislauf zu sehen. Im Rahmen eines top-down Vorgehens beginnt er mit der Identifikation der Benutzerbedürfnisse (*User Needs*) und den damit verbundenen Anforderungen. Der nachfolgende Schritt *Architecture and analysis* konzentriert sich auf die Definition einer integrierten Systemarchitektur unter Berücksichtigung verschiedener Aspekte wie Hardware, Daten, Informationen, Kommunikation und Software. Zudem beinhaltet dieser Schritt eine Analyse regulativer Anforderungen, die für die Entwicklung der Systemarchitektur sowie das operationale Konzept dahinter relevant sind. Der Schritt *Gap Analysis* besteht aus der Betrachtung und Auswertung verschiedener Aspekte auf Basis von regulativen, operationalen, technischen Analysen sowie des Ist-Zustandes. Der Schritt *Implementation* fokussiert sich auf die physische Entwicklung und Integration eines Systems auf Basis der entwickelten Systemarchitektur. Der Schritt *Review lessons learned* bezieht sich auf die Nachbetrachtung der vorangegangenen Schritte und ist die Basis für eine Optimierung im Rahmen einer erneuten Durchführung des Prozesses.

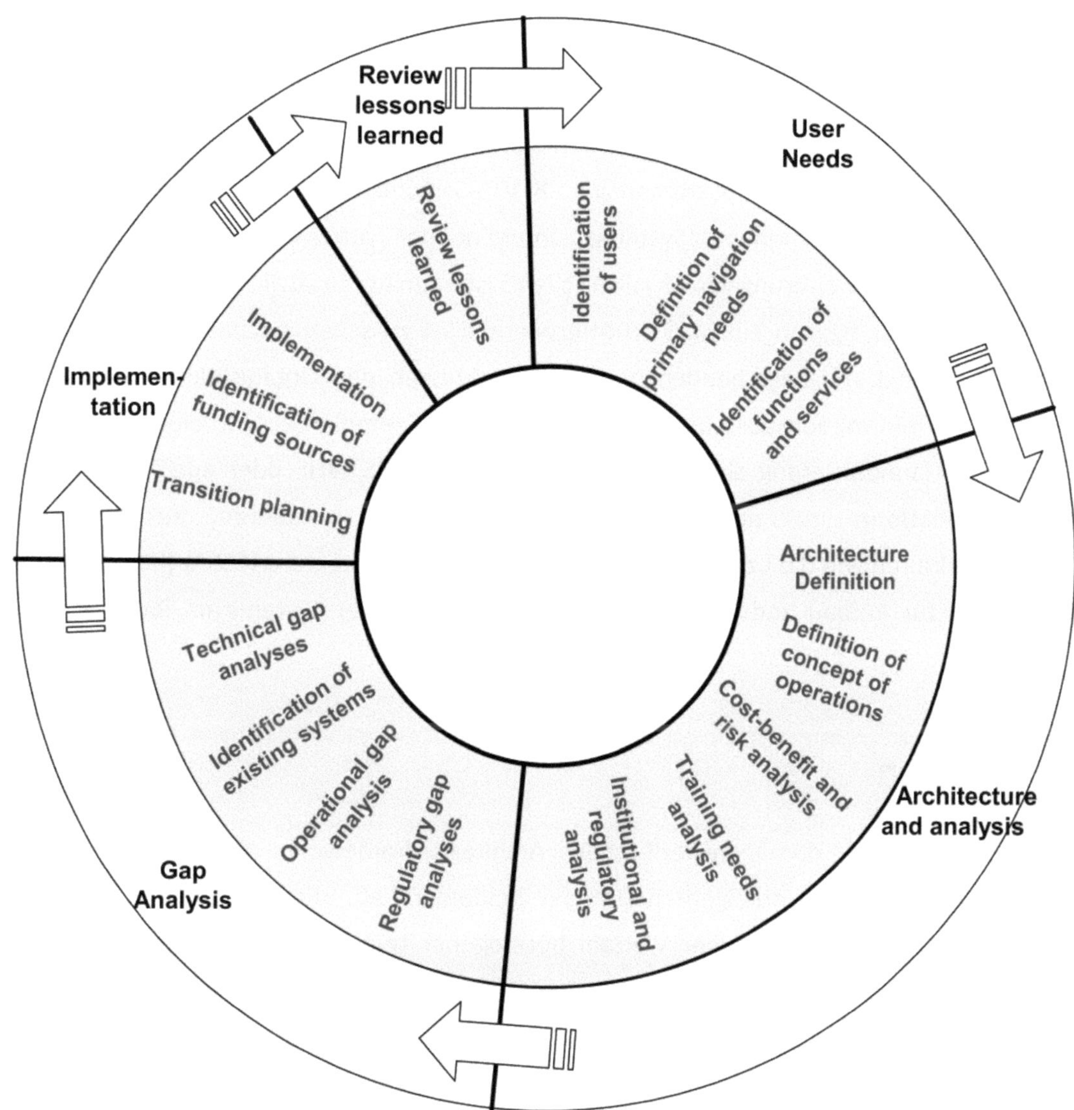

Abbildung 14. IMOs e-Navigation Implementierungsprozess [Msc809]

Obwohl der oben skizzierte Implementierungsprozess als übergeordneter Prozess für die Entwicklung von e-Navigation unter Berücksichtigung einer Integration verschiedener technischer Systeme und Regularien definiert ist, lassen sich die einzelnen Aspekte als Grundlage für die Entwicklung einzelner maritimer Systeme heranziehen, die im Einklang der e-Navigation-Strategie entwickelt werden sollen.

Zusammengefasst können die e-Navigation-Strategie und der SIP als ein Ansatz zur Ergänzung des sozio-technische System „Maritime Domäne" verstanden werden. Die e-Navigation beeinflusst dabei sowohl technische Aspekte als auch organisatorische, politische und soziale Strukturen unter

Berücksichtigung der menschlichen Komponente im maritimen Umfeld. Dadurch, dass auch einzelne Ausschnitte wie beispielsweise ein Hafenbereich mit Terminals, Hafenverwaltung, Lotsen und (logistische) Anbindung ans Hinterland als maritime SoS verstanden werden können, wird die Entwicklung neuer maritimer Systeme durch die Einführung der e-Navigation maßgeblich beeinflusst. Ergänzend dazu betrifft die Einführung der e-Navigation nicht nur künftige Systeme, sondern auch bereits existierende Systeme, Technologien und operative Prozesse.

Dadurch, dass die e-Navigation nicht nur die Harmonisierung und Integration neuer Systeme untereinander, sondern auch deren Integration in die bestehende maritime Systemlandschaft mit heterogenen, nur grob vernetzten Systemen wie z.B. VTS-Systeme und AIS, und darüber hinaus die Harmonisierung der bestehenden Systeme untereinander adressiert, führt dies künftig zwangsläufig zu einer Erweiterung von physikalischen Systemen um zusätzliche (IT-) Komponenten. Dies erscheint notwendig, um ein Maß an Interoperabilität zwischen solchen cyber-physischen Systemen im Kontext von bestehenden operativen Prozessen und Organisationsstrukturen für einen nahtlosen Informationsaustausch zu gewährleisten. Exemplarisch für diese notwendige Evolution bzw. Harmonisierung sind etwa Systeme wie GMDSS, VHF oder auch die Maritime Connectivity Platform zu nennen. Im Kontext dessen existieren auch maritime Referenzarchitekturen wie die Common Shore-Based System Architecture (CSSA) [Iala15b] als ein Referenzmodell für Aufbau und Struktur maritimer landgestützter Systeme im Rahmen der e-Navigation.

2.6 Diskussion

Die Konzeption eines domänenspezifischen Architekturframeworks hängt von den zu adressierenden Merkmalen und Eigenschaften der Zieldomäne ab. Wie in Kapitel 2.5 dargestellt, besteht die maritime Welt aus einer Vielzahl heterogener technischer Systeme mit Bezug zu unterschiedlichen sozialen und organisatorischen Strukturen. Aktivitäten und unterstützende Systeme werden von unterschiedlichen Regularien beeinflusst. Ausgehend von den zuvor erfolgten Beschreibungen der maritimen Domäne, der e-Navigation und damit einhergehenden rechtlichen Aspekten lassen sich u.a. folgende Merkmale zusammenfassen. In dieser Konstellation werden sie als Alleinstellungsmerkmale der Domäne verstanden.

- Aufteilung in See- und Landseite (Topologie)
- Differenzierung zwischen mobilen und immobile Entitäten (z.B. Schiff, Verkehrsüberwachungszentrale)
- Multiple heterogene nicht kompatible Kommunikationsmethoden
- Eingeschränkte Kommunikationsmöglichkeiten zwischen Entitäten auf See und zwischen See und Landseite
- Voneinander beeinflusste Regularien mit unterschiedlichen Geltungsbereichen

Zudem wird im Rahmen der e-Navigation-Strategie von den Erfordernissen einer Harmonisierung des Informationssaustausches zwischen den Systemen gesprochen. Hierbei kann ein maritimes Architekturframework helfen, die maritimen Einzelsysteme in einem Gesamtkontext jeweils als sozio-technische Systeme unter Einbeziehung technischer und nicht-technischer Aspekte zu verstehen. Um zwischen solchen heterogenen Systemen den angestrebten Informationsaustausch gewährleisten zu können, muss eine Interoperabilität gleichermaßen auf Basis beider Aspekte zwischen den Systemen etabliert werden.

Die potentiellen Vorteile in der Anwendung eines Architekturframeworks für die maritime Domäne basieren daher zum einen auf dessen direkter Verwendung als ein Instrument zur einheitlichen Spezifizierung von (maritimen) Systemarchitekturen unter Berücksichtigung technischer, funktionaler und konzeptioneller Aspekte sowie als ein Hilfsmittel zur Unterstützung einer Integration maritimer Einzelsysteme in existierende maritime Systemumgebungen. Dabei steht die Unterstützung für eine künftige Etablierung von Interoperabilität zwischen verschiedenen Systemen im Vordergrund. Hierfür ist es erforderlich, dass ein maritimes Architekturframework allgemeingültige Techniken zur Identifikation von möglichen Interoperabilitätsaspekten zwischen Systemen. Dabei sollen die Systeme jeweils auf Basis ihrer Systemarchitekturen betrachtet werden.

Zudem sollte ein Framework die Möglichkeit bieten, Charakteristiken bzw. Strukturen der Zieldomäne bei der Integration neuer Systeme zu berücksichtigen. In Gesamtheit zählt dazu die Berücksichtigung von Interoperabilitätsaspekten, Charakteristiken der Zieldomäne sowie Anforderungen aus der e-Navigation, wie die Architekturentwicklung aus technischer, organisatorischer und funktionaler Perspektive.

Kapitel 3

Anforderungen an ein maritimes Architekturframework

"Beschreibung von allgemeinen Anforderungen und Vergleich verwandter Arbeiten"

In diesem Kapitel werden die Anforderungen an ein maritimes Architekturframework abgeleitet und mit dem allgemeinen Aufbau und der Struktur von Architekturframeworks in Verbindung gesetzt. Zudem werden diese Anforderungen in Kontext mit bestehenden Architekturframeworks gesetzt, um so deren Eignung zu prüfen. Das Kapitel endet mit der Diskussion der Ergebnisse und baut in seiner Gesamtheit auf den, in den vorangegangenen Kapiteln beschriebenen, Informationen auf.

3.1 Anforderungen

Für die Erfüllung der formulierten Zielsetzung werden in diesem Kapitel die daraus resultierenden Anforderungen aufgelistet. Abbildung 15 greift die in Kapitel 1.2 beschriebenen Ziele auf. Zudem werden in der Abbildung mit den Zielen einhergehende Aspekte gelistet.

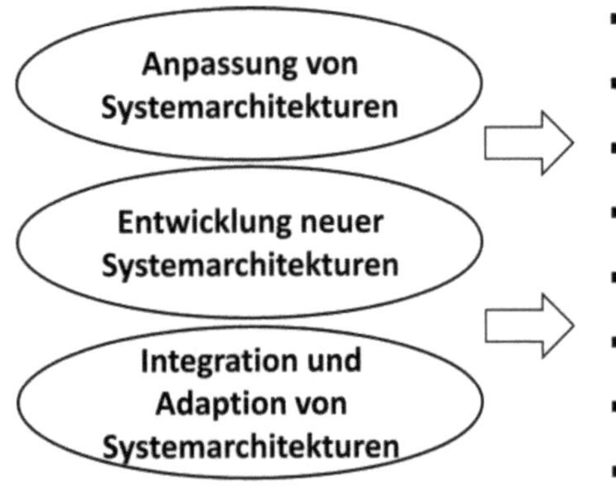

- **Berücksichtigung maritimer Charakteristiken**
- **Beschreibung und Anpassung von Organisationsstrukturen**
- **Berücksichtigung der e-Navigation-Strategie**
- **Berücksichtigung untersch. Entwicklungsparadigmen**
- **Berücksichtigung regulativer Aspekte und Standards**
- **Beschreibung und Anpassung technischer Strukturen**
- **Analyse von Soll- und Ist-Zustand**
- **Beschreibung und Anpassung von Funktionalitäten**

Abbildung 15. Die Zielformulierung für ein maritimes Architekturframework

Die jeweiligen Teilaspekte wie etwa die Notwendigkeit der Berücksichtigung maritimer Charakteristiken oder der e-Navigation sowie der Analyse von Soll- und Ist-Zustand von Systemen ergeben sich neben der Zielsetzung aus den Eigenschaften des Anwendungsfeldes „maritime

Domäne". Nachfolgend werden hieraus abgeleitete Anforderungen an ein maritimes Architekturframework beschrieben. Dabei werden neben den aus dem maritimen Umfeld abgeleiteten Anforderungen auch Aspekte aus der Systemarchitekturentwicklung bzw. den Konzepten und Standards von Architekturframeworks berücksichtigt.

#R1 – Problemstellung Unabhängig vom Startpunkt der Systementwicklung muss die Ausgangslage sowie die Problematik aus Sicht der Anwender bzw. die Herausforderung, aus dem die Architekturentwicklung resultiert, identifiziert und beschrieben werden. Die IMO hat hierfür bereits die MSPs als eine Liste von Anwendungsfällen für (sicherheitsrelevante) Systeme definiert. Diese können im Rahmen der e-Navigation entwickelt werden. Daher soll die Erfassung und Beschreibung unterschiedlicher Problemstellungen unterstützt werden. Dabei muss es unerheblich sein, ob neue Systemkomponenten oder Technologien in ein bestehendes SoS integriert oder ein (sozio-technisches) System vor dem Hintergrund existierender Systeme neu entwickelt werden soll.

#R2 – Topologische Struktur Ein Alleinstellungsmerkmal der maritimen Domäne ist die wechselnde Topologie in Form von See- und Landseite und die damit verbundene Dynamik in Form von mobilen maritimen Entitäten. Im Rahmen des Entwicklungsprozesses maritimer Systemarchitekturen muss die Integration des jeweiligen Systems in die maritime Domäne auch vor diesem Hintergrund Berücksichtigung finden. Daher ist die Berücksichtigung der topologischen Struktur der maritimen Domäne mit der Unterteilung in See- und Landseite, wie seitens der IMO in der e-Navigation-Architektur postuliert (siehe Kapitel 2.5.3) innerhalb eines maritimen Architekturframeworks so zu verorten, dass dieser Aspekt bei der Beschreibung von Systemarchitekturen reflektiert wird.

#R3 – Vereinheitlichung Eine im Rahmen eines maritimen Architekturframeworks bereitgestellte Methodik zur Entwicklung maritimer Systemarchitekturen (innerhalb der e-Navigation) muss sich am entsprechenden Implementierungsprozess für e-Navigation Systeme orientieren und dabei möglichst generisch für die Beschreibung unterschiedlicher maritimer sozio-technischer Systeme eignen.

#R4 – Regularien und institutionelle Rahmenbedingungen In Kapitel 2.5 wurde die maritime Domäne als ein auf internationaler, nationaler, regionaler oder lokaler Ebene stark reguliertes Gebiet beschrieben. Dementsprechend muss ein maritimes Architekturframework die Möglichkeit bieten, relevante Regularien und weitere institutionelle Rahmenbedingungenin der Systemarchitektur zu berücksichtigen.

#R5 – Hierarchie und Struktur Ein maritimes System wird nach seiner Entwicklung in eine maritime Systemumgebung integriert. Neben topologischen Aspekten müssen für eine erfolgreiche Integration die jeweiligen Organisationsstrukturen sowie der Aufbau des SoS als Ist-Zustand erhoben dafür berücksichtigt werden. Hierfür soll ein maritimes Architekturframework insbesondere bei der Identifikation wechselseitiger Abhängigkeiten zwischen den Systemen in einem SoS unterstützen können.

#R6 – Funktionen Im Rahmen der e-Navigation ist die Notwendigkeit einer funktionalen Perspektive auf eine Systemarchitektur hervorgehoben worden (siehe Kapitel 2.5.3). Dementsprechend soll ein Architekturframework die Erfassung und Beschreibung der Systemfunktionalität gewährleisten. Zudem muss eine Kontextualisierung mit weiteren Aspekten eines Systems ermöglicht werden.

#R7 – Technische Infrastruktur Die technische Infrastruktur unterstützt die Umsetzung von Funktionen, Strukturen und Prozesse in einem sozio-technischen System. Einhergehend mit einer ganzheitlichen Architektur (für e-Navigation-Technologien, siehe Kapitel 2.5.3) soll das Architekturframework die Identifikation und Definition von physischen und virtuellen Systemelementen sowie dazugehörigen technischen Protokollen und Informationsmodellen unterstützen helfen.

#R7.1 – Information Das e-Navigation-Konzept basiert auf einem harmonisierten Informationsaustausch zwischen heterogenen Systemen. Dem folgend soll das zu entwickelnde Architekturframework die Identifizierung bzw. Spezifizierung von Informationsmodellen, die vom System oder zwischen kooperierenden Systemen verwendet werden, unterstützen.

#R7.2 – Kommunikation Zur Gewährleistung eines Informationsaustausches zwischen heterogenen Systemen ist die Angleichung der Kommunikationsmethoden dieser kooperierenden Systeme notwendig. Dementsprechend soll das Architekturframework die Identifikation und Spezifizierung von Kommunikationsprotokollen im Kontext einer Gesamtsystemarchitektur gewährleisten.

#R7.3 – Technische Komponenten Die Identifikation und Definition von technischen Komponenten eines Systems sowie die Darstellung der Beziehungen untereinander ist die Basis für eine technische Architektur gemäß IMO (siehe Kapitel 2.5.3) und soll durch das Architekturframework unterstützt werden.

#R8 – Interoperabilität Ausgehend von der sich aus der e-Navigation-Strategie ergebenden Herausforderung, den Informationsaustausch zwischen heterogenen Systemen zu vereinheitlichen, muss ein maritimes Architekturframework den Anwender dabei unterstützen, potentielle Schnittpunkte oder Lücken zwischen Systemen für einen späteren Handlungsbedarf zu identifizieren. Hierfür sollen Gemeinsamkeiten in Bezug auf Semantik, Technologien, Funktionalität, Regularien etc zwischen betrachteten Systemen jeweils auf den von der IMO postulierten Architekturperspektiven identifiziert werden können.

#R9 – Anforderungen Ausgehend davon, dass sich je nach Einsatzzweck und Problemstellung unterschiedliche Aufgabenstellungen von verschiedenen Stakeholdern ergeben können, ist die Unterstützung der Erfassung und Beschreibung von Anforderungen an ein maritimes System innerhalb des Architekturframeworks zu gewährleisten. Dabei soll eine Klassifizierung der Anforderungen auf Basis der unterschiedlichen Architekturperspektiven unterstützt werden.

#R10 – Nutzergruppen Da das angestrebte maritime Architekturframework sowohl technische als auch nicht technische Aspekte eines sozio-technischen Systems adressiert, ist anzunehmen, das unterschiedliche Nutzergruppen das Framework nutzen werden. Das Architekturframework soll daher die Grundlage für einen Informationsaustausch zwischen Nutzergruppen mit unterschiedlichen Themenschwerpunkten bilden.

3.2 Anforderungsanalyse

In diesem Kapitel werden die Anforderungen aus Kapitel 3.1 mit dem theoretischen Konzept für Architekturframeworks gemäß ISO 42010 [Iso11], wie in Kapitel 2.3 beschrieben, verglichen und diskutiert. Das Ziel dieser Analyse ist zum einen die Überprüfung, ob die Verwendung eines Architekturframeworks im Einklang mit den erhobenen Anforderungen steht. Zum anderen sollen die Anforderungen und Charakteristiken der maritimen Domäne als Startpunkt für die weitere Konzeptionierung eines maritimen Architekturframeworks den jeweiligen Bestandteilen eines Architekturframeworks zugeordnet werden.

Zunächst werden die Elemente aus Abbildung 6 aufgelistet und in Verbindung mit den Anforderungen bzw. relevanten Aspekten aus der maritimen Domäne gebracht:

Stakeholder Die maritime Domäne umfasst eine Vielzahl an Stakeholdern. Die IMO listet eine Anzahl maritimer Nutzer in MSC 85/26 [Msc809]. Aufgrund domänenübergreifender Kooperation der Stakeholder können ergänzend hierzu weitere Stakeholder hinzukommen. Zudem soll ein maritimes Architekturframework von verschiedenen Nutzergruppen verwendet werden können (siehe *#R10 – Nutzergruppen*).

Anliegen Die verschiedenen Stakeholder haben unterschiedliche Ansprüche und Interessen im Rahmen einer Systementwicklung. Dieses Merkmal wird durch *#R1 – Problemstellung* abgedeckt. Diese Ansprüche können die Grundlage für die Identifikation und Beschreibungen von Anforderungen *(#R9 – Anforderungen*) bilden.

Architekturperspektive Basierend auf *#R8 – Interoperabilität* muss das maritime Architekturframework mindestens eine ganzheitliche Architekturbeschreibung aus konzeptioneller, funktionaler und technischer Perspektive unterstützen. Das Architekturframework muss dabei die Möglichkeit bieten, die jeweiligen Elemente von *#R4 –*

Regularien und institutionelle Rahmenbedingungen, #R5 – Hierarchie und Struktur, #R6 – Funktionen, und *#R7 – Technische Infrastruktur* auf diesen Perspektiven einordnen zu können.

Modelltyp Die Erstellung eines Modelltyps, der als Basis für verschiedene Architekturmodelle zur Repräsentation von Architekturen herangezogen werden soll, muss maritime Charakteristiken berücksichtigen. Dazu *zählt #R2 – Topologische Struktur* und *#R5 – Hierarchie und Struktur* der maritimen Domäne. Basierend auf *#R9 – Interoperabilität* muss der oder die Modelltypen zur Abbildung von Systemarchitekturen in einer maritimen Systemumgebung als Grundlage für eine spätere Analyse bzw. Harmonisierung von mehreren Systemarchitekturen herangezogen werden können.

Konsistenzregel Für eine konsistente Darstellung und Zuordnung von Beziehungen und Abhängigkeiten zwischen unterschiedlichen Architekturelementen auf funktionaler, konzeptioneller und technischer Ebene und zur Gewährleistung eines einheitlichen Architekturmodells für eine potentielle Harmonisierung verschiedener Systemarchitekturen müssen eine Anzahl an Regeln definiert werden. Abbildung 16 stellt unterschiedliche Sichten auf einer Architektur basierend auf den zu unterstützten Architekturperspektiven (*Architecture Viewpoints*) dar und zeigt exemplarisch mögliche Abhängigkeiten zwischen verschiedenen Architekturelementen auf den unterschiedlichen Perspektiven. Dabei ist festzustellen, dass ein Element auf einer Ebene nicht für sich alleinstehen kann, sondern jeweils anderen Elementen auf den verbleibenden Ebenen zugeordnet werden muss. Auf dieser Basis lässt sich eine Reihe von generellen Aussagen treffen, die eine Zuordnung der Architekturelemente untereinander bzw. zwischen den verschiedenen Ebenen regeln:

- Jedes konzeptionelle Element (*CE_X*) referenziert auf mindestens eine Funktion (*F_X*).
- Jede Funktion (*F_X*) ist mindestens einem Element auf der konzeptionellen Ebene sowie einem Element *TE_X* (oder einer Gruppe von Elementen, hier grau hervorgehoben) zugeordnet.
- Jedes technische Element bzw. jede Gruppe von technischen Elementen, steht über eine Funktion (*F_X*) in Verbindung mit mindestens einem Element auf der konzeptuellen Ebene und umgekehrt.

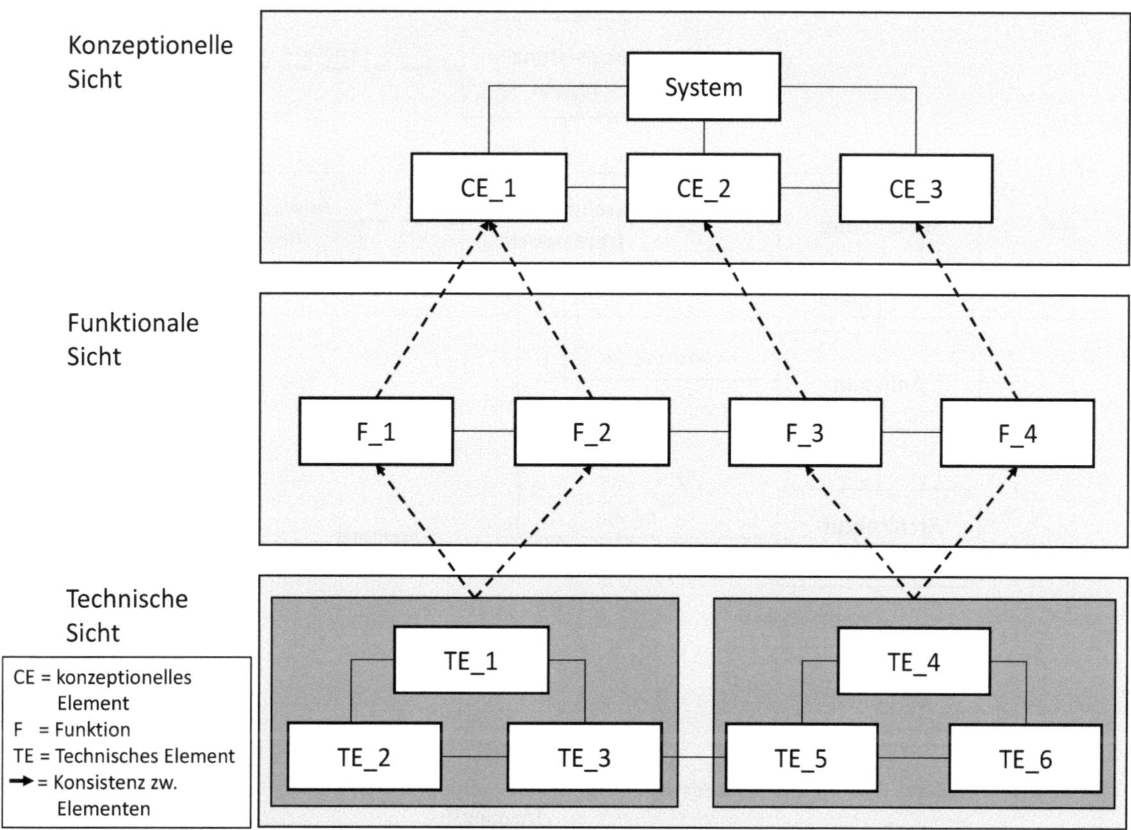

Abbildung 16. Darstellung möglicher Zusammenhänge zwischen Architekturelementen auf unterschiedlichen Ebenen

Basierend auf diesen Regeln kann ein Modelltyp entwickelt werden, der eine Abbildung unterschiedlicher Architekturen in einem Architekturmodell unter Berücksichtigung aller Architekturelemente mit ihren Abhängigkeiten und Beziehungen auf unterschiedlichen Ebenen ermöglicht.

Architekturframework Die im Architekturframework adressierte Methodik muss den Anforderungen aus *#R3 – Vereinheitlichung* folgen. Unter Berücksichtigung der Entwicklung eines **domänenspezifischen** Architekturframeworks für die maritime Domäne sollen zudem maritime Charakteristiken berücksichtigt werden. Dies adressiert die Anforderungen *#R2 – Topologische Struktur* und *#R5 – Hierarchie und Struktur* sozio-technischer Systeme aber auch die Berücksichtigung regulativer Vorgaben *(#R4 – Regularien und institutionelle Rahmenbedingungen*).

Zusammenfassend lässt sich feststellen, dass die in Kapitel 3.1 erfassten Anforderungen in Gänze den jeweiligen Elementen im Konzept von Architekturframeworks der ISO 42010 zugeordnet werden können. Dadurch, dass neben den Anliegen der Stakeholder die inherenten Eigenschaften der maritimen Domäne maßgeblich die Konzeption eines maritimen Architekturframeworks beeinflussen, wird im Rahmen dieser Forschungsarbeit dieser Einfluss auf die unterschiedlichen Elemente in Verbindung mit dem Konzept von Architekturframeworks in Abbildung 17 entsprechend hervorgehoben.

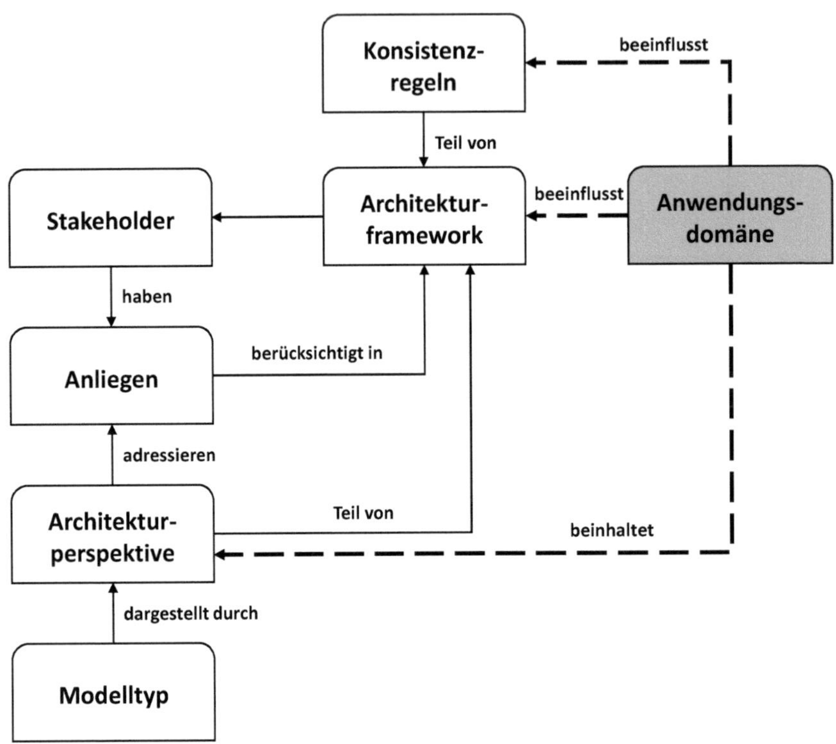

Abbildung 17. Ergänzte Fassung des theoretischen Konzepts für Architekturframeworks der ISO 42010 (Basiert auf [Acon00])

3.3 Analyse existierender Architekturframeworks

Dieses Kapitel beschreibt die Analyse existierender Architekturframeworks hinsichtlich ihrer Verwendung für die adressierte Aufgabenstellung. Wie in Kapitel 2.3 beschrieben, existieren eine Vielzahl an verschiedenen Architekturframeworks für unterschiedliche Aufgaben und Einsatzgebiete, die nachfolgend auf Basis der generellen Anforderungen an ein *maritimes* Architekturframework betrachtet werden. Eine umfassende Übersicht über Architekturframeworks ist [Dirk11] zu entnehmen. In der Vergangenheit sind auf verschiedene Art und Weise bereits Architekturframeworks evaluiert oder klassifiziert worden, wie etwa bei [SuGr06] und [SeUl00]. Diese Analysen sind dabei jedoch ohne Berücksichtigung der Anforderungen resultierend aus einer spezifischen (maritimen) Domäne durchgeführt worden.

3.3.1 Untersuchungsansatz

Dieses Unterkapitel beschreibt den Ansatz, der bei der nachfolgenden Analyse bereits existierender Architekturframeworks verwendet wird. Hierfür werden die übergeordneten Charakteristiken von Architekturframeworks gemeinsam mit den allgemeinen Anforderungen resultierend aus den Anwendungsszenarien für ein maritimes Architekturframework betrachtet. Insgesamt soll jeweils ein Verständnis über das betrachtete Architekturframework hinsichtlich Einsatzbereich und Funktionalität gewonnen werden. Zudem sollen die Architekturframeworks vor dem Hintergrund der bereits identifizierten Anforderungen betrachtet werden. Für die Untersuchung werden Ansätze aus dem Bereich der Inhaltsanalysen von Texten herangezogen. Das Ziel solcher Analysemethoden ist die Betrachtung des Inhalts von Kommunikation im Allgemeinen, wie etwa Dokumente oder (Gesprächs-) Protokollen und bildet die Grundlage für eine eigene Meinungsbildung. Explizit wird nachfolgend eine qualitative Inhaltsanalyse durchgeführt. [Phil00] [Phil01]

Die Ausgangslage für die Analyse bilden dabei a) ein Klassifikationsschema zur Erfassung von relevanten Eigenschaften des Untersuchungsgegenstandes, b) die Definition des Untersuchungsgegenstandes (Architekturframeworks) und c) die Bereitstellung von Informationen über den Untersuchungsgegenstand. Das hier verwendete Klassifikationsschema orientiert sich zum einen an der Arbeit von [SeUl00], welche allgemeine Charakteristiken zur Klassifikation von Architekturframeworks identifiziert. Dementsprechend werden folgende Charakteristiken verwendet: *Herkunft, Anwendungsfeld, (Architektur-)perspektiven, Inhalt* und *Entwicklungsphasen*.

Die Eigenschaft *Herkunft* ist für die Listung der entwickelnden Institution, während *Anwendungsfeld* der Beschreibung des Einsatzgebietes dient. Via *(Architektur-)perspektiven* soll erfasst werden, welche verschiedenen Architekturperspektiven in den betrachteten Frameworks jeweils Berücksichtigung finden. *Inhalt* ist für die Erfassung der durch die Frameworks bereitgestellten Werkzeuge wie etwa eine Methodik oder ein Referenzmodell zum Ausdruck einer Systemarchitektur. Die Anforderungen *#R6, #R7* und *#R8* lassen sich innerhalb der Architekturperspektiven einordnen, während *#R1* sowie *#R9* innerhalb der Entwicklungsphasen eines Architekturframeworks zugeordnet werden. *#R10* kann sowohl dem Inhalt als auch den Entwicklungsphasen zugeordnet werden.

Ergänzend dazu besteht das Klassifikationsschema aus den spezielleren Eigenschaften *Skalierbarkeit, Konventionen und Standards* sowie *Domänenspezifisch*. Über *Skalierbarkeit* soll allgemein erfasst und bewertet werden, inwieweit das betrachtete Architekturframework für unterschiedliche Aufgabenbereiche, wie sie in den Anwendungsszenarien für ein maritimes Architekturframework adressiert sind, anpassbar ist. Mittels *Konventionen und Standards* werden die Anforderung *#R3* und *#R4* gekapselt. Damit soll erfasst werden, ob Regularien, Standards oder sonstige Vorgaben, die den Einsatz eines Systems beeinflussen, innerhalb der vom Architekturframework bereitgestellten Methodiken zur Beschreibung eines Systems entsprechend in der Architekturbeschreibung berücksichtigt werden. Mittels *Domänenspezifisch* soll zum einen geprüft werden ob und zum anderen inwieweit eine direkte oder indirekte Berücksichtigung einer bestimmten Branche bzw. Domäne auf Basis der jeweiligen inherenten Domäneneigenschaften stattfindet. Hierunter lassen sich insbesondere die Anforderungen *#R2* und *#R5* einordnen.

Sofern eine Anzahl an Architekturframeworks für die Adaption in der maritimen Domäne in Frage kommt, sollen diese auf Basis weiter herausgearbeiteter Kriterien basierend auf den Anforderungen aus Kapitel 3.1 erneut betrachtet werden. Die Vorlage für das Klassifikationsschema wird nachfolgend dargestellt (siehe Tabelle 1).

Name des Architekturframeworks		
		Kommentare
Allgemeine Charakteristiken		
Herkunft		
Anwendungsfeld		
(Architektur-)perspektiven		
Inhalt		
Entwicklungsphasen		
Weitere Charakteristiken		
Skalierbarkeit		
Konventionen und Standards		
Domänenspezifisch		

Tabelle 1. Das Klassifikationsschema für die Analyse

Als Datenbasis für die Analyse wird die umfassende Sammlung und Beschreibung von Architekturframeworks von [Dirk11] herangezogen. Auf dieser Datenbasis sind ergänzend zu den exemplarisch vorgestellten Architekturframeworks in Kapitel 2.3 in Frage kommende Architekturframeworks selektiert und analysiert worden.

3.3.2 Evaluierung und Diskussion

Der Fokus dieser Evaluation liegt auf den Informationen, die während der durchgeführten qualitativen Textanalyse gesammelt wurden. Die gesammelten Informationen sind in Anhang A.1 zu finden. Nachfolgend werden diese Informationen vor dem Hintergrund des Bedarfs für ein maritimes Architekturframework diskutiert. Die gesammelten Informationen sind in nachfolgender Tabelle aufbereitet (siehe Tabelle 2).

FRAMEWORK	VIEWPOINTS / LAYERS	CONTENT / SCOPE	DEVELOPMENT PHASES	SCALABILITY	CONVENTIONS & STANDARDS	DOMAIN SPECIFIC
ARCHIMATE	X	-	X	X	-	-
ARIS	X	.	X	X	-	-
C4ISR	X	-	X	-	X	-
CIMOSA	X	-	X	-	-	-
DODAF	X	X	X	-	X	-
EAF	-	X	X	-	-	-
EIF	X	X	-	-	X	-
FEAF	X	X	-	-	-	-
GERAM	X	X	X	-	-	-
HIF	-	X	-	X	X	X
IAF	X	-	-	X	-	-
PERA	X	-	X	-	-	X
TEAF	X	-	-	-	-	-
TOGAF	X	X	X	X	-	-
V.E.R.A.	-	X	X	X	X	-
XAF	-	-	-	-	-	-
ZACHMAN	X	-	-	-	-	-

Tabelle 2. Ergebnisse der Analyse

Im Allgemeinen lässt sich feststellen, dass die untersuchten Architekturframeworks sich im hohen Maße voneinander unterscheiden. Wie bereits in Kapitel 2.3 beschrieben, lassen sich Architekturframeworks als operationell, konzeptionell oder als Mischform charakterisieren. Aufgrund der Tatsache, dass die Anwendungsszenarien für ein maritimes Architekturframework sowohl die Architekturentwicklung als auch die Integration und Anpassung von Systemarchitekturen umfasst, kommen im Grunde nur Architekturframeworks für eine vollumfängliche Adaption in Frage, die sowohl operationelle als auch konzeptionelle Aspekte berücksichtigen.

Neben dieser allgemeinen Feststellung konnten während der Durchführung der Analyse große Unterschiede in Bezug auf den Einsatzzweck identifiziert werden. Während sich zum Beispiel TOGAF und das Zachman Framework an der Darstellung und / oder der Entwicklung von Unternehmensarchitekturen unter Berücksichtigung von technischen Aspekten und Unternehmensstrukturen und -zielen orientieren, adressiert das *eXtreme Enterprise Architecture Framework* (XAF) ein Reverse Engineering, also die Rekonstruktion, von Unternehmensarchitekturen. XAF versteht sich dabei als ein grundlegendes Framework, um ein besseres Verständnis über die untersuchte Unternehmensarchitektur zu gewinnen.

Darüber hinaus lässt sich aus der e-Navigation-Strategie die Anforderung nach einer Unterstützung verschiedener Architekturperspektiven im Rahmen der Architekturentwicklung bzw. -betrachtung ableiten. Dementsprechend muss ein Architekturframework die Entwicklung von technischen, funktionalen und konzeptionellen Sichten auf die Gesamtarchitektur ermöglichen [Msc809]. Ein

Ergebnis dieser Evaluation ist in diesem Zusammenhang der Erkenntnisgewinn darüber, dass eine hohe Anzahl der untersuchten Frameworks solche Perspektiven unterstützen.

Gleichwohl geht aus der Zusammenfassung der Ergebnisse in Tabelle 2 hervor, dass kein Untersuchungsgegenstand die erforderlichen Eigenschaften für ein maritimes Architekturframework vollumfänglich abdeckt. Auch wenn einige Frameworks wie DoDAF, HIF oder TOGAF vier von sechs erforderlichen Eigenschaften aufweisen, so unterscheidet sich der Erfüllungsgrad dieser Eigenschaften in hohem Maße von den Anforderungen aus Kapitel 3.1. So bietet DoDAF obwohl für den militärischen Sektor entwickelt, keine explizite Berücksichtigung verschiedener Charakteristiken aus dem Militärbereich wie Einsatzgebiete oder Systemhierarchien, sondern orientiert sich u.a. mehr an der Durchführung von Systementwicklungsprojekten. Das *Healthcare Information Framework* (HIF) berücksichtigt Eigenschaften der Zieldomäne, den Gesundheitssektor. HIF fokussiert sich jedoch nur auf die Berücksichtigung und Kontextualisierung innerhalb der angebotenen Methodik von existierenden Gesetzen und Bestimmungen, die den Gesundheitssektor betreffen. TOGAF bietet zwar eine solide Unterstützung für die Entwicklung von (Unternehmens-)Architekturen und beinhaltet eine passende Methodik (der ADM-Cycle, siehe Kapitel 2.3.2) und verschiedene Metamodelle für die Architekturentwicklung, berücksichtigt aber keine domänenspezifischen Aspekte bzw. nur indirekt vorhandene Regularien und Standards und unterstützt nicht in erforderlicher Art und Weise die Darstellung und den Vergleich von Systemarchitekturen zur Identifizierung von Interoperabilität. Das domänenspezifische Architekturframework *Purdue Enterprise Reference Architecture* (PERA) unterstützt die Entwicklung von Systemarchitekturen unter Berücksichtigung von industriellen Produktionsprozessen – liefert aber nur eine eindimensionale Berücksichtigung von Merkmalen der Anwendungsdomäne.

Auf Basis der durchgeführten Analyse und der anschließenden Diskussion lässt sich feststellen, dass die untersuchten Architekturframeworks nicht die identifizierten Anwendungsszenarien sowie die Anforderungen an ein maritimes Architekturframework erfüllen können. Eine Adaption eines der existierenden Architekturframeworks scheint vor diesem Hintergrund nicht zweckdienlich zu sein.

Da in diesem Kontext kein geeignetes Architekturframework identifiziert werden konnte, soll weiterführend geprüft werden, in wie weit der Ansatz domänenspezifischer Architekturmodelle (siehe Kapitel 2.4) im Kontext der Anforderungen als Bestandteil im Rahmen einer Neuentwicklung eines Architekturframeworks angesehen werden kann. Eine Betrachtung dieser unter Verwendung der Charakteristiken zur Einordnung von Architekturframeworks ist an dieser Stelle nicht sinnvoll, da solche Architekturmodelle nicht in Gänze deren Eigenschaften aufweisen. Dennoch können die Charakteristiken *(Architektur-)perspektiven, Konventionen und Standards* sowie *Domänenspezifisch* referenziert werden. Bei der Betrachtung des SGAM-Frameworks (siehe Kapitel 2.4.1) als Modelltyp bzw. Basis für Architekturmodelle in der Energieversorungsdomäne lässt sich feststellen, dass die sich aus *#R4*, *#R6* und *#R7* ergebenden Architekturperspektiven dort abbilden lassen. Zudem werden innerhalb von SGAM verschiedene Interoperabilitätsaspekte durch die Ableitung des GWAC-Stacks adressiert. Dadurch ist Anforderung *#R8* auch potentiell abbildbar. In diesem Kontext können auch unterschiedliche Konventionen, Vorschriften oder eben Standards innerhalb des SGAM-Frameworks eingeordnet und gemeinsam mit Funktionalität und technischen Elementen in einem Architekturmodell visualisiert werden. Hierbei werden Aspekte von *#R4* erfüllt. Im Allgemeinen liefert SGAM eine gute Möglichkeit, um im Kontext der Energiedomäne den Zustand eines beliebigen Systems zum jeweiligen Zeitpunkt abzubilden. Im Gegensatz zu den untersuchten Architekturframeworks bietet SGAM jedoch keinen Systementwicklungsprozess wie er bei TOGAF mit der ADM bereitgestellt wird. Es lässt sich am ehesten mit einem konzeptionellen Framework wie etwa Zachman vergleichen, da SGAM eine rudimentäre Methodik (SGAM Methodology) zur Erfassung von Systemelementen auf unterschiedlichen Architekturperspektiven ermöglicht.

Als übergeordnetes Ergebnis der näheren Betrachtung von potentiellen Lösungsansätzen lässt sich feststellen, dass domänenspezifische Architekturmodelle ein geeigneter Ansatz für die Darstellung martimer Systeme zu sein scheint. Eine Adaption des SGAM-Frameworks für die maritime Domäne ermöglicht eine harmonisierte Darstellung verschiedener Systemelemente maritimer sozio-technischer Systeme. Zudem ist festzuhalten, dass bei Betrachtung existierender Architekturframeworks keine ganzheitliche Übertragung für die Belange der maritimen Domäne naheliegt. Eine Neuentwicklung eines maritim-spezifischen Architekturframeworks unter Integration der Designprinzipien des SGAM-Frameworks erscheint als valider Lösungsansatz.

Kapitel 4

Entwurf des Maritime Architecture Frameworks

"Herleitung und Beschreibung des Konzepts für ein maritimes Architekturframework und dessen Komponenten."

Das Kapitel beschreibt die Entwurfsplanung sowie den Entwurf des Maritime Architecture Framework (MAF). Während des Entwurfs werden die Ergebnisse aus Kapitel 3 berücksichtigt und darauf aufbauend die zugrundeliegende Struktur des MAF entwickelt. Zudem werden in diesem Kapitel die Kernaufgabenbereiche der identifizierten Elemente beschrieben. Das Kapitel schließt mit der Definition von Entwicklungsschwerpunkten, die in den nachfolgenden Kapiteln sukzessive ausgestaltet werden.

4.1 Entwurfsbeschreibung und Lösungsansätze

Der nachfolgend beschriebene Entwurf für das Maritime Architecture Framework (MAF) ist als Ausgestaltung eines maritimen Architekturframeworks entstanden. Hierfür sind die erhobenen Anforderungen in Kapitel 3 in Kombination mit dem theoretischen Konzept von Architekturframeworks basierend auf ISO 42010 berücksichtigt worden. Zudem werden die allgemeinen Bestandteile von Architekturframeworks aus Kapitel 2.3 als Grundlage für Aufbau und Struktur des MAFs verwendet.

Das Maritime Architecture Framework setzt sich zusammen aus den Bestandteilen *Structural Framework*, *System Design Methodology*, *Requirements Management*, *Analysis* und *Design Rules* (siehe Abbildung 18). Da Architekturframeworks Regelwerke und Vorgehensmodelle für die Darstellung oder die Entwicklung von Systemarchitekturen vorhalten, ist folgerichtig auch das MAF im Rahmen des MDE auf der Ebene M2 eingeordnet. Es kann daher übergeordnet als ein Metamodell für die Erstellung von Architekturbeschreibungen charakterisiert werden.

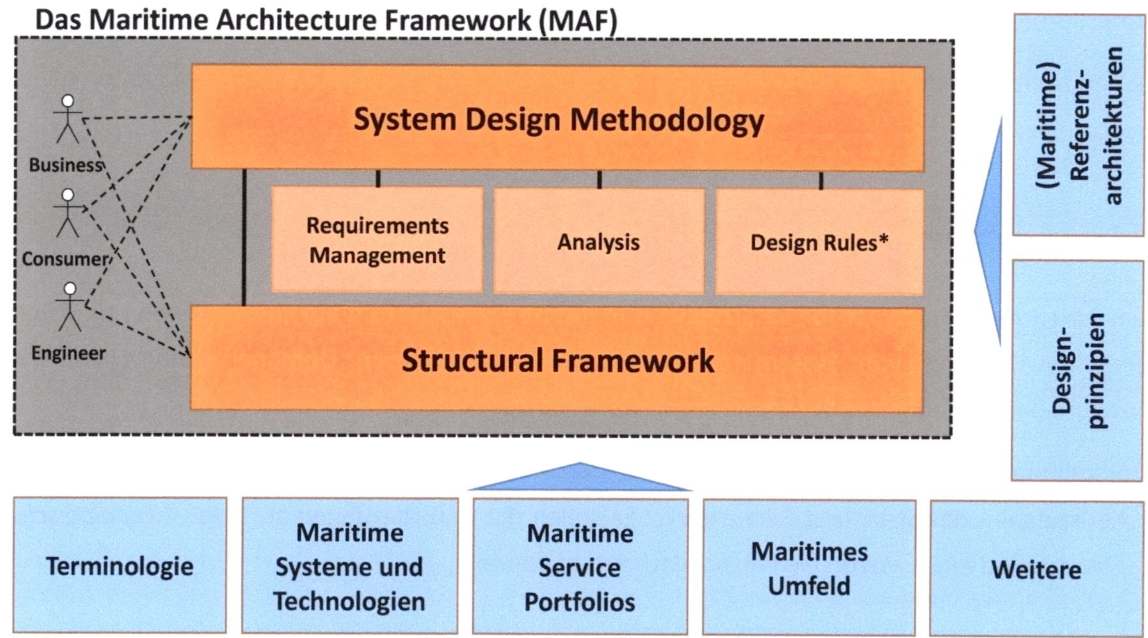

Abbildung 18. Struktur des Maritime Architecture Frameworks

Ausgehend von obiger Abbildung soll das *Structural Framework* als ein Modelltyp (*Model kind*) für die Darstellung domänenspezifischer Architekturmodelle entwickelt werden. Ergänzend dazu soll die *System Design Methodology* als eine Methodik den Anwendern des MAF eine Vorlage für einen strukturierten Entwicklungsprozess maritimer Systemarchitekturen bzw. Integrationsprozess einer Systemarchitektur in ein maritimes Systemumfeld ermöglichen. Dabei ist eine Unterstützung des Entwicklungsprozesses durch eine kontinuierliche Erfassung und Definition bzw. Verfeinerung von Systemanforderung im Rahmen *des Requirements Management* vorgesehen. Zudem sollen optional (*) in den *Design Rules* Regelwerke erstellt werden, die eine Architekturentwicklung in Bezug auf Anordnung und Struktur von Architekturelementen beeinflussen. Hierin spiegeln sich entsprechende Einflüsse und Vorgaben durch existierende (maritime) Referenzarchitekturen wieder. Des Weiteren soll das MAF im Rahmen der *Analysis*-Komponente als Ergänzung zur *System Design Methodology* einen Ansatz für verschiedene Untersuchungen der Systemarchitektur in unterschiedlichen Entwicklungsfortschritten bieten und so eine Integration in bestehende Systemumgebungen ermöglichen.

Ergänzend hierzu sind in Abbildung 18 eine Anzahl an externen Komponenten visualisiert, die einen maßgeblichen Einfluss auf die Architekturentwicklung mittels MAF haben. Die Komponenten *Terminologie, Maritime Systeme und Technologien, Maritime Service Portfolios, Maritimes Umfeld, Designprinzipien, (Maritime) Referenzarchitekturen* sowie *Weitere* reflektieren relevante Aspekte, die im Rahmen einer maritimen Architekturentwicklung zu beachten sind und im weitesten Sinne Konventionen für die Erstellung des Architekturframeworks bereithalten können. Auf diese Komponenten wird im weiteren Verlauf des Kapitels näher eingegangen. Diese externen Komponenten lassen im Rahmen eines MDE auf Ebene M3 einordnen. Diese Komponenten sind, basierend auf den Beschreibungen der maritimen Domäne (siehe Kapitel 2.5) sowie aus den

Anforderungen abgeleitet worden.

In den nachfolgenden Kapiteln werden die Kernaufgaben der jeweiligen MAF-Komponenten näher beschrieben.

4.1.1 Aufgabenbereich des Structural Frameworks

Das *Structural Framework* soll verschiedene maritime Eigenschaften auf sich vereinen und damit eine Visualisierung von Systemarchitekturen in der maritimen Domäne ermöglichen. Die Entwurfsbeschreibung des *Structural Framework* ist Kapitel 5 zu entnehmen.

Darstellung der maritimen Domäne Die Darstellung maritimer Charakteristiken ist eine Kernaufgabe des *Structural Frameworks*. Es sollen die Anforderungen aus *#R2 – Topologische Struktur* und *#R5 – Hierarchie und Struktur* erfüllt werden.

Abbildung versch. Architekturperspektiven Basierend auf den Vorgaben an die Entwicklung einer ganzheitlichen Architektur unter Berücksichtigung technischer, konzeptioneller und funktionaler Perspektiven (siehe Kapitel 3.1) sollen diese bereits initial als Architekturperspektiven im *Structural Framework* berücksichtigt werden. Dementsprechend müssen hier die Anforderungen *#R4 – Regularien* und institutionelle Rahmenbedingungen, *#R6 – Funktionen* und *#R7 – Technische Infrastruktur* adressiert werden.

Darstellung sozio-technischer Systemarchitekturen Die Abbildung von technischen- und nicht-technischen Architekturelementen eines sozio-technischen Systems ist Kernaufgabe des *Structural Framework.*

Darstellung von Interoperabilität Zur Erfüllung der Anforderung *#R9 – Interoperabilit* soll das *Structural Framework* die Aufgabe erfüllen, zwei oder mehr Systeme jeweils auf Basis ihrer Systemarchitekturen abzubilden. Die (potenzielle) Interoperabilität für einen Informationsaustausch zwischen Systemen soll dabei unter Berücksichtigung der verschiedenen Architekturperspektiven umfassend betrachtet werden können.

4.1.2 Aufgabenbereich der System Design Methodology

Die *System Design Methodology* soll den Entwicklungsprozess für maritime Systemarchitekturen entsprechend der Zielsetzung des MAF unterstützen (siehe Kapitel 1.2 bzw. Kapitel 3.1). Die Methodik soll dabei die verschiedenen Komponenten des MAFs in sich vereinen.

Erstellung einer Architekturbeschreibung Durch Anwendung der Methodik soll sukzessive eine umfassende Architekturbeschreibung inklusive der Beschreibung des Ist- und Soll-Zustandes, der Anforderungen, von Funktionen, technischen Komponenten, verwendete Technologien, Architekturmodelle etc. entstehen. Die übergeordnete Aufgabe der Methodik ist die

Bereitstellung eines allgemeinen Vorgehensmodells (*#R3 – Vereinheitlichung*) für die Beschreibung maritimer Systemarchitekturen. Ergänzend soll die Methodik im Rahmen einer Architekturentwicklung *#R4 – Regularien und institutionelle Rahmenbedingungen, #R6 – Funktionen* sowie *#R7 – Technische Infrastruktur* bzw. *#R5 – Hierarchie und Struktur* berücksichtigen. Dementsprechend soll die Methodik eine Spezifizierung der hierarchischen Organisationsstrukturen maritimer Systeme ermöglichen sowie die Definition einer technischen Architektur unter Berücksichtigung von *#R7.1 – Information, #R7.2 Kommunikation* und *#R7.3 – Technische Komponenten* ermöglichen. Ergänzend soll die Anpassung der Gesamtarchitektur unter Berücksichtigung von Regularien und anderen institutionellen Rahmenbedingungen im Gesamtkontext maritimer Charakteristiken erfolgen.

Zur Erfüllung dieser Aufgabe sollen die MAF-Komponenten *Requirements Management, Analysis* und *Design Rules* mit ihren jeweiligen Vorgehensmodellen entsprechend innerhalb der Methodik adressiert werden. Zur Darstellung der Systemarchitektur soll das *Structural Framework* genutzt werden.

Unterstützung von Entwicklungsparadigmen Basierend auf den unterschiedlichen Anwendungsszenarien soll die Unterstützung von top-down, bottom-up sowie einer Mischung beider Paradigmen innerhalb der Methodik gegeben sein.

Identifikation von Zielen Die Definition von Umfang und Ziel des Systems soll im Rahmen der *System Design Methodology* als Ausgangspunkt für die Ableitung einer Systemarchitektur erfolgen. Dabei sollen die Anforderungen aus *#R1 – Problemstellung* berücksichtigt werden.

Interoperabilität und Harmonisierung Innerhalb der Methodik sollen die in wechselseitigen Beziehungen stehenden Architekturelemente eines Systems auf den jeweiligen Architekturperspektiven in Kontext zueinander gesetzt werden. Zudem soll die Methodik die Zuordnung von Architekturelementen unterschiedlicher Elemente je Architekturperspektive ermöglichen, um so Lösungsvorschläge zur Etablierung von Interoperabiliätsaspekten für einen harmonisierten Informationsaustausch zwischen Systemen zu ermöglichen. Hierfür sollen insbesondere die MAF-Komponenten *Structural Framework* und *Analysis* innerhalb der *System Design Methodology* genutzt werden.

4.1.3 Aufgabenbereich des Requirements Management

Das *Requirements Management* soll als Bestandteil der *System Design Methodology* eine kontinuierliche Erfassung sowie Definition von Anforderungen an eine Systemarchitektur ermöglichen. Dementsprechend lassen sich für das *Requirements Management* drei verschiedene Kernaufgaben identifizieren.

Erfassung von Anforderungen Die Erfassung von Anforderungen leitet sich aus *#R1 –*

Problemstellung sowie aus den Merkmalen der maritimen Domäne (*#R2 – Topologische Struktur*, *#R4 – Regularien und institutionelle Rahmenbedingungen* und *#R5 – Hierarchie und Struktur*) ab. Die Erfassung bzw. Ergänzung von Anforderungen soll jederzeit während der Architekturentwicklung möglich sein.

Definition von Anforderungen Die erfassten Anforderungen sollen entsprechend ihres jeweiligen Wirkungsbereiches den verschiedenen Architekturperspektiven, in denen diese jeweilige Berücksichtigung finden sollen, eindeutig zugeordnet werden. Zudem sollen die erfassten Anforderungen für ein allgemeines Verständnis für die verschiedenen Nutzergruppen ausreichend beschrieben sein.

Ableitung von Anforderungen Die Anforderungen sollen jeweilig für die unterschiedlichen Architekturperspektiven abstrahiert werden, um dadurch die Auswirkung einer Anforderung auf alle Architekturperspektiven festzustellen.

Nachverfolgbarkeit Die Anforderungen sollen jeweils auch nach Erfassung und Beschreibung den initialen Ansprüchen und Zielformulierungen an ein System zuzuordnen sein.

4.1.4 Aufgabenbereich für *Analysis*

Ausgehend von der Zielformulierung und den damit einhergehenden zu adressierenden Aspekten (siehe Abbildung 15) soll die MAF-Komponente *Analysis* dem Anwender die Möglichkeit geben, Systemarchitekturen etwa für einen Soll- / Ist-Vergleich zu analysieren und die so gewonnenen Informationen zur Ellaborierung der Systemarchitektur zu verwenden. Für *Analysis* lassen sich ausgehend von den Anforderungen bzw. den Anwendungsszenarien für das MAF folgende Aufgaben charakterisieren.

Konsistenzanalyse Dieser Analysetyp ist für die Überprüfung der internen Konsistenz einer Systemarchitektur zuständig. Eine sozio-technische Systemarchitektur gilt als konsistent, wenn dessen Architekturelemente auf den unterschiedlichen Architekturperspektiven untereinander zugeordnet werden können (siehe auch Abbildung 16).

Die Konsistenzanalyse lässt sich in zwei Aufgabenbereiche unterteilen. Zum einen Überprüfung der Beziehungen zwischen den einzelnen Architekturelementen der unterschiedlichen Architekturperspektiven. Zum anderen die Überprüfung, ob die betrachtete Systemarchitektur die eingangs definierten Ziele und Anforderungen erfüllt.

Die Anforderungen für diese Analyse resultieren aus der Anforderungsanalyse in Bezug auf die Correspondence Rules gemäß ISO 42010 (siehe Kapitel 3.2).

Interoperabilitätsanalyse Auf dieser Basis sollen jeweils auf den verschiedenen Architekturperspektiven, Schnittpunkte zwischen den Architekturelementen der unterschiedlichen Systemarchitekturen identifiziert werden.

Integrationsanalyse Dieser Analysetyp soll die Integration von Systemen in eine bestehende Systemumgebung unterstützen. Der Ist-Zustand einer maritimen Systemumgebung soll betrachtet werden, um Anforderungen, etwa aus technischer, funktionaler oder regulativer Sicht abzuleiten, die ein System für eine erfolgreiche Integration erfüllen muss.

4.1.5 Aufgabenbereich für *Design Rules*

Die Komponente *Design Rules* ist optionaler Bestandteil des Maritime Architecture Framework. Sie hat den Zweck, Anforderungen, die während der Systemarchitekturentwicklung an die Zusammensetzung und Struktur der einzelnen Systemelemente gestellt werden, vorzuhalten. Hierfür lassen sich zwei Kernaufgaben identifizieren.

Bereitstellung eines Regelwerkes Diese Aufgabe umfasst die Erfassung und Bereitstellung von Einschränkungen sowie Vorgaben bzw. Praktiken, die sich aus Bestimmungen oder Anforderungen an eine bestimmte Art von Systemarchitektur ergeben. Die Inhalte eines Regelwerkes für die Entwicklung einer Systemarchitektur sind abhängig von äußeren Vorgaben, die sich aus der Adaption von (maritimen) Referenzarchitekturen oder Gestaltungsprinzipien ergeben können.

Bereitstellung von Entwurfsvorlagen Die Anwendung von (maritimen) Referenzarchitekturen oder weiteren Gestaltungsprinzipien bei Entwurf einer Systemarchitektur können das Arrangement ihrer Architekturelemente vorgeben. Entsprechende Entwurfsvorlagen sollen die Ableitung eines Regelwerkes und Anwendung innerhalb des MAFs unterstützen.

4.1.6 Externe Komponenten

In Abbildung 18 sind eine Anzahl an Komponenten beschrieben, die nicht Bestandteil des MAF sind, jedoch einen Einfluss auf die Spezifizierung maritimer Systemarchitekturen mittels des MAF haben können. Nachfolgend sollen diese Komponenten hinsichtlich ihrer Rolle näher beschrieben werden.

Die Komponente *Terminologie* steht stellvertretend für die allgemeine Anforderung an die Nutzer des MAF, sowohl einen einheitlichen Sprachgebrauch als auch einen maritimen Sprachduktus zu gewährleisten. Die Verwendung eines konsistenten und einheitlichen Vokabulars kann sich insofern als schwierig gestalten, da die maritime Domäne durch unterschiedliche Begriffsdefinitionen und Begrifflichkeiten geprägt ist. So bieten Stakeholder wie IMO oder Wärtsilä in den IMOdocs [Inte00d] bzw. in eigenen Enzyklopädien [Janb15] teilweise unterschiedliche Definitionen bzw. reflektieren die maritime Domäne nicht vollumfänglich.

Die Komponenten *Maritime Systeme und Technologien, Maritime Service Portfolios sowie Maritimes Umfeld* stehen für die verschiedenen Einflüsse, die sich an eine maritime

Systemlandschaft ergeben können. Die erste Komponente referenziert auf Systeme sowie Technologien, die bereits innerhalb der maritimen Domäne verwendet werden. Durch die Existenz von Systemen und Technologien wird der Entwicklungsprozess neuer Systeme und damit der Entwicklungsprozess entsprechender Systemarchitekturen beeinflusst. Allein aus der Notwendigkeit einer Vereinheitlichung der Systemlandschaft für einen harmonisierten Informationsaustausch („e-Navigation") ergeben sich Anforderungen an ein neues System in Bezug auf die Verwendung bestimmter Schnittstellen, Datenformate oder andere Technologien, die bereits in anderen Systemen verwendet werden. Die Komponente *Maritime Service Portfolios* referenziert zu einer Sammlung operativer- bzw. technischer Dienste, die auch als potentielle Anwendungsfälle herangezogen werden können. Aber auch andere Aspekte wie die IMO FAL Forms [Inte00e] sind potentielle Einflussfaktoren bzw. Auslöser für die Entwicklung neuer Systeme. Die Komponente *Maritimes Umfeld* steht für die Auswirkung verschiedener Umwelteinflüsse, die sich aus der Topologie innerhalb der maritimen Domäne ergeben. Dies ist im allgemeinen die Unterteilung in eine See- und Landseite, adressiert aber auch die Struktur bestimmter Einsatzgebiete maritimer SoS. Exemplarisch kann hier ein Hafen genannt werden. Dieser besteht in der Regel aus einer See- und Landseite sowie verschiedenen physikalischen Entitäten, Stakeholdern und technische Systemen, die im Rahmen verschiedener Funktionalitäten bzw. operationelle Prozesse unter Aufsicht behördlichen Einrichtungen in ihrer Gesamtheit das sozio-technische SoS „Hafen" abbilden.

Wie der Name bereits impliziert, repräsentieren die Komponenten *(Maritime) Referenzarchitekturen* und *Designprinzipien* existierende Entwurfsmuster. Innerhalb der maritimen Domäne gibt es eine Anzahl an Referenzarchitekturen wie die Common Shore-Based System Architecture (CSSA) [Iala15b], die als Entwurfsmuster für landgestützte technische Systeme herangezogen werden kann. Ergänzend hierzu gibt es aus dem Bereich des Softwareengineering eine Anzahl an etablierten Gestaltungsprinzipien wie das Model-View-Controller Paradigma (MVC) [GJHV11] oder serviceorientierte Architekturen [Swee10]. Jede Verwendung solcher Entwurfsmuster hat einen direkten Einfluss auf den Architekturentwicklungsprozess. Dementsprechend sollen die jeweiligen Logiken dieser Entwurfsmuster bzw. Gestaltungsprinzipien im Entwicklungsprozess bei Bedarf berücksichtigt werden können.

4.2 Entwicklungsschwerpunkte

Auf Grundlage des Entwurfs und Designs stehen folgende Entwicklungsschwerpunkte im Fokus:

- **Structural Framework**
  Entwicklung eines Modelltyps als Basis für die Erstellung von Architekturmodellen unter Berücksichtigung maritimer Eigenschaften und verschiedener Architekturperspektiven
- **System Design Methodology**
  Entwicklung einer allgemeingültigen Methodik für die Entwicklung maritimer

Systemarchitekturen, die unter Verwendung weiterer Bestandteile des MAF eine homogene Architekturentwicklung gewährleistet.

- **Requirements Management**
  Bereitstellung eines domänenspezifischen Anforderungsmanagements im MAF zur Erfassung, Definition und Ableitung von Systemanforderungen.

Neben diesen Schwerpunkten soll die Ausgestaltung der Bestandteile *Analysis* und *Design Rules* vorangetrieben werden. Zudem sollen in einem MAF Metamodell die Zusammenhänge und Abhängigkeiten der einzelnen Komponenten visualisiert werden. Vor diesem Hintergrund sollen die Zusammenhänge innerhalb der jeweiligen MAF-Komponenten für eine spätere Übertragung in das Metamodell und für ein gemeinsames Verständnis jeweils in einem konzeptionellen Datenmodell dargestellt werden.

4.3 Diskussion

In diesem Kapitel sind die notwendigen Elemente, die ein Architekturframework für die Entwicklung einer Systemarchitektur bereitstellen sollte, identifiziert worden. Darauf aufbauend konnte ein Verständnis darüber erzeugt werden, welche Methoden notwendig sind, um die Entwicklung und die Darstellung von (maritimen) Systemarchitekturen zu gewährleisten. Es kann zudem festgestellt werden, dass das Maritime Architecture Framework als Mischform Aspekte aus operationellen und konzeptionellen Architekturframeworks vereint. Im Rahmen dieses Kapitel wurde ein grundlegendes Schema des MAF inklusive seiner internen und externen Bestandteile bzw. Einflussgrößen vorgestellt. Basierend auf diesem Schema und unter Berücksichtigung der in den vorangegangenen Kapiteln erfassten Anforderungen an ein maritimes Architekturframework wurden die Kernaufgabenbereiche der einzelnen Komponenten beschrieben sowie deren Ausgestaltung priorisiert. Die nachfolgenden Kapitel beschreiben die Bestandteile des MAF. Hierfür wird zunächst mit dem *Structural Framework* begonnen, da es als Grundlage für Architekturmodelle dienen soll und von den weiteren MAF-Komponenten jeweils zur Erfüllung der jeweiligen Aufgabenbereiche adressiert wird.

Kapitel 5
Structural Framework

"Entwicklung und Beschreibung eines Modells zur Visualisierung maritimer Systemarchitekturen und ihrer Bestandteile in maritimen Kontext "

Dieses Kapitel beschreibt die Planung und Entwicklung des *Structural Frameworks* als einen bestimmten Modelltyp für das Maritime Architecture Framework. Es bildet die Grundlage für die Erstellung von domänenspezifischen Architekturmodellen im Rahmen des MAF und wird dementsprechend von den nachfolgenden MAF-Komponenten für verschiedene Aufgabenbereiche verwendet. Das *Structural Framework* vereint unterschiedliche Merkmale aus der maritimen Domäne und unterstützt die Darstellung maritimer Systemarchitekturen aus unterschiedlichen Perspektiven. Es bildet die Grundlage für die Darstellung von Systemarchitekturen im MAF und ist die Basis für die Identifizierung von Interoperabilitätsaspekten zwischen verschiedenen Systemarchitekturen. Abbildung 19 ordnet das *Structural Framework* innerhalb des MAFs ein.

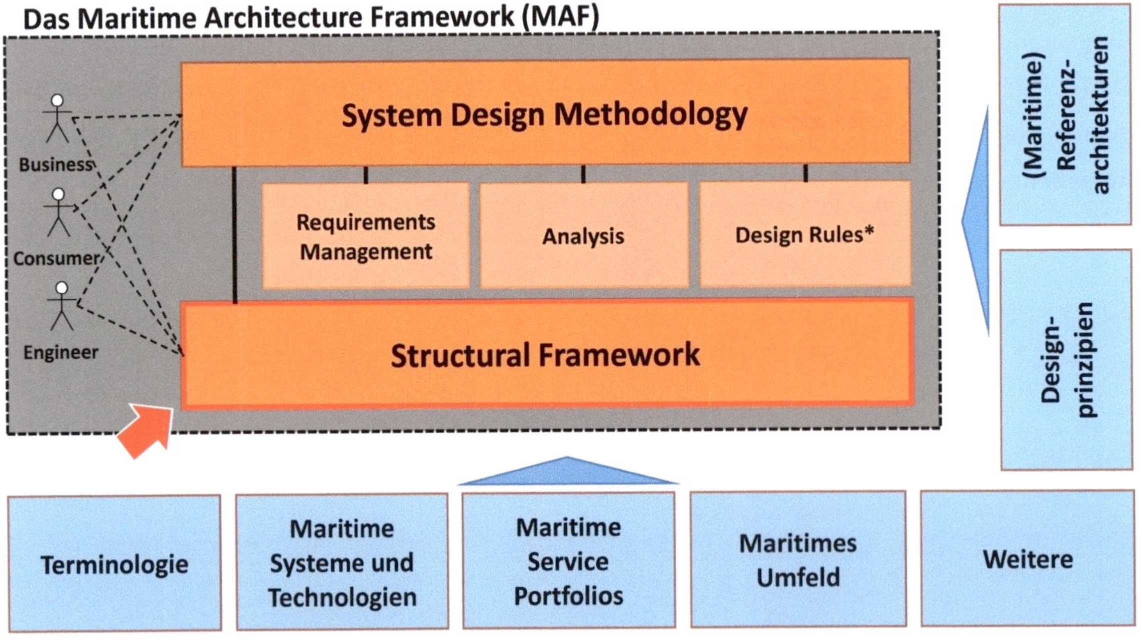

Abbildung 19. Struktur des Maritime Architecture Frameworks

5.1 Herausforderung

Unter Berücksichtigung des Kernaufgabenbereiches (siehe Kapitel 4.1.1) soll das *Structural Framework* als Grundlage für einen homogenen Architekturbeschreibungssprozess und als ein Ansatz zur ganzheitlichen Darstellung maritimer Systemarchitekturen verwendet werden. Dies beinhaltet unter anderem die Darstellung von Abhängigkeiten bzw. Beziehungen zwischen technischen Aspekten mit funktionalen oder regulativen Strukturen innerhalb einer Systemarchitektur.

Ergänzend dazu ist es nicht unüblich, dass die im Rahmen einer Unternehmensarchitekturentwicklung involvierten Benutzer aus unterschiedlichen Disziplinen oder Bereichen kommen. Diese Nutzer haben unterschiedliche Ziele an eine Systemarchitektur und besitzen eine unterschiedliche Wissensbasis [Lank12]. Diese Ziele bzw. die entsprechende Wissensbasis spiegelt sich auch in der Sicht auf die Architektur eines Systems wider. Zusammen mit den abgeleiteten Anforderungen aus MSC 85/26 [Msc809] ergibt sich in seiner Gesamtheit die Anforderung an das *Structural Framework*, die Darstellung von Systemarchitekturen innerhalb maritimer Strukturen und von unterschiedlichen Perspektiven zu ermöglichen.

Als ein Modelltyp sollte das *Structural Framework* ausgehend von ISO 42010 [Iso11] verschiedene Konventionen wie etwa für Sprache, Notation, Modellierungstechnik usw. bereithalten, die es ermöglichen auf dieser Basis entsprechende Architekturmodelle zu erstellen (siehe Abbildung 20, graue Einfärbungen). Ebenfalls in Abbildung 20 hervorgehoben, werden Modelltypen verwendet um verschiedene Architekturperspektiven zu unterstützen. Die jeweiligen Sichten auf eine Architektur werden durch entsprechende Architekturmodelle ermöglicht – die entsprechenden Sichten sind abhängig von den unterstützten Architekturperspektiven.

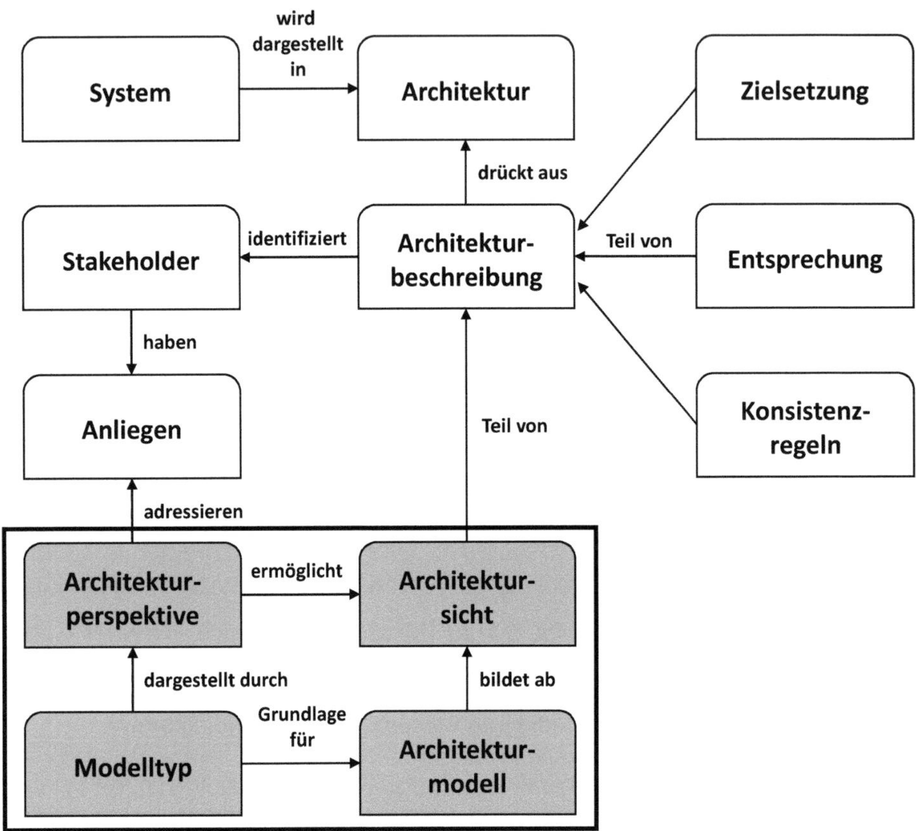

Abbildung 20. Darstellung der Beziehungen zwischen Architekturbausteinen gemäß [Iso11]

Das *Structural Framework* soll das Rahmengerüst für die Abbildung maritimer Systemarchitekturen in einem umfassenden Architekturmodell bilden.

Zudem müssen für die Darstellung von SoS Architekturen bzw. einzelner Systeme als Teil einer SoS Umgebung die (potenziellen) Interaktionen und Kooperationen zwischen diesen Systemen abgebildet werden können bzw. die Identifikation von Interoperabilität zwischen Systemen ermöglicht werden. Hinzu kommt noch die Herausforderung, die Abhängigkeiten einzelner Architekturelemente zwischen den verschiedenen Architekturperspektiven darzustellen. Ein solches Element kann dabei nicht für sich alleine stehen, sondern ist immer Teil der Gesamtarchitektur unter Miteinbeziehung sämtlicher Architekturperspektiven. Daher bestehen zwischen den Architekturelementen und -perspektiven Abhängigkeiten. Die Herausforderung in der Konzeptionierung des *Structural Frameworks* ist es, einen Modelltyp zu entwickeln welcher die Abbildung eines ganzheitlichen Architekturmodells unter Miteinbeziehung der erforderlichen Architekturperspektiven ermöglicht.

Zusammengefasst soll das *Structural Framework* folgende Aspekte in sich vereinen:

- Unterstützung verschiedener Architekturperspektiven (Konzeptionell, Funktional, Technisch),
- Abbildung der maritimen Struktur bzw. maritimer Merkmale,
- Darstellung der Interaktion bzw. Kooperation zwischen Systemen in einem SoS,

- Darstellung der Konformität bzw. einzelner Systemelemente eines Systems auf unterschiedlichen Architekturperspektiven

In Abbildung 21 werden zwei miteinander in einem gemeinsamen Kontext stehende Einzelsysteme (blau hervorgehoben) jeweils von drei verschiedenen Perspektiven betrachtet (grau hervorgehoben). Die jeweils pro Perspektive skizzierten Architekturmodelle eines Systems sind konform bzw. konsistent (*correspondend*) mit den jeweiligen Architekturmodellen und ihren Elementen der übrigen Perspektiven. Eine solche Konformität zwischen unterschiedlichen Einzelsystemen in einer gemeinsamen Systemumgebung ist nicht erforderlich. Jedoch kann eine Interoperabilität zwischen Einzelsystemen nur vollumfänglich sichergestellt werden, wenn eine Kooperation zweier (oder mehrerer) Einzelsysteme zwischen den Architekturmodellen auf allen vorhandenen Architekturperspektiven gewährleistet wird. In der Abbildung wird dies durch die roten Pfeile je Perspektive zwischen den Systemen skizziert.

Die Herausforderung muss es daher sein, einen Modelltyp zu entwickeln, welcher die Abbildung eines ganzheitlichen Architekturmodells unter Miteinbeziehung aller geforderten Architekturperspektiven ermöglicht.

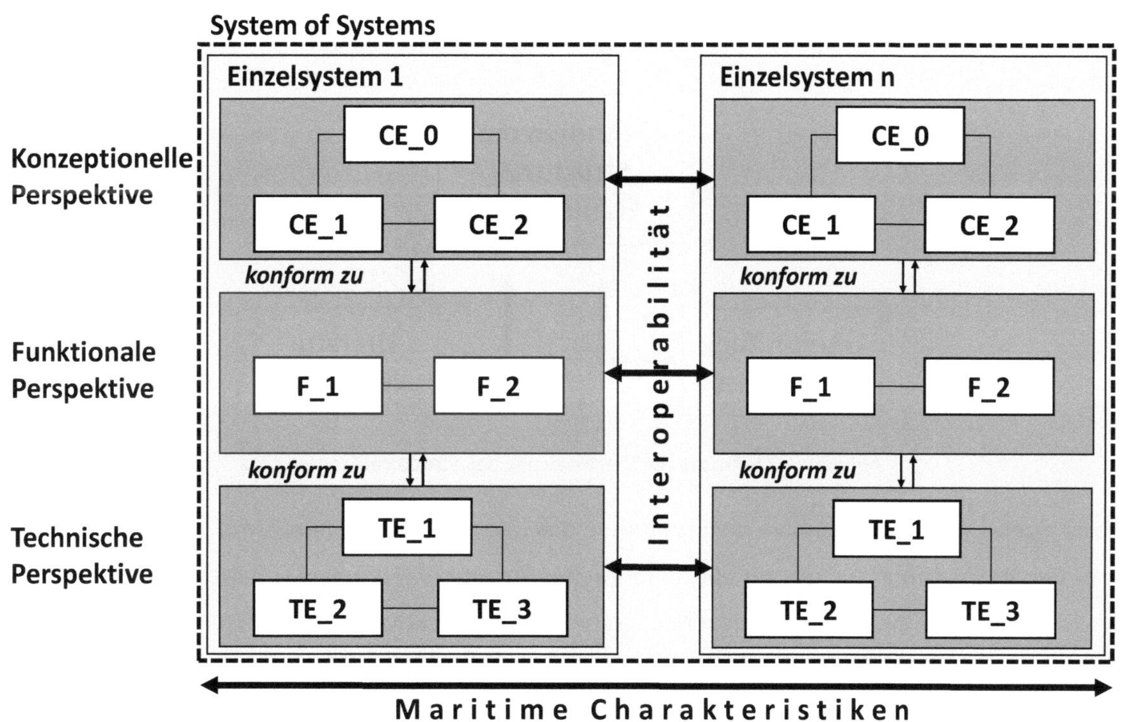

Abbildung 21. Initiales Konzept für das *Structural Framework*

5.2 Konzept

Abbildung 22 stellt den Ansatz zur Entwicklung des *Structural Frameworks* dar. Ausgehend von der Evaluation bestehender Architekturframeworks in Kapitel 3.3 ist das Designprinzip des SGAM Frameworks als möglicher Ansatz identifiziert worden. Daher werden auf dieser Basis die erforderlichen Achsen bzw. Dimensionen dieser mehrdimensionalen Darstellung nachfolgend beschrieben. Wie in der Abbildung zu sehen, setzt sich der gewählte Ansatz aus einer Sammlung verschiedener Methoden zusammen. Hierfür sind unabhängig voneinander verschiedene Experteninterviews mit Domänenexperten zur Identifikation und Priorisierung maritimer Charakteristiken durchgeführt worden. Ergänzend hierzu wurden in einem Workshop mit Domänenexperten aus Forschung und Entwicklung potentielle Kategorien für die Achsen bzw. Dimensionen identifiziert und diskutiert. Zudem wurden die vorhandenen Ergebnisse auf Basis von umfangreichen Literaturrecherchen weiter ellaboriert.

Eine Überprüfung und Analyse der gesammelten Lösungsansätze sowie die Verwendung der Designprinzipien des SGAM-Frameworks ist auf Basis verschiedener Anwendungsfälle aus europäischen Forschungsprojekten durchgeführt worden. Die Resultate bilden die Grundlage zur Entscheidungsfindung des finalen Entwurfs. Die Mehrwerte werden durch die Anwendung dieser unterschiedlichen Lösungsansätze anhand von Fallbeispielen weiter ellaboriert, erneut mit Domänenexperten diskutiert und bilden die Basis für die Definition des *Structural Frameworks*.

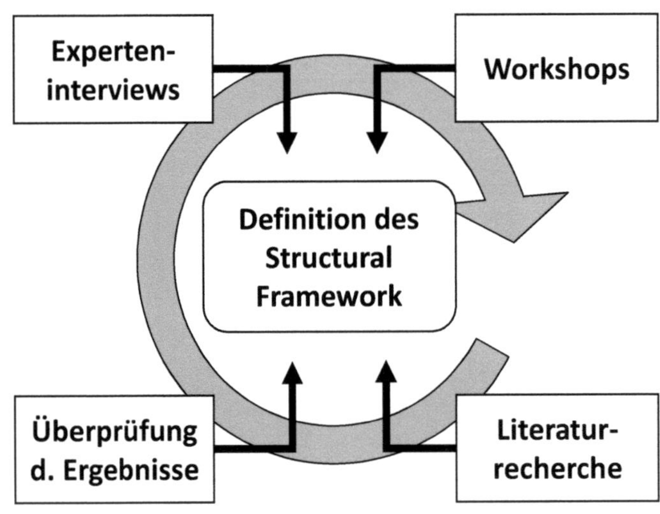

Abbildung 22. Ansatz zur Spezifizierung des Structural Frameworks

Nachfolgend werden sukzessive die Ergebnisse des oben beschriebenen Ansatzes beschrieben. In ihrer Gesamtheit führen diese zur Spezifikation des *Structural Framework*. Dabei wird zunächst auf die Identifikation zu berücksichtigender Architekturperspektiven eingegangen bevor relevante maritime Charakteristiken beschrieben werden. Das Kapitel schließt mit einer Diskussion potentieller Alternativen für die Spezifizierung des *Structural Frameworks* um einen Einblick in die Evolution der Entwicklung zu geben. Im nachfolgenden Kapitel 5.3 wird dann das final konzipierte *Structural Framework* vorgestellt.

5.2.1 Identifikation von Architekturperspektiven

Die IMO orientiert sich im Rahmen der Entwicklung von e-Navigation an der Bereitstellung einer konzeptionellen, funktionalen sowie technischen Architekturperspektive im Rahmen einer

Gesamtarchitektur [Msc809]. Zusätzlich dazu hat die IMO mit der e-Navigation-Architektur explizit eine Verbindung zwischen physischen und funktionalen Elementen für die Unterstützung operationaler und technischer Dienste hergeleitet (siehe Hervorhebungen in Abbildung 23).

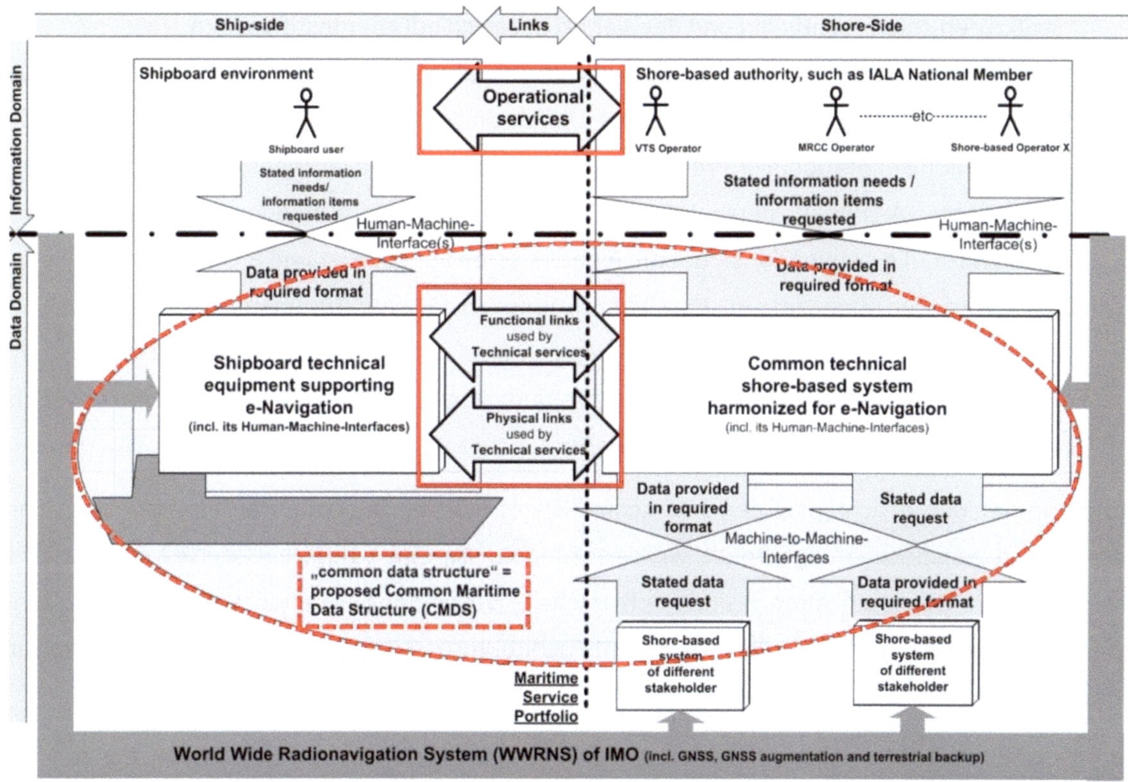

Abbildung 23. Die e-Navigation-Architektur [Ncsr14] mit potentiellen Architekturperspektiven

Diese Elemente bzw. die Verbindung zwischen diesen Elementen soll entsprechend für die Definition der Architekturperspektiven berücksichtigt werden. Die physisch-technische Kommunikation zwischen See- und Landseite adressiert eine der technischen Perspektive zuzuordnenden Verbindung zwischen Systemelementen. Konsequenterweise wird die funktionale Verbindung zwischen Systemelementen der funktionalen Perspektive zugeordnet. Dem können ebenfalls Operational services zugeordnet werden, die auf den beabsichtigten Verhalten dieser Funktionen basieren. Die IMO hat entschieden, das IHO S-100 Geospatial Information (GI) Registry als Common Maritime Data Structure (CMDS) im Rahmen der e-Navigation-Strategie zu verwenden (siehe gestrichelte Linien in Abbildung 23). Dementsprechend empfiehlt die IMO den Entwicklern maritimer Systeme, künftige Datenmodelle unter Verwendung des IHO S-100 Frameworks zu modellieren [Ncsr14, S.4]. Um künftig Datenmodelle im Rahmen der Architekturentwicklung darstellen bzw. berücksichtigen zu können, ist eine entsprechende Reflektion innerhalb der Architekturperspektiven erforderlich. Ergänzend hierzu identifiziert die IMO die Unterstützung technischer Kommunikation als „Schlüssel zur e-Navigation“ [Ncsr14, S.112] und macht somit eine gesonderte Berücksichtigung von Kommunikationsaspekten erforderlich. Die e-Navigation-Architektur teilt sich dabei in eine gesonderte *Data Domain* als auch in eine *Information Domain* auf (siehe Abbildung 23).

Entsprechend obiger Ausführungen lassen sich die drei initial identifizierten Architekturperspektiven wie folgt beschreiben:

- Konzeptionelle Architekturperspektive: Umfasst die Definition von organisatorischen Strukturen sowie Richtlinien und Regularien unterschiedlicher Institutionen.
- Funktionale Architekturperspektive: Ist das Bindeglied zwischen konzeptioneller und technischer Perspektive und bietet die Definition von Funktionen sowie entsprechender Beschreibung operationeller Prozesse zur Bildung operationeller Dienste.
- Technische Architekturperspektive: Beinhaltet die Beschreibung der technischen Architektur, die notwendig ist, um die identifizierten Funktionen und Prozesse basierend auf den Vorgaben benannt in der konzeptionellen Architekturperspektive technisch zu unterstützen. Dies beinhaltet sowohl die Darstellung von Semantiken für Informationsaustausch als auch die Beschreibung von Kommunikationswegen und physische Verknüpfungen zwischen Systemelementen.

Aufgrund der Berücksichtigung der unterschiedlichen Aspekte, die, wie oben beschrieben, einer technischen Perspektive zugeordnet werden können, ist eine weitere Unterteilung dieser in Information, Kommunikation und physische Verbindung naheliegend. Dies führt konsequenterweise zu einer Aufteilung in fünf Architekturperspektiven vergleichbar mit den fünf Ebenen in der Interoperabilitätsdimension im SGAM Framework.

Wie in Abbildung 24 zu sehen, können diese Architekturperspektiven den SGAM Ebenen und demzufolge auch den Interoperabilitätskategorien des GWAC-Stacks zugeordnet werden.

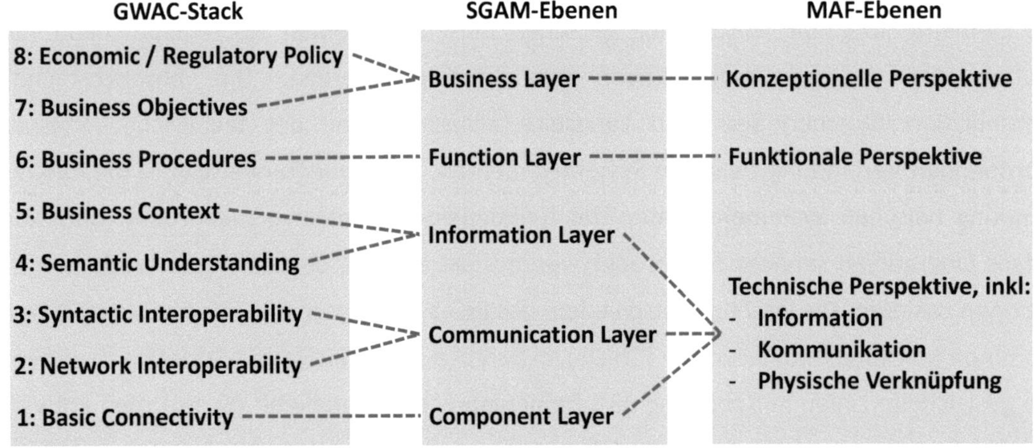

Abbildung 24. Zuordnungen zwischen GWAC-Stack, SGAM und MAF (tw. übernommen aus [MMSJ12, S.26])

Durch eine Abstraktion der Architekturperspektiven zu den Kategorien des GWAC-Stack lässt sich eine normative Basis als einheitliche Grundlage herleiten. Bei dieser Verknüpfung zwischen GWAC-Stack und MAF können weitere Vorteile identifiziert werden: Lassen sich Architekturperspektiven anderer Architekturmodelle auf dem GWAC-Stack abbilden, ist es im Umkehrschluss möglich, eine Kompatibilität zwischen dem MAF und verschiedenen Architekturmodellen auf Basis des GWAC-Stacks zu gewährleisten. Sowohl GWAC-Stack als auch die MAF-Perspektiven lassen sich den

Ebenen des Levels of Conceptual Interoperability Model (LCIM) zuordnen [WaTW09]. Daher werden die Architekturperspektiven und Interoperabilitätsebenen synonym verwendet.

Als ein weiterer Schritt hin zu einer Kompatibilität mit existierenden Architekturperspektiven sollen die Bezeichnungen der Architekturperspektiven für das *Structural Framework* aus den SGAM Interoperabilitätsebenen verwendet werden. Entsprechend werden die Definitionen der jeweiligen Ebenen herangezogen und für eine Verwendung innerhalb des MAF neu spezifiziert.

5.2.2 Auswahl maritimer Charakteristiken

Zur Identifikation relevanter maritimer Charakteristiken kann unter anderem die e-Navigation-Architektur herangezogen werden. Dort wird das Verständnis der IMO in Bezug auf die topologische Struktur der maritimen Domäne postuliert. Wie in Abbildung 25 hervorgehoben wird in dieser Architektur die Domäne in eine Seeseite (*Ship-side*) und eine Landseite (*Shore-side*) sowie in eine Verbindung beider Seiten (*Links*) unterteilt.

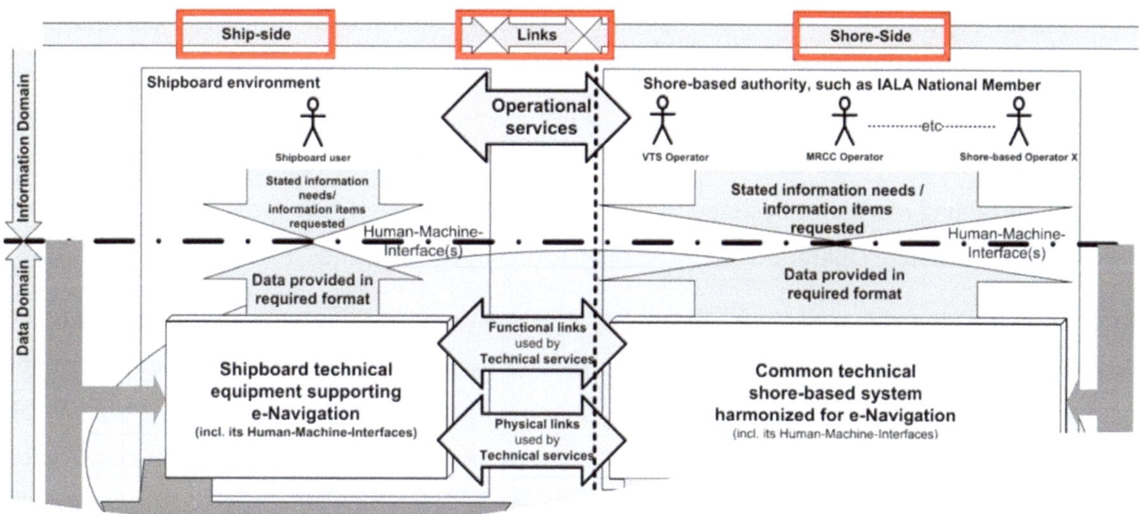

Abbildung 25. Unterteilung der maritimen Domäne auf Basis ihrer topologischen Strukturen (Grafik basierend auf [Ncsr14])

Zudem ist ein Workshop mit Branchenexperten und Vertretern aus Forschung und Entwicklung initiiert worden, um weitere maritime Charakteristiken zu identifizieren und zu priorisieren. Teilnehmer dieses Workshops stammen aus behördlichen Einrichtungen wie der Danish Maritime Authority, Swedish Maritime Authority sowie von Nichtregierungsorganisationen wie IALA oder von unterschiedlichen Forschungseinrichtungen und privatwirtschaftlichen Unternehmen mit maritimem Fokus. Die Teilnehmer sind zudem involviert in die Entwicklung von e-Navigation Systemen im Rahmen von den H2020 Projekten EfficienSea2 und Sea Traffic Management.

Die Durchführung des Workshops hat sich im Allgemeinen an den Regeln der Kreativmethode *Brainwriting* orientiert [Mcfa97]: Die initiale Sammlung von Ideen für eine Kategorisierung maritimer Merkmale wurde mit allen Teilnehmern durchgeführt und dokumentiert. Im Anschluss daran sind die Ergebnisse im Rahmen von Kleingruppen diskutiert und bearbeitet worden. Die Resultate aus den Kleingruppen sind im Anschluss unter allen Teilnehmern diskutiert und bewertet worden.

Die Ergebnisse des Workshops lassen sich in zwei Bereiche aufteilen. Zum einen ist entschieden worden, maritime Charakteristiken, zusätzlich zu den unterschiedlichen Architekturperspektiven zur Gewährleistung von Interoperabilität sozio-technischer Systeme, in zwei Kategorien abzubilden. Diese Kategorien entsprechen daher jeweils einer Dimension (oder Achse) auf der multidimensionalen Visualierung. Zum anderen resultierte das Ergebnis des Workshops in der Identifikation von zwei möglichen Kombinationen maritimer Charakteristiken, die nachfolgend gelistet werden:

- Abbildung der maritimen Domäne unter Verwendung einer topologischen Perspektive, die e-Navigation-Architektur mit der Unterteilung in Landseite (Shore), Interaktion zwischen See- und Landseite (Ship-Shore Interaction) sowie Seeseite (Sea) berücksichtigt. Dazu kommt eine Aktivitätsperspektive, die eine Einordnung maritimer Systeme in Bezug auf strategische Planung (Strategical Planning), operative Planung (Operational Planning), Durchführung (Execution) und Evaluation ermöglicht.
- Abbildung der maritimen Domäne unter Verwendung der bereits beschriebenen topologischen Perspektive im Kontext einer hierarchischen Perspektive, die eine Unterteilung maritimer Systeme in Bezug auf Netzwerk (Network society), Organisatorisch (Organizational), Operation und Artefakte (Artefacts) ermöglicht.

Beide Kombinationen werden als Ansatz für eine weitere Optimierung und Evaluierung als Grundlage zur Identifikation einer adäquaten Lösung zur Abbildung maritimer Charakteristiken herangezogen. Die Evaluierung beider Kombinationen zur Identifikation ihrer jeweiligen Vorteile als Teil des Entwicklungsprozesses des *Structural Frameworks* ist im nachfolgenden Kapitel beschrieben.

5.2.3 Identifikation von Mehrwerten

Dieses Kapitel greift die verschiedenen Aspekte auf, die während der Entwicklung der verschiedenen Dimensionen bzw. Achsen des *Structural Frameworks* diskutiert wurden. Basierend auf den daraus resultierenden Ergebnissen für eine potentielle Definition der einzelnen Dimensionen werden unterschiedliche Lösungsansätze durch eine Zuordnung von Architekturelementen verschiedener (in Entwicklung befindlicher) SoS in den entsprechenden Bereichen des *Structural Frameworks* angewandt. Für die Evaluierung werden eine Sammlung an Anwendungsfällen aus den Projekten Sea Traffic Management (STM) [Stmv17a] und EfficienSea2 (ES2) [Effi16] herangezogen. Diese Anwendungsfälle orientieren sich an den maritimen Anforderungen, wie in den MSPs postuliert und sind von den verschiedenen Workshopteilnehmern zur Verfügung gestellt worden. Die Anwendungsfälle adressieren insbesondere aber nicht ausschließlich *MSP1 – VTS Information Service* oder *MSP5 – Maritime Safety Information Service (MSI)* bzw. deren Teilbereiche [Ncsr14]. Die Anwendungsfälle werden nachfolgend kurz eingeführt:

Port Call Synchronization Dieser Anwendungsfall ist zur Verifizierung von Funktionen für eine potentielle Synchronisierung bzw. Harmonisierung der Kommunikation mit einem Hafen. Der Anwendungsfall ist Teil des PORT CDM Konzepts innerhalb des STM-Projekts. Das Konzept basiert auf einer SoS Systemumgebung und adressiert die Kombination verschiedener technischer Systeme sowohl see- als auch landseitig zur Unterstützung des Informationsaustausches zwischen den entsprechenden menschlichen Akteuren bzw. für eine Verhandlung zwischen Schiff und Hafen in Bezug auf Hafenbelegungen und An- bzw. Abfahrtszeiten. [Stmv17a], [Stmv17b]

Maritime Safety Information (MSI) and temporary / preliminary Notice to Mariners (NtM T&P) Dieser Anwendungsfall ist Teil des ES2-Projekts und beschreibt einen (technischen) Dienst für eine künftige Verbreitung von MSI und NtM P&T Informationen basierend auf S-124.

Voyage Planning Dieser Anwendungsfall aus dem ES2-Projekt ist für die Verifizierung der Funktionalität der Maritime Connectivity Platform definiert worden. Er beschreibt den initialen Planungsprozess einer Schiffsreise durch einen menschlichen Akteur sowie die kontinuierliche Optimierung der geplanten Route auf Basis von Informationen, die durch ergänzende technische bzw. operationale Dienste bereitgestellt werden.

Auf Basis dieser exemplarischen Anwendungsfälle sind die unterschiedlichen Lösungsansätze für das *Structural Framework betrachtet* worden.

Die Zuordnung von Systemarchitekturelementen auf die beiden Lösungsansätze haben im Allgemeinen die Praktikabilität des mehrdimensionalen Entwurfsmusters für die Darstellung sozio-technischer SoS im maritimen Kontext gezeigt. Zudem hat sich in beiden überprüften Ansätzen die Verwendung einer topologischen Dimension als vorteilhaft erwiesen, da so die zugrundeliegende topologische Aufteilung der maritimen Domäne bei Betrachtung von Systemarchitekturen berücksichtigt werden kann. Diese Achse ermöglicht zudem die prominente Verortung des Informationsaustausches zwischen See- und Landseite, der als ein relevanter Faktor für die Einführung der e-Navigation-Strategie beschrieben wird. Dadurch, dass technische Systeme unterschiedliche Zielsetzungen erfüllen sollen und je nach Einsatzgebiet (See- oder Landseite) unterschiedlichen Restriktionen unterliegen, scheint eine solche Unterteilung nach Rücksprache mit Domänenexperten im *Structural Framework* zielführend zu sein. Dementsprechend wird die Integration einer topologischen Dimension in den finalen Entwurf als erforderlich angesehen.

Darüber hinaus wurde die Verwendung einer Aktivitätsdimension geprüft. Dies ermöglicht die Anordnung von Architekturelementen in eine chronologische Reihenfolge und dadurch die Bereitstellung einer indirekten Zeitdimension. In diesem Falll können Systeme bei Verwendung in unterschiedlichen Aktivitäten jedoch mehrfach abgebildet werden, etwa wenn ein Element bzw. Teilsystem beispielsweise für operative und strategische Planungen herangezogen werden kann.

Im Gegensatz dazu ermöglicht der Einsatz einer hierarchischen Dimension die Kategorisierung von Elementen eines sozio-technischen Systems hinsichtlich ihrer Eigenschaften. Dabei können sowohl technische als auch operative bzw. regulative Elemente solcher Systeme in Kontext zueinander gestellt werden. Zudem können hier auch Hard- und Softwareelemente abgebildet werden.

Die gesammelten Erfahrungen haben in Rücksprache mit Domänenexperten aufgezeigt, dass die Definition eines mehrdimensionalen Modelltyps drei Dimensionen für Interoperabiliät, maritime Topologie und maritime Hierarchie beinhalten sollen. Zudem konnten die jeweiligen Kategorien bzw. Ebenen der unterschiedlichen Dimensionen weiter elaboriert werden. Der nachfolgende Abschnitt stellt das *Structural Framework* in der hieraus resultierenden finalen Form vor.

5.3 Aufbau des Structural Frameworks

Das *Structural Framework* besteht aus den folgenden Achsen bzw. Dimensionen:

- Topologische Dimension
- Interoperabilitätsdimension
- Hierarchische Dimension

Abbildung 26 skizziert das multidimensionale Modell des *Structural Frameworks* mit den entsprechenden Dimensionen.

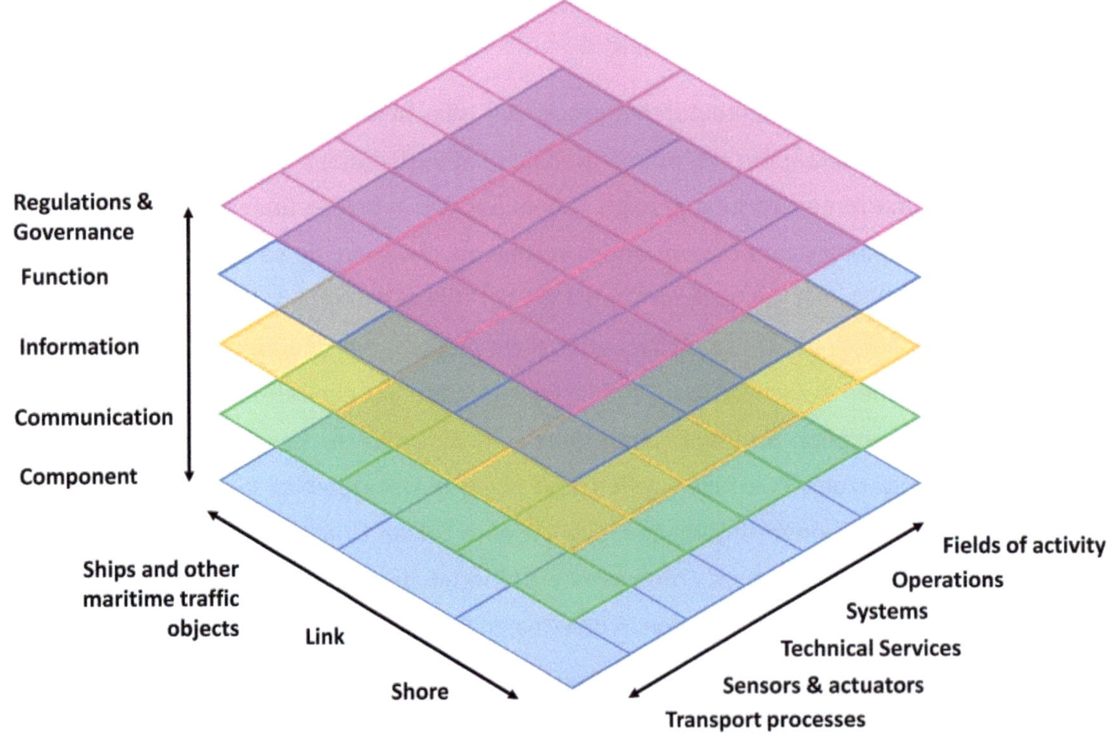

Abbildung 26. Das *Structural Framework*

Die Zusammensetzung der jeweiligen Dimensionen und die dazugehörige Definition der einzelnen

Ebenen bzw. Kategorien ist in den nachfolgenden Abschnitten beschrieben.

5.3.1 Topologische Dimension

Im *Structural Framework* werden die topologischen Strukturen der maritimen Domäne reflektiert. Hierfür wird insbesondere die topologische Unterteilung, wie sie im Zuge der e-Navigation-Architektur von der IMO verstanden wird, adaptiert. Entsprechend besteht die topologische Dimension aus den drei *Kategorien Ships and other maritime traffic objects*, *Link* und *Shore*.

- **Ships and other maritime traffic objects:** Diese Kategorie erlaubt die Einordnung von maritimen Entitäten bzw. Verkehrsobjekte, wie etwa ein Schiff, die in der Regel weitere Entitäten wie Frachtgüter und Passagiere transportieren. In dieser Kategorie sollen im Allgemeinen alle seeseitigen und in der Regel mobilen Entitäten erfasst werden.
- **Link:** Diese Kategorie ermöglicht die Zuordnung von maritimen Entitäten, die für eine (physikalische) Kommunikation zwischen See- und Landseite eingesetzt werden können. Dazu zählen u.a. Telekommunikationsmethoden und -protokolle. Hierbei können Entitäten aus der Perspektive der drei Ebenen *Operational links, Functional links* und *Physical links* der e-Navigation-Architektur abgebildet werden.
- **Shore:** Diese Kategorie adressiert Entitäten von maritimen landseitigen Infrastrukturen, Aktivitäten und Systemen. Das schließt Schnittstellen zu Logistikaspekten von innerhalb aber auch von außerhalb der maritimen Domäne ein. Im Allgemein kapselt diese Kategorie alle Belange, die die maritime Landseite betreffen. Gemäß dem Verständnis der IMO schließt dies fest installierte maritime Entitäten in Form von Offshore-Installationen wie Navigationsbojen, Öl- und Gasplattformen bzw. Offshore Windparks ein.

5.3.2 Interoperabilitätsdimension

Die einzelnen Kategorien (oder auch Ebenen) dieser Dimension orientieren sich an den erforderlichen Definitionen und Spezifikationen als Basis zur Gewährleistung einer umfassenden Interoperabilität zwischen sozio-technischen Systemen. Die hier beschriebenen Kategorien sind originär adaptiert aus dem SGAM und den GWAC Stack (siehe Kapitel 2.4.1) und an die Anforderungen angepasst worden.

- **Regulation & Governance:** Dieser Layer vereinnahmt Aspekte aus regulativen und behördlichen Kontext (z.B. eine SOLAS Vorgabe oder die gesetzlichen Grundlagen für die Nutzung von Seeschifffahrtsstraßen aber auch unternehmerische Vorgaben).
- **Function:** Dieser Layer ermöglicht die Einordnung und Spezifizierung von operativen oder technischen Funktionen bzw. Prozessen abhängig von der technischen Unterstützung sowie den regulativen Vorgaben. Exemplarisch sind hierfür Funktionen und Prozesse zur Planung und Erstellung einer Reise zu nennen.

- **Information:** Diese Ebene kapselt die Beschreibungen von Daten und Informationen, die bei der Durchführung von Funktionen und Prozessen bzw. der Verwendung von (technischen) Diensten und Komponenten zum Informationsaustausch verwendet werden. Die Kategorie umfasst Daten- und Informationsobjekte inklusive Semantik und Datenmodellen. Die hier eingeordneten Informationsobjekte stellen die jeweilige Semantik für die entsprechenden Funktionen und Dienste dar, die für einen interoperablen Daten- bzw. Informationsaustausch zwischen unterschiedlichen Kommunikationsmitteln zu berücksichtigen sind.
- **Communication:** Dieser Ebene lassen sich die für einen interoperablen Daten- bzw. Informationsaustausch notwendigen Kommunikationsprotokolle und -mechanismen zuordnen. Die hier eingeordneten Elemente müssen entsprechend berücksichtigt werden, um Interoperabilität zwischen verschiedenen (Einzel-)Systemen gewährleisten zu können.
- **Component:** Der Schwerpunkt dieser Ebene ist die Einordnung bzw. Spezifizierung aller technischen Systemkomponenten. Das beinhaltet u.a.: (technische) Systeme, Akteure, Mensch-Maschine Schnittstellen, Anwendungen, Dienste, Netzwerkinfrastrukturen (Router, Switch, Server etc.) sowie weitere Hardware wie eine ECDIS oder Mobilgeräte.

5.3.3 Hierarchische Dimension

Mittels dieser Dimension soll die maritime Domäne in eine hierarchische Struktur gegliedert werden. Die Kategorien reflektieren die Struktur bzw. Anordnung von sozio-technischen Management- und Kontrollsystemen. Hierbei werden ökonomische und behördliche Aspekte (*Fields of activity*), operative Aspekte maritimer Systeme (*Operations*) sowie technische (*Systems, Technical Services, Sensors & Actuators, Physical Mediums*) und physische Komponenten (*Transport objects*) berücksichtigt. Jede Kategorie adressiert sowohl technische als auch menschliche Aspekte.

- **Fields of activity:** Diese Kategorie ermöglicht die Einordnung sozio-technischer Systeme in ihrer Gesamtheit, die unterschiedliche Märkte oder eigene Ökosysteme innerhalb der maritimen Domäne verwalten bzw. unterstützen (z.B. eine Transportkapazitätenhandelsplattform).
- **Operations:** Diese Kategorie ermöglicht die Einordnung von operativen Systemen. Operative Systeme bieten (im maritimen Kontext) Methoden und Prozeduren insbesondere zur Unterstützung einer sicheren Navigation von Hafen zu Hafen [Msc809], landgestützte Verkehrsüberwachung [Msc809], Such- und Rettungsaktivitäten [Msc809] sowie für intermodalen Transport und Logistik [Msc809] (z.B. Verkehrsflussregelung). Die Kategorie umfasst dabei globale, regionale, nationale und lokale Perspektiven von unterschiedlichen Unternehmen oder Behörden.
- **Systems:** Diese Kategorie adressiert technische Systeme, die etwa unter Verwendung von technischen Diensten eine virtuelle Darstellung und Überwachung von maritimen Transportprozessen ermöglichen (z.B. CSSA [Iala15b] oder VTS-System [Iala15c]).
- **Technical Service:** Diese Kategorie stellt einfache technische- oder logische Dienste dar (z.B.

ein AIS-Dienst oder ein Wetterdienst).

- **Sensors & Actuators:** Diese Kategorie teilt sich in weitere Unterkategorien auf, um eine genaue Einordnung der unterschiedlichen Elemente einer Infrastruktur für die Erfassung von Objekten durch physische Mittel bzw. für die Weiterverarbeitung der so erhaltenen Daten zu ermöglichen:
  - **Preprocessing & Control:** Diese Unterkategorie beinhaltet Aspekte für erste Analysen, Vorverarbeitung, Versand von Datenströmen vom / zum Endgerät (z.B. Datentransformation von AIS-Nachrichten) bzw. zur Steuerung des Endgeräts.
  - **Terminal equipment:** Dieser Kategorie werden physische Systeme zugeordnet, die verantwortlich für die Signalverarbeitung von entsprechenden Kupplern sind (z.B. AIS-Receiver).
  - **Medium Coupler:** Physische Geräte, die eine Schnittstelle zum physikalischen Datenübertragungsmedium bereitstellen, werden dieser Kategorie zugeordnet (z.B. Funk- oder Radarantennen).
  - **Physical mediums:** Diese eigenständige Unterkategorie ermöglicht die Einordnung von physikalischen Wegen und (internationalen) Standards für Kommunikation zwischen Entitäten oder zur Erfassung dieser (z.B. VHF für AIS, X-Band für Radar, Lichtzeichen für Leuchttürme, ITU-R Signale und weitere).
- **Transport objects:** Diese Kategorie ermöglicht die Einordnung von Entitäten des maritimen Transportprozesses wie etwa Schiffe und andere schwimmende Objekte sowie Luftfahrzeuge, die im Rahmen der maritimen Domäne operieren (z.B. SAR).

5.3.4 Zuordnungsregeln

Zur Gewährleistung einer allgemeinen Anwendung des *Structural Frameworks* zwecks Darstellung maritimer Systemarchitekturen ist die Bereitstellung eines Regelwerks erforderlich. Ein solches Regelwerk soll das Vorgehen zur Einordnung der verschiedenen Elemente, Aspekte und Relationen einer Systemarchitektur möglichst vereinheitlichen. Dieses Regelwerk zielt, anders als die MAF Methodik, nicht darauf ab, den Prozess zur Identifikation einzelner Architekturelemente zu lenken, sondern darauf verschiedene Regeln vorzuhalten, wie Elemente auf dem *Structural Framework* zuzuordnen sind. Im Allgemeinen kann ein Architekturelement in diesem Kontext ein beliebiges Artefakt mit verschiedenen Eigenschaften sein (z.B. physisch, virtuell, eine Funktion, eine regulative Vorgabe etc.). Die nachfolgend beschriebenen Zuordnungsregeln leiten sich aus den Anforderungen und Aufgaben des MAF ab und unterteilen sich in allgemeine Zuordnungsregeln, Konsistenzregeln und Interoperabilitätsregeln.

Allgemeine Zuordnungsregeln Diese Regeln beschreiben die allgemeine Zuordnung von Elementen im Ordnungsrahmen des *Structural Frameworks*.

- Physische Elemente können nur im *Component Layer* der Interoperabilitätsdimension eingeordnet werden. Ein solches Element muss zudem eindeutig a) einer Kategorie in der topologischen Dimension und b) einer Kategorie in der hierarchischen Dimension zugeordnet sein.

- Nichtphysische Elemente wie Kommunikationsprotokolle oder Informationsmodelle sind nicht zwangsläufig abhängig von topologischen Einschränkungen und können übergreifend in verschiedenen Bereichen innerhalb der topologischen- und hierarchischen Dimension eingeordnet werden.
- Physische und nichtphysische Elemente können Teil einer Gruppe mehrerer Elemente sein.
- Eine Gruppe von Elementen mit gleichen Eigenschaften kann verschiedenen Bereichen in der topologischen- und hierarchischen Dimension zugeordnet werden.
- Bei der Darstellung eines SoS im *Structural Framework* mit zwei oder mehreren Teilsystemen müssen die Elemente der unterschiedlichen Teilsysteme insofern visualisiert werden, als dass eine Zuordnung zum entsprechenden System visuell vorgenommen werden kann.

Konsistenzregeln Jedes (Einzel-) System muss unter Berücksichtigung der unterschiedlichen Elemente, aus denen es besteht, konsistent innerhalb des *Structural Frameworks* dargestellt werden. Das bedeutet, dass ein Element eines Systems in der Interoperabilitätsdimension nicht für sich selbst ohne Beziehung zu anderen Elementen auf anderen Interoperabilitätsebenen stehen kann. Daraus lassen sich folgende Regeln ableiten:

- Jedes Systemelement muss konsistent zu entsprechenden Elementen auf anderen Interoperabilitätsebenen sein:
  - Es muss zwischen den Elementen eine direkte Verbindung zu einem oder mehreren Elementen auf den jeweiligen Nachbarebenen geben.
  - Jedes Element muss indirekt über die Nachbarebenen mit mindestens einem Element auf jeder anderen Ebene verbunden sein.
- Um die Architektur eines Systems möglichst vollständig abzubilden, muss auf jeder Ebene der Interoperabilitätsdimension wenigstens ein Element des betrachteten Systems verortet sein.
- Einer Ebene kann eine Gruppe von Elementen zugeordnet sein. Diese Gruppe kann dabei auf jeweils ein Element auf anderen Ebenen referenzieren.

Wird ein System auf Basis seiner Architektur diesen Regeln folgend dargestellt, kann es mit Bezug auf dessen interne Konsistenz als in vollem Umfang in konzeptioneller, funktionaler und technischer Art und Weise spezifiziert betrachtet werden. Abbildung 27 stellt die Umsetzung dieser Regeln exemplarisch dar. Jedes Element auf einer Interoperabilitätsebene referenziert auf Elemente auf den jeweiligen Nachbarebenen und ist dadurch indirekt unterschiedlichen Elementen auf jeder Ebene zugeordnet. Zudem wird in dieser Abbildung die Referenzierung einer Gruppe von Elementen auf dem *Component Layer* zu einem Element im *Communication Layer* dargestellt.

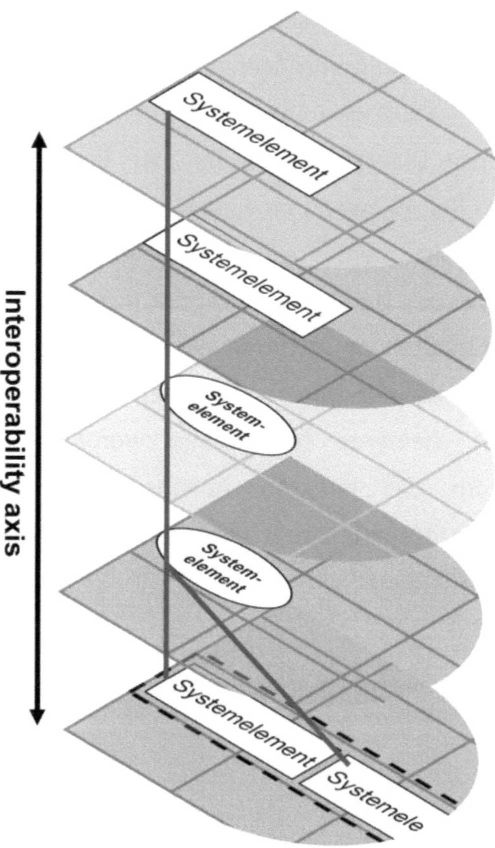

Abbildung 27. Darstellung der internen Konsistenz einer Systemarchitektur basierend auf den Zuordnungsregeln des Structural Frameworks (eigene Darstellung, basierend auf dem SGAM-Framework [Smar12])

Interoperabilitätsregeln Systeme, die als Teil eines SoS auf Basis ihrer Architekturen im *Structural Framework* dargestellt werden, gelten als interoperabel zu einander, wenn die folgenden Regeln erfüllt werden:

- Ein Element eines Systems ist verknüpft mit einem Element eines anderen Systems.
- Auf jeder Interoperabilitätsebene gibt es eine Verknüpfung bzw. eine Überschneidung zwischen Elementen unterschiedlicher Systeme. Diese Verknüpfungen müssen unter Berücksichtigung aller Ebenen konsistent zueinander sein (siehe Konsistenzregeln).

Die in diesem Kapitel beschriebenen Regeln bilden die Grundlage für weiterführende Analysen in Bezug auf interne Konsistenz, Integration von Elementen und Interoperabilität zwischen Systemen (siehe Kapitel 6.4.2).

5.4 Konzeptionelles Datenmodell

Für die Darstellung der Zusammenhänge zwischen den verschiedenen MAF-Komponenten sowie zur Einordnung des MAF in die Vier-Ebenen Architektur der OMG soll ein Metamodell des MAF erstellt werden. Als eine Komponente des MAF wird nachfolgend das Metamodell des *Structural*

Frameworks in der Form eines konzeptionellen Datenmodells dargestellt. Auf Grundlage eines solchen Datenmodells ist die Abbildung von Metamodellen und Konventionen eines Business Process Diagramms (BPD) oder UML-Diagrammen im gemeinsamen Kontext mit dem *Structural Framework* möglich. Da solche Diagrammtypen bei der Beschreibung von Prozessen und Architekturen domänenübergreifend Anwendung finden, wird dadurch eine künftige Verwendung des *Structural Frameworks* im Rahmen eines Architekturmanagements für maritime sozio-technische Systeme vereinfacht. Das Datenmodell vereint in seiner Gesamtheit den Aufbau des Modelltyps zur Erfassung und Darstellung von Architekturelementen unter Berücksichtigung der verschiedenen Dimensionen sowie der unterschiedlichen Elementtypen. Zudem können die jeweiligen Hauptakteure der Elemente beschrieben werden. Die Elemente werden in Elementgruppen sortiert, um die direkten Abhängigkeiten zwischen Elementen auf unterschiedlichen Interoperabilitätsebenen zu erfassen. Auf der nachfolgenden Seite wird das Datenmodell in Abbildung 28 visualisiert.

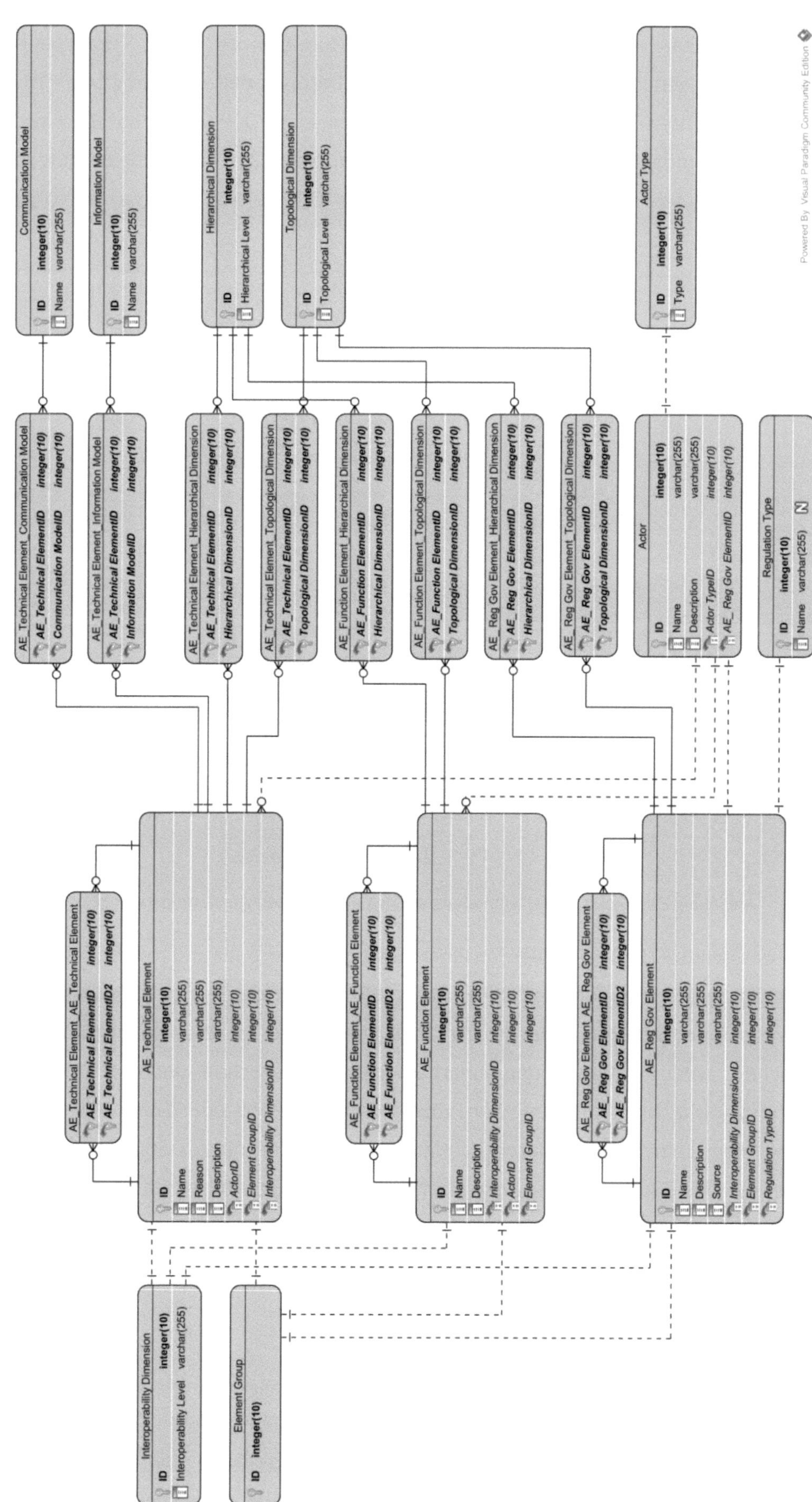

Abbildung 28. Konzeptionelles Datenmodell des Structural Framework

Zusätzlich zu einer Darstellung der Architekturelemente auf unterschiedlichen Interoperabilitätsebenen besteht die Möglichkeit, das Datenmodell des *Structural Framework* dahingehend zu erweitern, so dass es die Berücksichtigung einer Darstellung auf Basis von BPMN oder SysML / UML ermöglicht. Exemplarisch werden in Abbildung 29 ergänzende Entitäten für eine Notation von Prozessschritten basierend auf BPMN 2.0 [Omg11] (dunkel grau hervorgehoben) dargestellt.

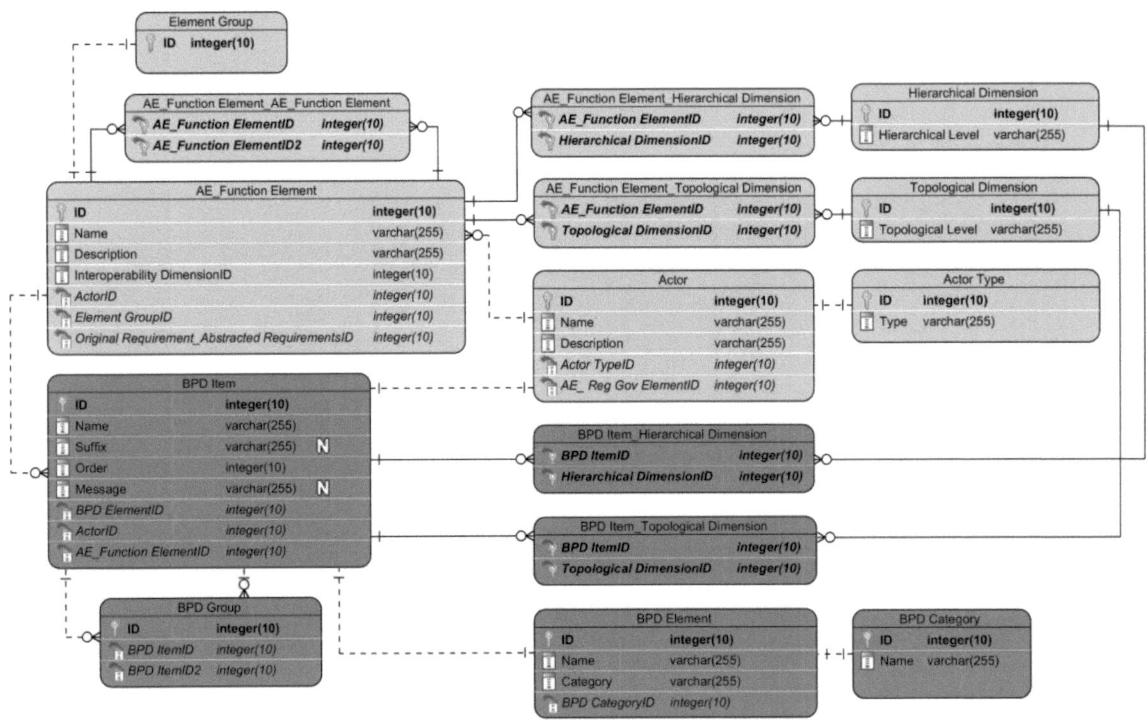

Abbildung 29. Auszug des Datenmodells, ergänzt um Entitäten zur Notation von BPD

Einzelne Prozessschritte (BPD Item) werden einer Funktion zugeordnet und referenzieren dabei auf weitere Entitäten zur Bestimmung des Elementtyps (BPD Element) oder der Zugehörigkeit zu einer Prozessschrittgruppe (BPD Group). Um die Darstellung der Prozessschritte im *Structural Framework* zu ermöglichen, wird die Einordnung innerhalb der topologischen und der. hierarchischen Dimension ermöglicht. Die Einordnung der Prozessschritte in *Pools* oder *Lanes*, wie im Standard vorgesehen, findet keine weitere Berücksichtigung, da dies konträr zur Struktur des *Structural Frameworks* ist. Eine Zuordnung der Prozessschritte zu einzelnen Akteuren ist im abgebildeten Modell möglich.

5.5 Diskussion

Das multidimensionale Design für das *Structural Framework* als allgemeingültiger Modelltyp für die Visualisierung von maritimen Systemarchitekturen bietet eine Anzahl an Vorteilen für die Darstellung von Systemen in einer maritimen SoS Umgebung. Generell lässt sich feststellen, dass die verschiedenen aus der e-Navigation abgeleiteten Architekturperspektiven (konzeptionell, funktional und technisch) so in einem Ordnungsrahmen gekapselt werden. Diese Perspektiven sind unterteilt in fünf verschiedene Ebenen (Layer) auf der Interoperabilitätsdimension. Die Anwendung dieser Interoperabilitätsebenen hat vornehmlich den Vorteil, dass diese einem standardisierten Ansatz basierend auf dem GWAC-Stack folgen. Zudem können so die Bestandteile eines sozio-technischen Systems den unterschiedlichen technischen bzw. nichttechnischen Interoperabilitätsebenen zugeordnet werden und als Gesamtarchitektur betrachtet werden. Dieser Vorteil ist insbesondere dann von Relevanz, wenn zwei oder mehr Systeme in Kontext zueinander zur Identifikation von (potentiellen) Schnittstellen betrachtet werden sollen.

Darüber hinaus ermöglichen die Konsistenzregeln, interne Abhängigkeiten zwischen einzelnen Elementen eines Systems darzustellen oder Inkonsistenzen zu identifizieren. Zudem unterstützt das *Structural Framework* die Einordnung der Elemente eines oder mehrerer Systeme in Kontext mit den Eigenschaften der maritimen Domäne. Dazu zählt die topologische Unterteilung oder die Berücksichtigung von Aufbau und Struktur maritimer Management- und Kontrollsysteme. Die Darstellung rangiert dabei von einer technologie-unabhängigen Beschreibung hin zu einer Spezifikation von entsprechender physischer Hardware und in Relation stehenden maritimen Entitäten. In seiner Gesamtheit wird dadurch die Einordnung sozio-technischer Systeme innerhalb der maritimen Domäne ermöglicht. Dies unterstützt nicht nur die Identifikation von (potentiellen) Schnittpunkten zwischen heterogenen Systemen als Grundlage für die Etablierung von Interoperabilität zwischen Systemen. Es erlaubt zudem die Betrachtung vor dem Hintergrund maritimer Eigenschaften, wie im folgenden Beispiel skizziert wird: Eine Gruppe heterogener Systeme mag auf Basis ihrer konzeptionellen bzw. technischen Eigenschaften in der Lage sein, einen harmonisierten Informationsaustausch zu gewährleisten. In einem Szenario, in dem diese Systeme aber in unterschiedliche topologische Kategorien eingeordnet werden, ist eine Kommunikation zwischen diesen (Teil-) Systemen aufgrund der inherenten Eigenschaften der maritimen Domäne nicht ohne Weiteres zu etablieren. Mit Hilfe des *Structural Frameworks* ist es jedoch möglich, solche Diskrepanzen zu identifizieren und dadurch die Grundlage für eine nachfolgende Lösung der Problematik zu schaffen.

Abgesehen davon wird durch eine solche Einordnung von Systemen in einem maritimen und Interoperabilitätskontext die Grundlage für ein gemeinsames Verständnis unterschiedlicher Betrachter über den Aufbau und die Struktur des Betrachtungsgegenstandes unter Berücksichtigung verschiedener Perspektiven geschaffen. Innerhalb des MAF wird das *Structural Framework* sowohl innerhalb der *System Design Methodology* als auch in den weiteren MAF-Komponenten *Requirements Management*, *Analysis* und *Design Rules* adressiert.

Kapitel 6
System Design Methodology

„Ein iterativer Ansatz zur Erstellung von Architekturbeschreibungen sozio-technischer Systeme"

In diesem Kapitel wird die *System Design Methodology* beschrieben. Diese Methodik ermöglicht die formale Erfassung und Beschreibung maritimer Systemarchitekturen in verschiedenen Entwurfsstadien. Wie in Abbildung 30 zu sehen, ist die Methodik geprägt von einer gegenseitigen Wechselwirkung mit den MAF-Komponenten *Analysis, Design Rules, Requirements Management* sowie den bereits eingeführten *Structural Framework*. Die Methodik unterstützt eine top-down als auch eine bottom-up Architekturentwicklung sowie die Erfassung des Ist-Zustandes eines Systems in einer Architekturbeschreibung.

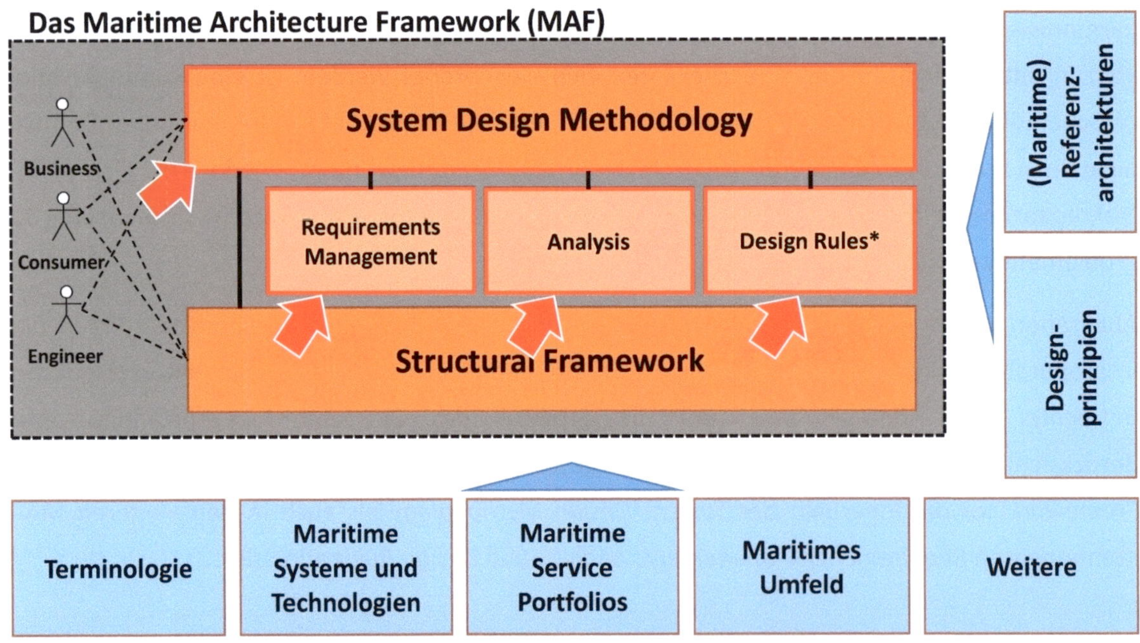

Abbildung 30. Struktur des Maritime Architecture Frameworks

In diesem Kapitel werden neben der System Design Methodology die MAF-Komponenten *Requirements Management*, *Analysis* und *Design Rules* beschrieben. Diese Komponenten können dabei jeweils für sich alleine stehen, werden jedoch in der *System Design Methodology* integriert. Das Kapitel beginnt mit der Identifikation der zu bewältigenden Herausforderung, Konzept und Umsetzung der Methodik, bevor anschließend auf die Ausgestaltung der oben genannten Teilkomponenten genauer eingegangen wird.

6.1 Herausforderung

Das übergeordnete Ziel der *System Design Methodology* ist die Unterstützung der Erstellung von Architekturbeschreibungen maritimer sozio-technischer SoS. Obwohl der Begriff nicht abschließend definiert ist, wird in ISO 42010 benannt, was notwendigerweise Bestandteil einer solchen Architekturbeschreibung sein sollte. Dies sind u.a. neben der generellen Beschreibung des betrachteten Systems die Ergänzung der Architekturbeschreibung, um zusätzliche Informationen wie Autoren, Gutachter, verantwortliche Einrichtungen, Stakeholder und deren Anliegen, Versionsmanagement sowie die Evaluation der beschriebenen Architektur. [Iso11, S.420]

Ergänzend hierzu muss die *System Design Methodology* weitere Anforderungen an eine Architekturbeschreibung für maritime Systeme unterstützen. Dazu zählt gemäß IMO die Berücksichtigung einer konzeptionellen bzw. operativen Perspektive sowie funktionalen und technischen Perspektive. Dies führt zu der Notwendigkeit, Eigenschaften eines Systems von diesen unterschiedlichen Standpunkten aus zu dokumentieren. Die *System Design Methodology* soll die im Rahmen der Konzeption des MAFs identifizierten Aufgaben und Anwendungsszenarien in Kapitel 4.1.2 erfüllen. Hierfür soll eine Adaption und Abstraktion von Prinzipien aus dem Unternehmensarchitekturmanagement auf die Belange der maritimen Domäne erfolgen. Zudem sollen Ansätze für die Entwicklung von technischen Systemarchitekturen aus dem Systems Engineering bzw. des SoS Engineering herangezogen und im Rahmen der Entwurfsmethodik adaptiert werden. Die Betrachtung der maritimen Domäne als ein sozio-technisches SoS erfordert die Adressierung unterschiedlicher Aspekte aus dem SoS Engineering als Grundlage für die Etablierung von Interoperabilität zwischen den jeweiligen Einzelsystemen.

Dem folgend muss die *System Design Methodology* die Aspekte unterschiedlicher Disziplinen miteinander verknüpfen und mit den Anforderungen aus der maritimen Domäne verbinden (siehe Abbildung 31).

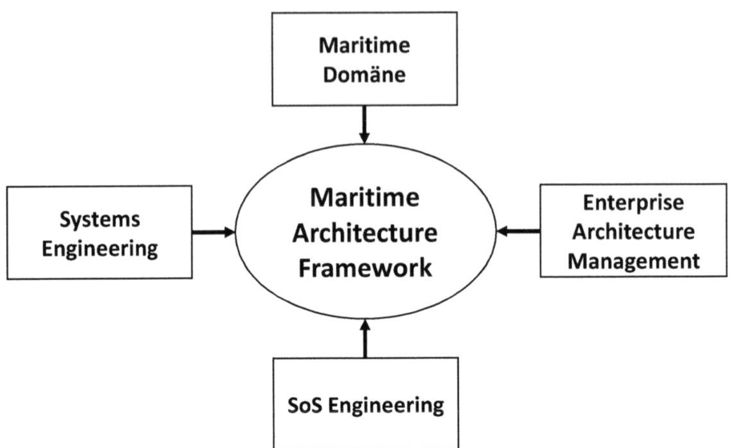

Abbildung 31. Die *System Design Methodology* vereint Aspekte unterschiedlicher Domänen und Disziplinen

Zusammengefasst liegen die Herausforderungen bei der Definition der *System Design Methodology* in der Entwicklung eines Ansatzes, der die verschiedenen zu berücksichtigenden Aspekte aus den unterschiedlichen Engineering Disziplinen vereint sowie zudem flexibel einsetzbar bei unterschiedlichen Entwicklungsparadigmen ist. Das Konzept sowie die fertige Ausgestaltung der Methodik werden in den nachfolgenden Kapiteln beschrieben.

6.2 Konzept

Dieses Kapitel betrachtet relevante Aspekte aus den folgenden Disziplinen:

- Maritime Domäne
- Enterprise Architecture Management
- Systems Engineering
- System of Systems Engineering

Das Kapitel endet mit einer Beschreibung der *System Design Methodology* auf Basis der zuvor identifizierten relevanten Aspekte aus den unterschiedlichen Disziplinen.

6.2.1 Identifikation relevanter Aspekte aus der maritimen Domäne

Die Gestaltungsgrundlagen und Anforderungen seitens der maritimen Domäne für die *System Design Methodology* basieren vornehmlich auf der e-Navigation-Strategie und dem dazugehörigen Implementierungsprozess [Msc809]. Von diesem übergeordneten Prozess sind die notwendigen Schritte für die Spezifizierung der Architektur eines sozio-technischen e-Navigation Systems abgeleitet.

Die Schritte *User Needs, Architecture and analysis* sowie *Gap Analysis* adressieren gemäß der allgemeinen Definition in MSC 85/26 unterschiedliche architekturrelevante Aspekte für die Entwicklung der e-Navigation-Architektur. Dementsprechend erfolgt die Entwicklung von

Systemarchitekturen im Kontext der e-Navigation-Strategie auf Basis der selben Aspekte, die für die Entwicklung der übergeordneten e-Navigation-Architektur herangezogen werden. Daher werden diese aufeinander aufbauenden Schritte ebenfalls für die Methodik verwendet. Gemäß [Msc809] sind diese sukzessiv aufeinander aufbauenden Schritte wie folgt zu verstehen:

User Needs Dieser Schritt startet mit der Identifikation von potenziellen Stakeholdern und ihren Anforderungen, gefolgt von einer systematischen und nachvollziehbaren Identifikation von Funktionen und Diensten, die diese Anforderungen erfüllen können.

Architecture and analysis Dieser Schritt basiert auf den Informationen, die im Schritt *User Needs* erfasst worden sind. Abgeleitet von MSC 85/26 besteht eine maritime Systemarchitektur aus Bestandteilen wie Hardware, Daten, Informations- und Kommunikationsmodelle sowie Software, um die entsprechenden Systemanforderungen zu erfüllen. In diesem Schritt werden zudem Anforderungen aus legislativer bzw. behördlicher Basis als Ergänzung zu den direkten Systemanforderungen berücksichtigt.

Gap Analysis Der Schritt *Gap Analysis* konzentriert sich auf die Analyse bzw. Identifikation von regulativen Lücken, von unterschiedlichen Ansätzen bzw. Möglichkeiten zur Integration von existierenden Technologien und Systemen in die jeweilige Systemarchitektur.

Die drei Schritte ermöglichen die Beschreibung einer potenziellen Lösung von der Erfassung der Anforderungen über eine abstrakte Beschreibung bis hin zu einer konkreteren Ausformulierung der Systemarchitektur mit anschließender Analyse. Zudem definiert die IMO vor diesem Hintergrund die Bestandteile zur umfassenden Spezifikation der e-Navigation-Architektur (Hardware, Daten, Informations- und Kommunikationsmodelle, Software [Msc809]).

6.2.2 Identifikation relevanter Aspekte aus dem EAM

EAM ermöglicht die Erstellung von (Unternehmens-)Architekturen von einer allgemeinen, wenig detailreichen Vision hin zu der Blaupause einer operativen Plattform [TPGP11]. Nachfolgend sollen relevante Aspekte aus dem EAM für eine domänenspezfische Verwendung adaptiert werden. Insbesondere die folgenden Aspekte des EAM sollen innerhalb der System Design Methodology berücksichtigt werden:

Harmonisierung unterschiedlicher Architekturperspektiven Dieser wesentliche Aspekt des EAM adressiert die Kombination von technischen Architekturen mit Unternehmensstrukturen und Geschäftsprozessen und ermöglicht die Abbildung derer wechselseitigen Abhängigkeiten. Zudem wird im Rahmen des EAM die Entwicklung einer solchen Architekturbeschreibung von einer abstrakten Entwurfsbeschreibung hin zu einem konkreteren Systemdesign unterstützt. Im Kontext des MAF sollen diese Eigenschaften die parallele bzw. gemeinsame, iterative, Beschreibung unterschiedlicher Architekturperspektiven in einer gemeinsamen übergeordneten

Architekturbeschreibung ermöglichen. Ähnlich wie im Schritt *User Needs* der e-Navigation ist hierfür die Involvierung unterschiedlicher Nutzergruppen innerhalb eines Unternehmensarchitekturmanagements Fokus notwendig. [TPGP11]

Ergänzend ermöglicht das EAM eine Kombination verschiedener Architekturen bzw. Architekturperspektiven eines Systems sowohl bottom-up als auch top-down. [Bren15]

Bereitstellung von Informationen Die Dokumentation und Bereitstellung von operativen bzw. Geschäftsprozessen in einer Unternehmensarchitektur ist die Basis für die Identifikation von bisher unbekannten Abhängigkeiten oder Lücken zwischen Systemen bzw. zwischen Komponenten innerhalb eines Systems. [TPGP11]

Um diese Vorteile des EAMs in der *System Design Methodology* nutzen zu können, ist es erforderlich, den in Kapitel 6.2.1 beschrieben Spezifikationsprozess, um entsprechende Aspekte innerhalb der jeweiligen Schritte zu ergänzen. Dies sind insbesondere:

- die Ergänzung der Methodik um die Definition des Ist-Zustandes des jeweiligen Systems / der Systemumgebung
- die Beschreibung der Zielarchitektur
- die Kombination technischer- mitorganisatorischen Architekturperspektiven
- die Berücksichtigung verschiedener Nutzergruppen.

6.2.3 Identifikation relevanter Aspekte aus dem Systems Engineering

Obwohl das MAF nicht den Anspruch erhebt, ein Ansatz zur Erstellung von umsetzungsreifen Systemarchitekturen zu sein, sondern mehr ein Ansatz zur Darstellung und Beschreibung maritimen SoS, ist die Reflektion technischer Aspekte eines e-Navigation Systems innerhalb der Methodik notwendig.

Das U.S. Verteidigungsministerium hat verschiedene Engineering-Ansätze in [Depa01] zusammengefasst und als Handlungsempfehlung für ein Systems Engineering veröffentlicht. Diese Zusammenfassung soll nachfolgend als Grundlage für die Identifikation relevanter Aspekte verwendet werden. In dieser Zusammenfassung wird u.a. ein generischer top-down Prozess für die Entwicklung einer Systemspezifikation beschrieben. Dieser top-down Prozess startet im Allgemeinen mit der Identifikation der Nutzeranliegen als initiale Anforderungen. Anschließend erfolgt die Formalisierung und Klassifizierung der Anforderungen sowie die Ableitung von Systemaufgaben und -ziele. Hiervon werden nachfolgend in einem iterativen Prozess die Funktionalitäten, die das System dafür bieten muss, abgeleitet. Dieses Anforderungsmanagement ist ein kontinuierlicher Prozess in diesem Ansatz. Er überschneidet sich mit dem Designprozess zur Entwicklung einer technischen Architektur (unabhängig ob ein physisches-, virtuelles-, oder cyberphysisches System betrachtet wird). Die Spezifikation des Systems muss dabei als Teil der

Architekturbeschreibung mit den identifizierten Funktionen, Anforderungen bzw. Zielen abgestimmt werden. [Depa01]

Basierend auf diesem Ansatz lassen sich folgende Aspekte identifizieren, die in der *System Design Methodology* adressiert werden sollen:

- Ein kontinuierliches Anforderungsmanagement für die Erfassung und Ausformulierung unterschiedlicher Anforderungen,
- die Ableitung von Systemfunktionen auf Basis dieser Anforderungen,
- ein iterativer Prozess zur Angleichung der betrachteten Systemarchitektur mit den entsprechenden zu unterstützenden Funktionen und Anforderungen,
- die Überprüfung, ob die Zielarchitektur den Vorgaben aus den Anforderungen und Funktionen erfüllt.

Die genannten Aspekte müssen dabei in den Ansatz aus Kapitel 6.2.1 integriert werden sowie mit den Aspekten aus dem EAM und dem SoS Engineering kombiniert werden.

6.2.4 Identifikation relevanter Aspekte aus dem SoS Engineering

In den Arbeiten von [JuKr11] und [Usde07] werden verschiedene Merkmale identifiziert, welche die Verwendung von Einzelsystemen als Bestandteil eines SoS unterstützen sollen. Hiervon lassen sich folgende Anforderungen an die *System Design Methodology* ableiten:

- Die Generierung eines allgemeinen Verständnisses über die Rolle eines Systems im SoS Kontext sowie die Berücksichtigung des SoS bereits bei der Erfassung der Einzelsystemanforderungen bzw. -ziele.
- Die Verwendung von gebräuchlichen Designprinzipien sowie standardisierte Schnittstellen und Technologien um eine potenzielle Erweiterung der Systemfunktionalitäten zu ermöglichen sowie die Integration in ein SoS zu simplifizieren.
- Die Unterstützung einer inkrementellen Systementwicklung bzw. -optimierung um in kurzen Entwicklungszyklen zeitnah Änderungen vornehmen zu können.
- Die Bereitstellung von Geschäfts- und Governance Modellen zur Einordnung des Systems in einen sozio-technischen Kontext.

Die Berücksichtigung dieser Aspekte führt zu einer Ergänzung des Architekturentwicklungsprozesses beginnend mit einem erweiterten Anforderungsmanagement zur Erfassung von Anforderungen und Zielen für die Verwendung in einem SoS. Entsprechend muss bei der Entwicklung die Systemlandschaft inklusive organisatorischer, funktionaler bzw. konzeptioneller und technischer Aspekte reflektiert werden. Dies schließt die Adressierung von interoperablen Schnittstellen und Kommunikationsmitteln für einen harmonisierten Informationsaustausch ein. Zudem können die Beziehungen und Abhängigkeiten zwischen verschiedenen Einzelsystemen dargestellt bzw. berücksichtigt werden.

Ferner muss die Verifzierung einer Systemarchitektur, in wie weit die identifizierten Anforderungen und Ziele an das Einzelsystem erfüllt sind, um die Fragestellung erweitert werden, ob die jeweiligen Anforderungen und Ziele im SoS Kontext erfüllt werden können. Infolge der Erweiterung des Anforderungsportfolios eines Einzelsystems um Anforderungen seitens des SoS muss nicht nur die Überprüfung einer internen Konsistenz zwischen einzelnen Systemelementen und deren Anforderungen, sondern auch eine Analyse, inwieweit die Integration eines Einzelsystems in ein SoS erfolgen sein kann.

6.2.5 Lösungsansatz

Der Aufbau der Methodik folgt den Prinzipien und Ansätzen aus den unterschiedlichen Disziplinen, die in den vorangegangenen Kapiteln diskutiert wurden. Um vor diesem Hintergrund die gestellten Aufgaben an die *System Design Methodology* (siehe Kapitel 4.1.2) zu erfüllen, ist die Methodik wie folgt aufgebaut (siehe Abbildung 32).

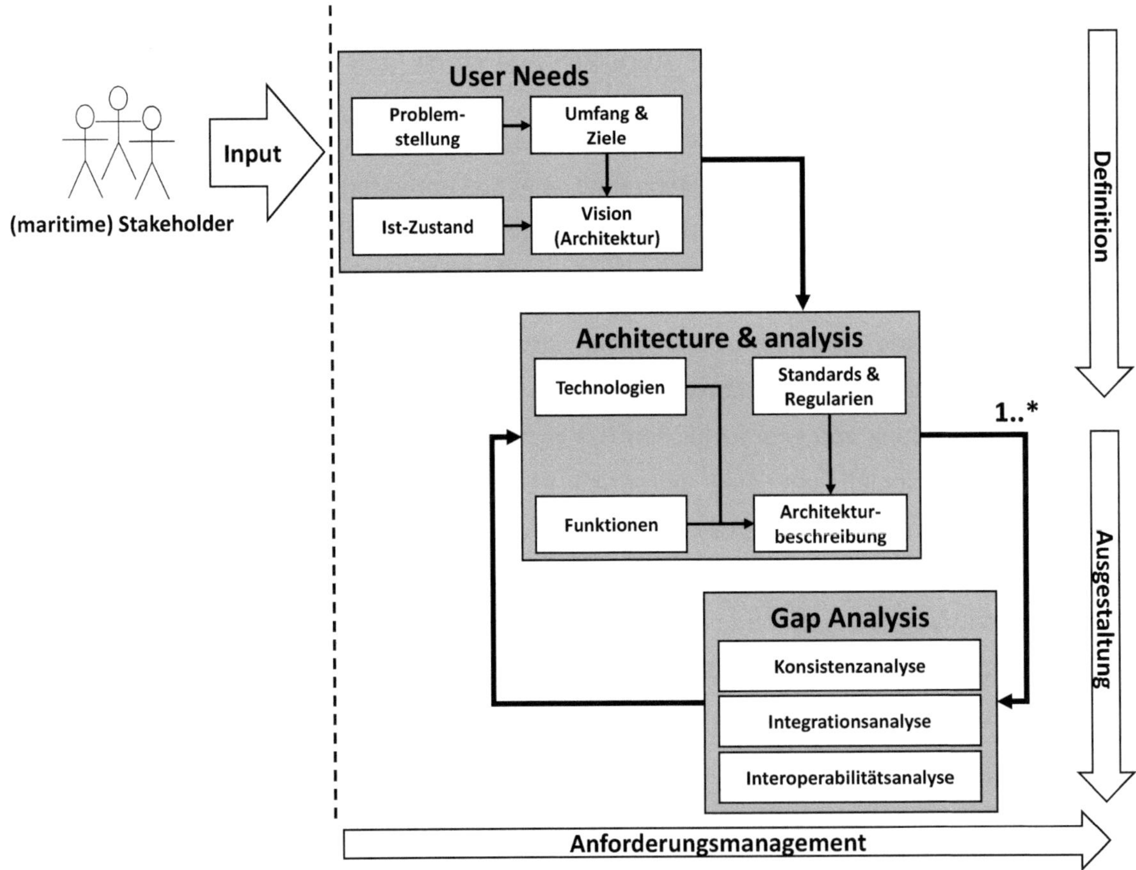

Abbildung 32. Lösungsansatz für die System Design Methodology

Abgeleitet vom Implementierungsprozess für die e-Navigation folgt der hier dargestellte Prozess den Schritten *User Needs, Architecture & analysis* und *Gap Analysis* und verarbeitet die Eingaben von verschiedenen (maritimen) Stakeholdern. Diese Bereiche bauen jeweils aufeinander auf von einer abstrakten Idee zu einer konkreten Architekturbeschreibung. Zudem ermöglicht diese

Anordnung eine inkrementelle Vervollständigung bzw. Optimierung einer Architekturbeschreibung auf Basis eines iterativen Vorgehens. Dieses Vorgehen erfordert eine wechselseitige Beziehung zwischen *Architecture & analysis* und *Gap Analysis*.

Zudem skizziert der Lösungsansatz ein kontinuierliches Anforderungsmanagement während der drei Schritte. Dies geschieht vor dem Hintergrund, dass bei Durchführung jedes Schrittes durch Anwender des MAFs neue Erkenntnisse über die Beziehungen zwischen Architekturelementen und der Systemumgebung gewonnen werden können. Es sollen daher nicht nur die Identifikation der Anforderungen, sondern auch deren Beschreibung und Einordnung hinsichtlich der Architekturperspektiven berücksichtigt werden.

Die drei Schritte bilden sich insgesamt aus der Summe verschiedener Teilelemente, die nachfolgend in Bezug auf deren Aufgabenbereiche innerhalb der Methodik beschrieben werden:

User Needs Dieser Bereich beinhaltet die weiteren Elemente *Problemstellung, Umfang & Ziele, Ist-Zustand* und *Vision (Architektur)*. Das Element *Problemstellung* soll, den anderen Elementen vorgelagert, die initiale Erfassung und formale Beschreibung der Anliegen der Stakeholder ermöglichen. Dazu zählen sowohl Problemstellungen als auch Anforderungen. Gemeinsam mit dem nachfolgend angeordneten Element *Umfang & Ziele* wird hier die Aufgabe *Identifikation von Zielen* (siehe Kapitel 4.1.2) adressiert. Während *Problemstellung* der Anwender die initialen Anliegen der Stakeholder erfassen soll, werden in *Umfang & Ziele* die Systemziele identifiziert bzw. das angestrebte System entsprechend der Funktionalitäten und Einsatzbereiche abgegrenzt.

Das separate Element *Ist-Zustand* soll die strukturierte Erfassung des aktuellen Zustandes der adressierten Systemumgebung ermöglichen. Im Detail bedeutet dies die Beschreibung von gesellschaftlichen Merkmalen wie Organisationsstrukturen und operativen Prozesse sowie relevanten technischen Aspekten und maritimen Charakteristiken innerhalb der Systemumgebung. Dieses Element deckt Teile der Aufgabe *Definition von Ist-Zustand und Vision* (siehe Kapitel 4.1.2) ab.

Als letztes Element in diesem Bereich soll in *Vision (Architektur)* eine abstrakte Systemarchitektur eines sozio-technischen Systems definiert werden und dabei die Informationen über Systemumgebung, Art und Weise des Systems und dessen Ziele aus den vorangegangenen Teilschritten integrieren. Das Element deckt Teile der Aufgabe *Definition von Ist-Zustand und Vision* (siehe Kapitel 4.1.2) ab.

Architecture & analysis Dieser Teil der Methodik beinhaltet die Elemente *Technologien, Standards & Regularien, Funktionen* und darauf aufbauend *Architekturbeschreibung*. Für die beabsichtigte Unterstützung von sowohl bottom-up als auch top-down folgen diese Elemente keiner spezifischen Reihenfolge. In jedem Element sollen die Informationen aus *User Needs* aufgegriffen werden. Obwohl im Allgemeinen beide Entwurfsparadigmen Anwendung finden sollen, ist eine wechselseitige Abhängigkeit zwischen *Technologien, Standards & Regularien* und *Funktionen* zu berücksichtigen. Im Element *Funktionen* sollen die Systemfunktionen auf Basis der definierten Ziele aus *User Needs* abgeleitet und formuliert werden. Im Element *Technologien* sollen technische Komponenten für die Unterstützung der Systemfunktionen bzw. der Systemziele unter Berücksichtigung der technischen Aspekte der Systemumgebung identifiziert und spezifiziert werden. Diese Komponenten können sowohl Hard- und Softwareelemente sein, aber auch unterschiedliche physische Kommunikationswege oder Informations- bzw. Datenmodelle sowie notwendige Kommunikationsprotokolle. Basierend auf den SoS-Charakteristiken für ein „gutes" Einzelsystem als Teil eines SoS sollen die hier adressierten Komponenten die Anforderungen eines breiteren Kontextes zur Gewährleistung von Interoperabilität und Kooperation mit externen Komponenten erfüllen.

Im Element *Standards & Regularien* sollen behördliche bzw. regulative Aspekte sowie standardisierte Vorgaben für Aufbau und Verwendung von sozio-technischen Systemen adressiert werden. Initial wird angestrebt, Regularien, Standards oder andere Richtlinien von der Problemstellung bzw. den Systemzielen sowie aus der existierenden Systemumgebung ableiten zu können. Im späteren iterativen Prozess sollen dann weitere Regularien basierend auf den Ergebnissen der *Gap Analysis* der Architekturbeschreibung hinzugefügt werden.

Die vorangegangenen Elemente bilden die Basis für die Erstellung bzw. Optimierung einer *Architekturbeschreibung* inkl. Architekturentwurf.

Gap Analysis In diesem Bereich soll der jeweilige Architekturentwurf in unterschiedlicher Art und Weise verifiziert werden. Hierfür werden separate Vorgehensmodelle abhängig von der entsprechenden Analyseform innerhalb der *System Design Methodology* adressiert. Dazu zählen die Analyseformen: *Konsistenzanalyse*, *Interoperabilitätsanalyse* und *Integrationsanalyse*.

In der *Konsistenzanalyse* soll ein Architekturentwurf, als Teil der Architekturbeschreibung aus *Architecture & analysis*, dahingehend analysiert werden, ob eine allgemeine Konsistenz zwischen den Systemelementen und den unterschiedlichen Betrachtungsebenen sowie mit den Systemanforderungen aus *User Needs* gewährleistet ist.

Die Analyseform *Integrationsanalyse* soll insbesondere die Überprüfung ermöglichen, inwieweit ein neues System in eine existierende Systemumgebung integriert werden kann, um ein bestehendes System zu ersetzen. Hierfür sollen die Anforderungen des zu ersetzenden Systems gemeinsam mit der Zielarchitektur bzw. der Systemumgebung betrachtet werden.

Die Analyseform *Interoperabilitätsanalyse* soll die Architekturbeschreibung dahingehend betrachten, ob ein harmonisierter Informationsaustausch mit weiteren Systemen in einer gemeinsamen Systemumgebung, also im SoS Kontext, möglich ist.

Die hier dargelegten Analyseformen werden in der MAF-Komponente *Analysis* aufgegriffen und umgesetzt (siehe Kapitel 6.4.2).

Anforderungsmanagement Parallel zur Durchführung aller drei Prozessschritte soll ein übergeordnetes Anforderungsmanagement in die Methodik integriert werden. Hierfür wird die MAF-Komponente *Requirements Management* verwendet (siehe Kapitel 6.4.1).

Die Ausgestaltung des hier skizzierten Lösungsansatzes erfolgt in den nachfolgenden Abschnitten.

6.3 Aufbau der System Design Methodology

Die Realisierung der *System Design Methodology* basiert auf dem Lösungsansatz aus Kapitel 6.2.5. Nachfolgend werden die Entwicklungsschwerpunkte benannt, bevor im Anschluss die Realisierung dieser beschrieben wird.

Ausgehend von Konzept und Lösungsansatz sind verschiedene Entwicklungsschwerpunkte identifiziert worden, die nachfolgend gelistet sind:

- **Unterstützung verschiedener Nutzergruppen**
  Für die Adressierung unterschiedlicher Wissensbasen in der *System Design Methodology* müssen die in die Entwicklung einer maritimen Systemarchitektur involvierten Nutzer in Nutzergruppen klassifiziert werden.
- **Bereitstellung eines Vorgehensmodells**
  Die Umsetzung der *System Design Methodology* muss möglichst anwendungsorientiert sein. Es sollen die Aspekte aus den unterschiedlichen Engineering Disziplinen zur Erstellung eines Prozesses zur Erstellung von Architekturbeschreibungen berücksichtigt werden sowie die Entwicklungsschwerpunkte priorisiert adressiert werden.
- **Kontextualisierung unterschiedlicher Systeme**
  Die Kontextualisierung von Systemarchitekturen miteinander und mit der adressierten Systemumgebung muss innerhalb der *System Design Methodology* erfolgen, um die Grundlage für die Identifikation von Interoperabilitätsaspekten zu legen.
- **Unterstützung mehrerer Architekturperspektiven**
  Zur Darstellung der Systemarchitekturen in Einklang mit den verschiedenen Ebenen aus der IMO e-Navigation-Architektur ist es notwendig, dass die Methodik die Erstellung von unterschiedliche Architekturperspektiven unterstützt.
- **Anforderungsmanagement**
  Die erfassten Anforderungen sollen jeweils den unterschiedlichen Architekturperspektiven zugeordnet werden können bzw. auf diese Perspektiven abstrahiert werden.
- **Analysefähigkeit**
  Zur Beantwortung unterschiedlicher Fragestellungen soll die Analyse betrachteter Systemarchitekturen inklusive SoS Kontext hinsichtlich Konsistenz, Integrationsmöglichkeiten und Interoperabilität ermöglicht werden.

Nachfolgend wird die Unterstützung der verschiedenen Nutzergruppen in einem eigenen Abschnitt beschrieben. Im Anschluss daran wird ein Vorgehensmodell auf Basis des zuvor beschriebenen Lösungsansatzes eingeführt und beschrieben. Innerhalb dieses Vorgehensmodells werden die verbleibenen Entwicklungsschwerpunkte entsprechend adressiert. Die Aspekte für ein Anforderungsmanagement und Analysefähigkeit werden aufgrund ihrer Komplexität als eigene MAF-Komponenten realisiert und in Kapitel 6.4 beschrieben.

6.3.1 Unterstützung verschiedener Nutzergruppen

In der maritimen Domäne existiert eine Vielzahl an Nutzern mit unterschiedlichen Bedürfnissen und Anliegen. Die Beschreibung eines sozio-technischen maritimen Systems adressiert unterschiedliche Kompetenzbereiche. Daher werden die Nutzer, als eine Teilsumme maritimer Stakeholder, je nach Kompetenz und Wissensbasis in Gruppen klassifiziert und in der Methodik berücksichtigt. Es wird zwischen den folgenden Nutzergruppen unterschieden:

- **Business**
  Diese Gruppe umfasst Projektmanager und weitere höherrangige Entscheidungsträger sowie Unternehmensarchitekten. In der Nutzergruppe wird vornehmlich die konzeptionelle sowie die funktionale Architekturperspektive adressiert. Der Gruppe werden Nutzer zugeordnet, die Kompetenzen in der Beschreibung von operativen Zielen bzw. Funktionen und Prozessen aufweisen, ohne dabei technische Aspekte im Detail zu kennen. Die Aufgaben dieser Nutzergruppen sind sowohl die Definition der übergeordneten Systemziele sowie die Beschreibung der Art und Weise des Systems bzw. des Systemumfangs. Zudem ist die Nutzergruppe verantwortlich für die Identifikation von technologieunabhängigen Systemfunktionen und -prozessen.
- **Engineer**
  In dieser Nutzergruppe werden Nutzer mit einem detaillierten technischen Sachverstand gekapselt. Diese Nutzergruppe beinhaltet u.a. Systemingenieure, Systemdesigner oder Softwareentwickler. Diese Nutzergruppe ist verantwortlich für die Beschreibung einer Architektur von einer technischen Perspektive.
- **Consumer**
  Diese Nutzergruppe kapselt potenzielle Anwender bzw. Nutzer mit maritimen Fachkenntnissen. Sie besitzen im Allgemeinen kein detailliertes Fachwissen über den Aufbau einer Systemarchitektur, aber sind verantwortlich für die Definition von Anforderungen an ein System bzw. für die Beschreibung einer initialen Problemstellung innerhalb der maritimen Domäne. Dieser Gruppe zugeordnete Nutzer sollen die anderen Nutzergruppen auf Basis ihres maritimen Sachverstandes unterstützen, um dadurch domänenrelevante Aspekte identifizieren helfen. Bereitgestellte Informationen aus dieser Nutzergruppe werden der konzeptionellen Architekturperspektive zugeordnet.

Das Wirken der Nutzergruppen mit den unterschiedlichen Expertisen in Zusammenhang mit den jeweiligen Architekturperspektiven der e-Navigation ist in Abbildung 33 zusammengefasst.

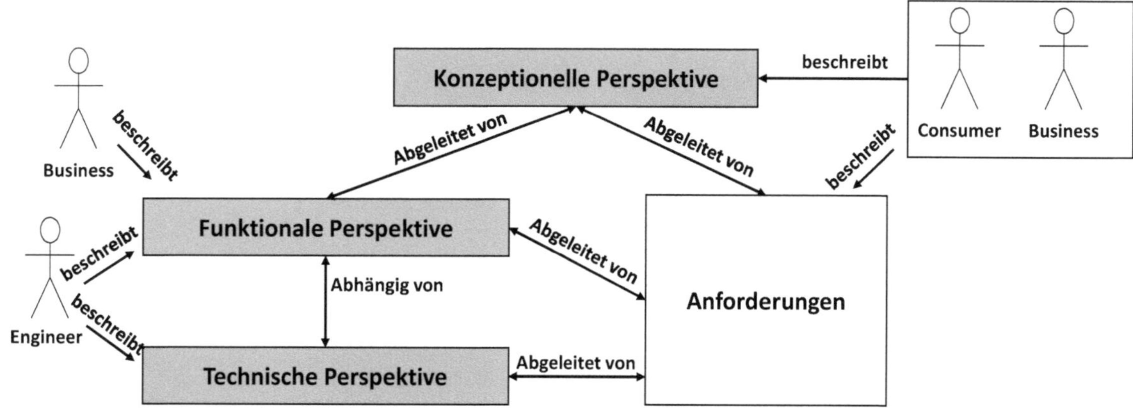

Abbildung 33. Die Nutzergruppen des MAF in Verbindung mit den jeweiligen Architekturperspektiven

6.3.2 Vorgehensmodell zur Architekturbeschreibung

Das Vorgehensmodell zur Erstellung einer Architekturbeschreibung folgt dem Lösungsansatz aus Kapitel 6.2.5. Es werden die zuvor genannten Entwicklungsschwerpunkte berücksichtigt. So adressiert das Vorgehensmodell für die Kontextualisierung unterschiedlicher Systeme das in Kapitel 5 eingeführte *Structural Framework*. Dadurch wird eine Einordnung sowohl in den maritimen als auch operativen Kontext von unterschiedlichen Perspektiven und unter Berücksichtigung von Interoperabilitätsaspekten mit der jeweiligen SoS Umgebung ermöglicht. Zudem wird dadurch auch die Unterstützung der erforderlichen Architekturperspektiven bei der Darstellung der Architektur möglich. Abbildung 34 stellt das Vorgehensmodell aus einer prozessorientierten Sicht schematisch dar. Es beinhaltet unterschiedliche Elemente wie Problemstellung, Umfang & Ziele und weitere als Teil der Methodik. Das Vorgehensmodell vereint in seiner Gesamtheit zudem ein kontinuierliches Anforderungsmanagement und berücksichtigt die Durchführung von Analysen.

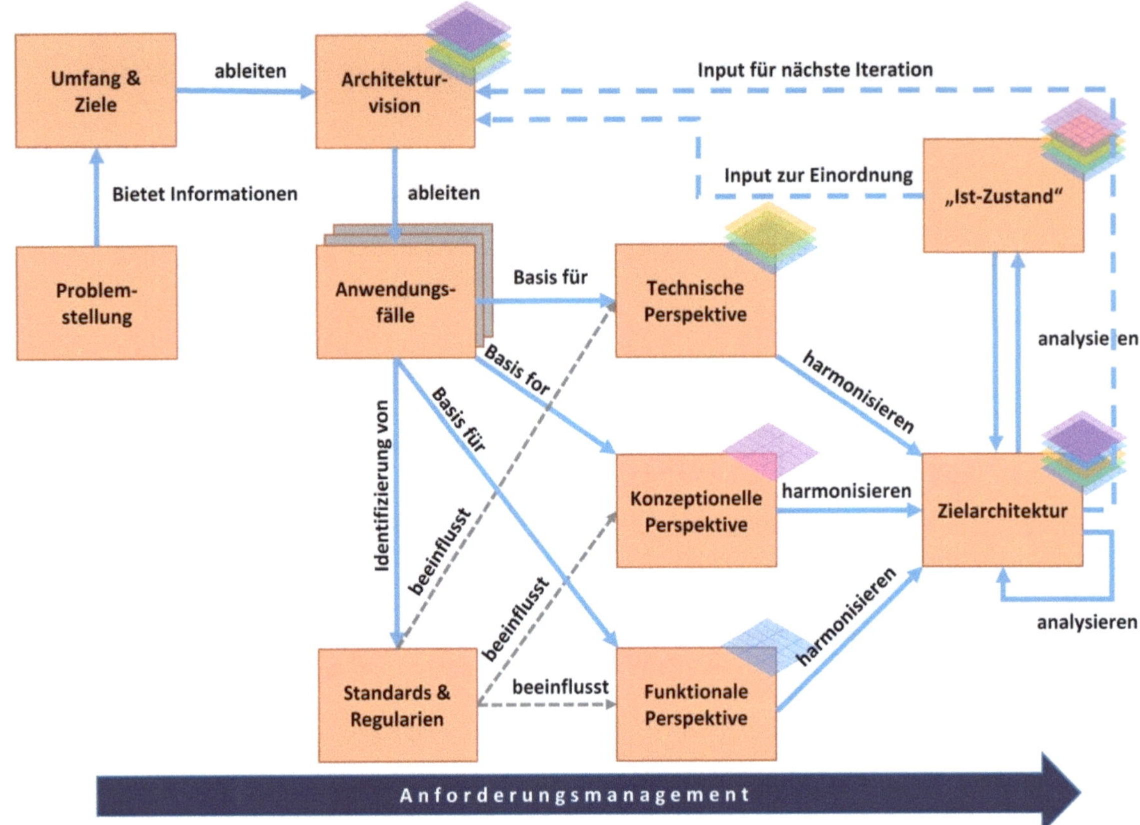

Abbildung 34. Prozessorientierte Sicht auf die System Design Methodology

Dieser Prozess zur Erstellung einer Architekturbeschreibung ermöglicht sowohl ein top-down als auch bottom-up Vorgehen zur Erstellung einer Architekturbeschreibung. In den nachfolgenden Abschnitten wird das Vorgehensmodell näher erläutert und die jeweiligen Elemente den zuvor identifizierten Schritten *User Needs*, *Architecture and analysis* und *Gap Analysis* zugeordnet.

Jedes Element wird nachfolgend hinsichtlich seiner Funktionalität in Verbindung mit der jeweiligen daraus resultierenden konzeptionellen Datenstruktur für eine formale Erfassung der unterschiedlichen Informationen beschrieben. Die zusätzliche Darstellung einer Datenstruktur ermöglicht die Übertragung des MAFs in die praktische Anwendung. Unter Verwendung der Datenstrukturen werden Entwurfsvorlagen gebildet, die u.a. für die Evaluation des Architekturframeworks verwendet werden (siehe Anhang A.2 - A.6). Aus dem Vorgehensmodell und der daraus resultierenden Datenstrukturen der jeweiligen Elemente sowie der MAF-Komponenten resultiert zudem das Metamodell, auf das in Kapitel 7 eingegangen wird.

6.3.2.1 User Needs

Nachfolgend werden alle Elemente, die dem Schritt *User Needs* der *System Design Methodology* zugeordnet sind, hier beschrieben. Wie in Abbildung 46 hervorgehoben sind dies: *Problemstellung, Umfang & Ziele, Architekturvision* und *Ist-Zustand*. Zudem wird im Zuge dessen das *Structural*

Framework zur Darstellung des Ist-Zustandes verwendet.

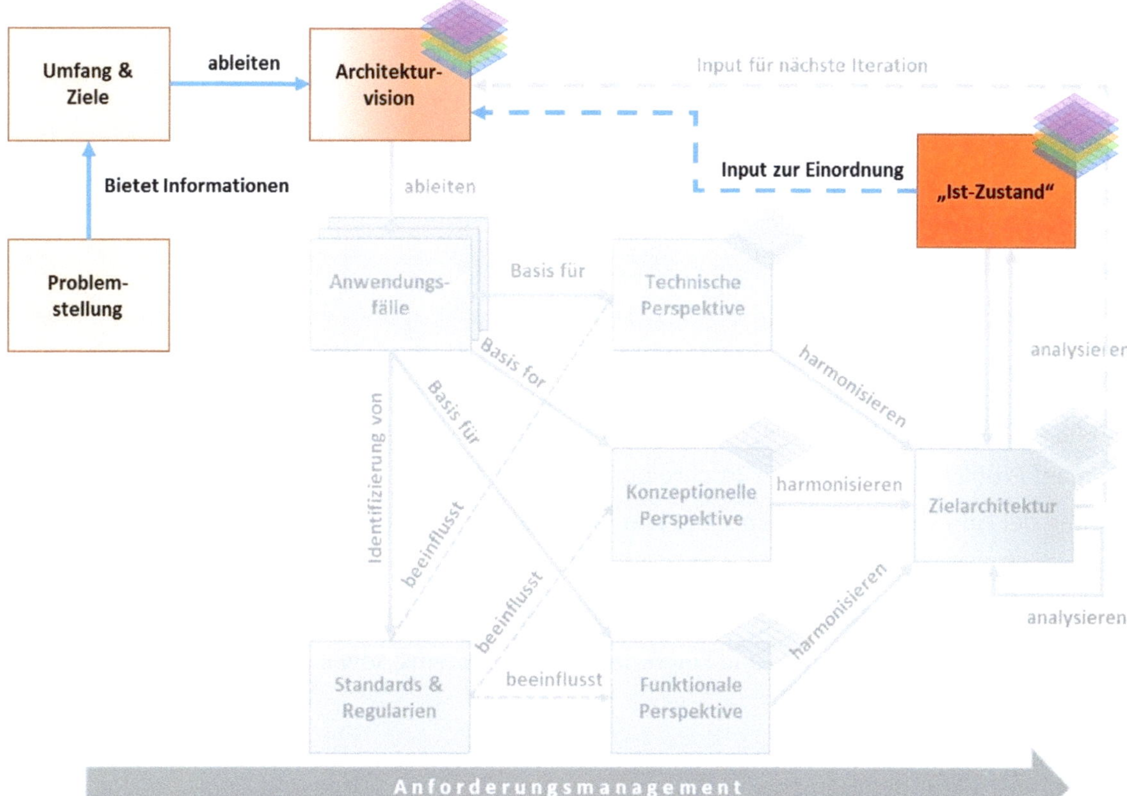

Abbildung 35. Der Schritt *User Needs* mit seinen Elementen

Problemstellung Das Element *Problemstellung* bildet den Startpunkt der Methodik. Es ermöglicht die Kapselung der initialen Informationen über das adressierte Problem von einer konzeptionellen, nicht-technischen Perspektive. Es besteht aus den Unterelementen *Problem* für eine formale Erfassung der Problemstellung sowie *Anspruch* für die Erfassung und Beschreibung von Nutzeransprüche an ein potentielles System (siehe Abbildung 36). Die konzeptionelle Datenstruktur des Elements besteht, analog zu den entsprechenden untergeordneten Elementen, aus den Entitätstypen *Problem Definition* und *Demands* und ist in Abbildung 46 abgebildet. Wie in der Datenstruktur zu sehen, wird zur formalen Beschreibung der Probleme sowie der Ansprüche von jeweils Name und Beschreibung erfasst.

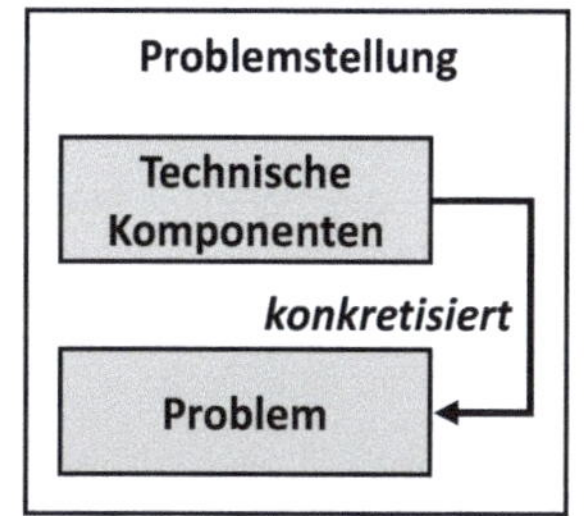

Abbildung 36. *Problemstellung*

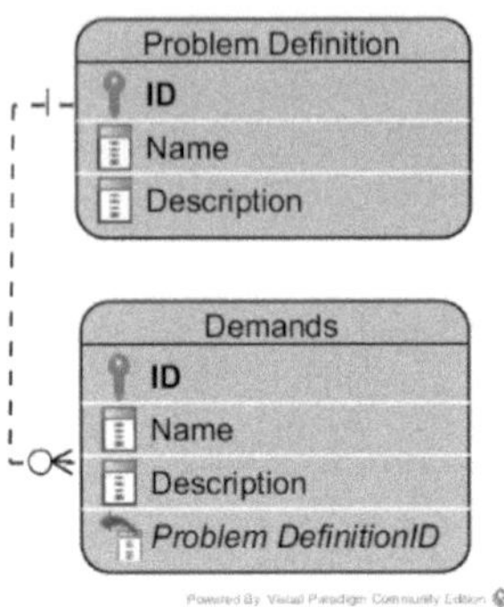

Abbildung 37. Datenstruktur der Entitäten des Elements *Problemstellung (Problem Statement)*

Umfang & Ziele Dieses Element adressiert die Übertragung der Ansprüche und Probleme aus dem Element *Problemstellung* in eine Beschreibung von Umfang und Art sowie Ziele eines Systems zur Lösung der adressierten Probleme. Die hier erfassten Informationen setzen sich zusammen aus funktionalen- und konzeptionellen Aspekten. Zudem können auch technische Aspekte eines Systems berücksichtigt werden. Das Element setzt sich zusammen aus den untergeordneten Elementen *Umfang*, für die Ab- und Eingrenzung eines Systems, sowie *Ziele* zur Beschreibung der Systemziele.

Die Datenstruktur des Elements besteht aus den Entitätstypen *Scope* und *Goals*, analog zu den entsprechenden Elementen, und ist in Abbildung 38 abgebildet. Während der Entitätstyp *Scope* lediglich Name und Beschreibungen eines Umfangs zur Ab- bzw. Eingrenzung von Systemen erfordert, besitzt Goals eine direkte Abhängigkeit zu den jeweils dem System zuzuordnenten Ansprüchen, die im Element *Problemstellung* erfasst werden. Zudem werden zur Gewährleistung einer weiteren Nachverfolgbarkeit der Systemziele während der Erstellung einer Architekturbeschreibung diese der jeweiligen Systemarchitektur zugeordnet.

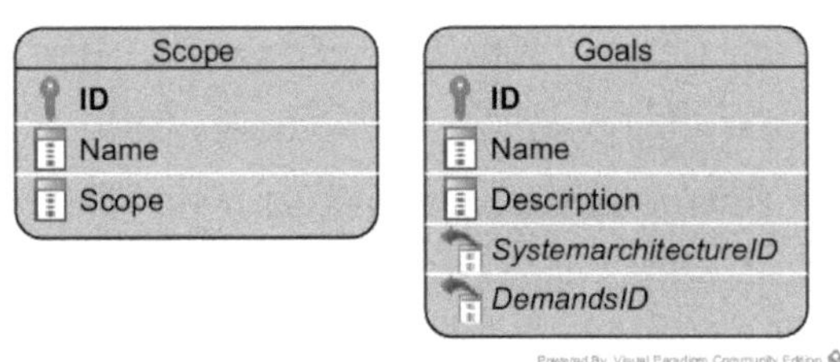

Abbildung 38. Datenstruktur der Entitäten des Elements *Scope & Goals*

Architekturvision Dieses Element folgt dem Element *Umfang & Ziele*. In diesem Element werden unter Verwendung der zuvor erfassten Informationen mit Bezug zu Ansprüchen und formulierten Zielvorgaben an das System, erste Architekturelemente des Zielsystems innerhalb der unterschiedlichen Dimensionen und Kategorien des *Structural Frameworks* eingeordnet. Dadurch wird es den Nutzern ermöglicht, ein gemeinsames Verständnis über das betrachtete System zu gewinnen. Ferner können so die jeweiligen Architekturperspektiven sowie die maritimen

Charakteristiken berücksichtigt werden. Das Ziel ist es zudem, den Nutzern die Darstellung der ersten Idee einer Systemarchitektur im Kontext der jeweiligen adressierten Systemumgebung zu betrachten, um so potentielle Lücken und Überschneidungen mit bestehenden Systemen zu identifizieren. Die Datenstruktur des Elements ergibt sich dabei im Wesentlichen aus den Anforderungen zur Erstellung eines Architekturmodells mit dem *Structural Framework* und spiegelt entsprechend dessen Datenmodell wieder (siehe Kapitel 5.4).

Ist-Zustand Innerhalb der Methodik besitzt das Element keinen direkten Vorgänger, sondern ist parallel zu *Problemstellung* und *Umfang & Ziele* eingeordnet, bevor die über diesen Schritt bzw. Element erfassten Informationen innerhalb des Elements *Architekturvision* adressiert werden. Dieses Element ermöglicht die formale Beschreibung der Systemumgebung aus technischer, konzeptioneller und funktionaler Sicht.

Das Element besteht aus sechs Unterelementen, die insgesamt die Interoperabilitätsebenen des *Structural Frameworks* widerspiegen (siehe Abbildung 39).

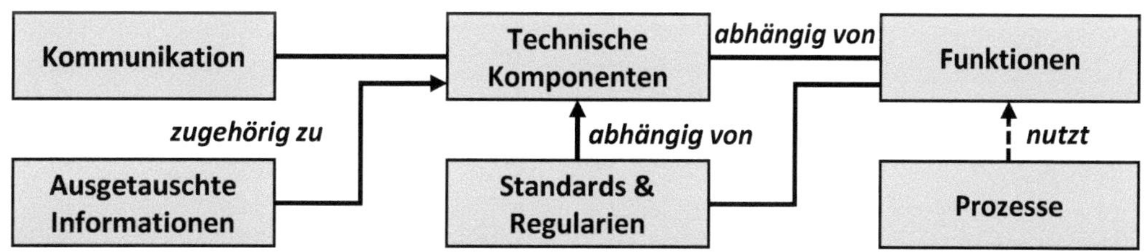

Abbildung 39. Das Element *Ist-Zustand*

Für die Beschreibung der technischen Aspekte einer Systemumgebung wird das Element *Technische Komponenten* verwendet. Information über den Informationsfluss bzw. über die verwendeten Kommunikationsprotokolle werden über die Elemente *Ausgetauschte Informationen* und *Kommunikation* ergänzt. Zur Erfassung von Eigenschaften der Systemumgebung über Betrieb und Verwendung aus regulativer Sicht wird das Element *Standards & Regularien* verwendet. Die innerhalb der Systemumgebung bestehenden Funktionalitäten werden über das Element *Funktionen* erfasst. Je nach der Granularität der Betrachtungsebene können hiervon operative- oder konzeptionelle Prozesse im Element *Prozesse* näher beschrieben werden. Die innerhalb dieser Elemente beschriebenen Architekturelemente stehen in einer wechselseitigen Beziehung zueinander. Das heißt, ähnlich der Konsistenzregeln des *Structural Frameworks* (siehe Kapitel 5.3.4) kann keine technische Komponente, Funktion oder eine regulative Vorgabe für sich alleinstehen, sondern muss immer dem jeweiligen anderen Aspekt zugeordnet sein. Dabei ist es jedoch unerheblich, ob initial bottom-up technische Aspekte benannt werden oder top-down die Beschreibung der Systemumgebung über die Elemente *Standards & Regularien* bzw. *Funktionen* beginnt.

Nach Erfassung des Ist-Zustandes kann der Soll-Zustand („*Architekturvision*") in der vorgesehenen

Systemumgebung betrachtet werden, um erste Lücken und Überschneidungen auf verschiedenen Interoperabilitätsebenen für eine Verwendung des Systems in der adressierten Systemumgebung zu identifizieren. Hierbei soll, sofern möglich, das *Structural Framework* verwendet werden, um an dieser Stelle bereits die verschiedenen Architekturperspektiven sowie die maritimen Charakteristiken für die Erfassung von zusätzlichen Anforderungen berücksichtigen zu können. Der Vergleich von Soll- und Ist-Zustand wird über die MAF-Komponente *Analysis* in Kapitel 6.4.2 weiter beschrieben.

Die Datenstruktur des Elements *Ist-Zustand* ergibt sich im Wesentlichen aus den Anforderungen zur Erstellung eines Architekturmodells mit dem *Structural Framework* und spiegelt entsprechend dessen Datenmodell wieder (siehe Kapitel 5.4).

6.3.2.2 Architecture & analysis

Die Elemente *Anwendungsfälle, Standards & Regularien, Technische Perspektive, Konzeptionelle Perspektive, Funktionale Perspektive* und *Zielarchitektur* sind dem Schritt *Architecture & analysis* der *System Design Methodology* zugeordnet.

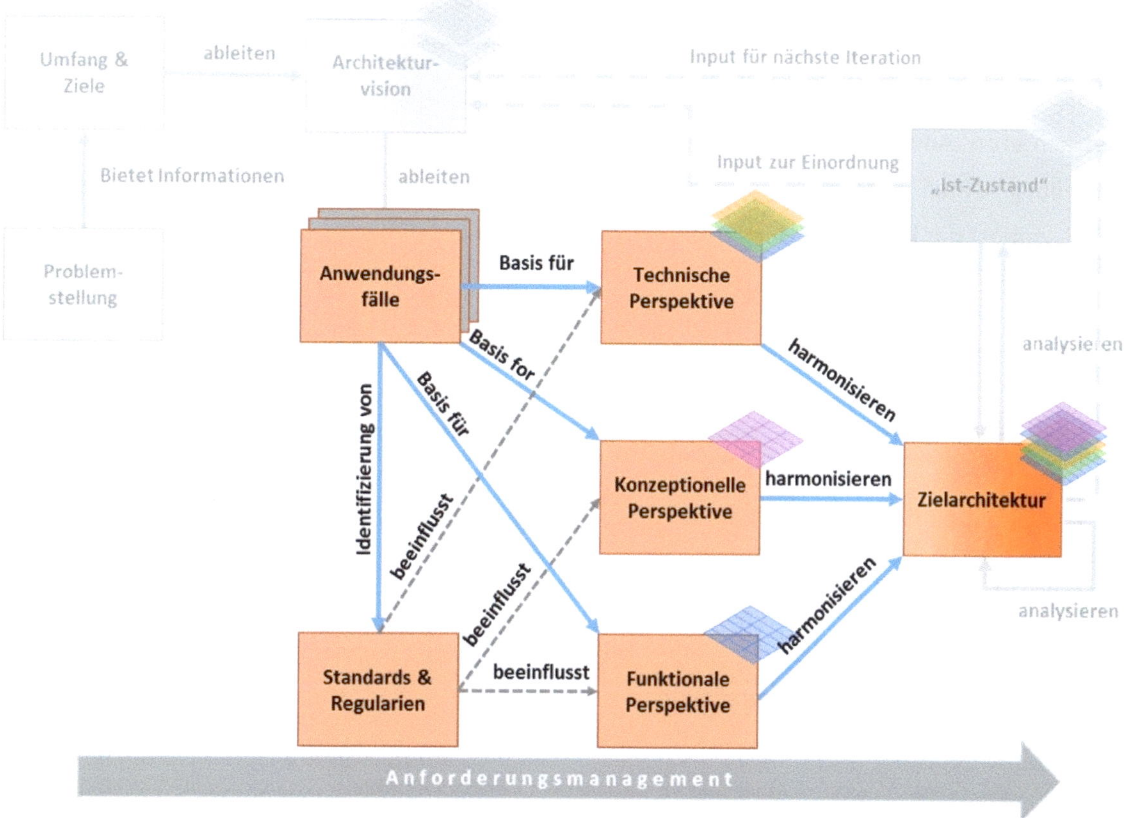

Abbildung 40. Der Schritt *Architecture & analysis* und seine Elemente

Anwendungsfälle Dieser Entwurf des Soll-Zustandes sowie die vorangegangenen Beschreibungen bilden die Basis für die Erstellung von 1 bis n Anwendungsfälle zur detaillierteren Beschreibung der Systemanwendung und zur Schließung der Lücke zwischen der Beschreibung der Problemstellungen und Ziele mit der abgeleiteten Systemarchitektur. Der vorgegebene Aufbau der Anwendungsfälle basiert auf der Struktur für Anwendungsfälle aus IEC 62559 [Iec615], ist jedoch für eine Verwendung innerhalb der maritimen Domäne angepasst worden. Als Standard zur Erfassung und Beschreibung von Anwendungsfällen bietet IEC 62559 domänenübergreifende Konventionen, die hier berücksichtigt werden sollen. Durchgeführte Anpassungen basieren auf den Erfahrungen, die durch Anwendung der Anwendungsfallsstruktur des Standards bei Partnern aus Industrie und Forschung aus der maritimen Domäne gemacht wurden (siehe Kapitel 8.2). Die Struktur zur Erfassung von Anwendungsfällen unterstützt eine umfassende Beschreibung des Systemverhaltens in verschiedenen Anwendungsszenarien unter Berücksichtigung der topologischen Struktur und der beteiligten Akteure.

Abbildung 41 stellt den Aufbau des Elements schematisch dar. Die textuelle Beschreibung sowie die im Anwendungsfall adressierten Systemziele werden in den Unterelementen *Ziele* und *Beschreibung* abgeleitet. Ergänzend hierzu werden in Szenarien aus der Beschreibung des Anwendungsfalles unterschiedliche Erfolgs- bzw Ausfallszenarien beschrieben. Je nach dem durch die Nutzer angestrebten Detaillierungsgrad ist es erforderlich, Szenarien durch im Detail zu erfassen. Dieser Aspekt wird im Unterelement Schritt *für Schritt Analyse* adressiert. Ergänzend hierzu werden, wechselseitig abhängig von dem Element *Ziele*, Akteure über das Element *Akteure* erfasst. Das Element *Auslöser* bietet für die formale Erfassung von auslösenden Ereignissen des betrachteten Anwendungsfalls eine Struktur zur Beschreibung an. In Summe wird so die Erstellung einer allgemeinen Anwendungsfallbeschreibung ermöglicht. Hierauf basierend repräsentiert das Element *UML-Diagramm* optional die Abbildung der erfassten Anwendungsfälle in multiplen Diagrammtypen.

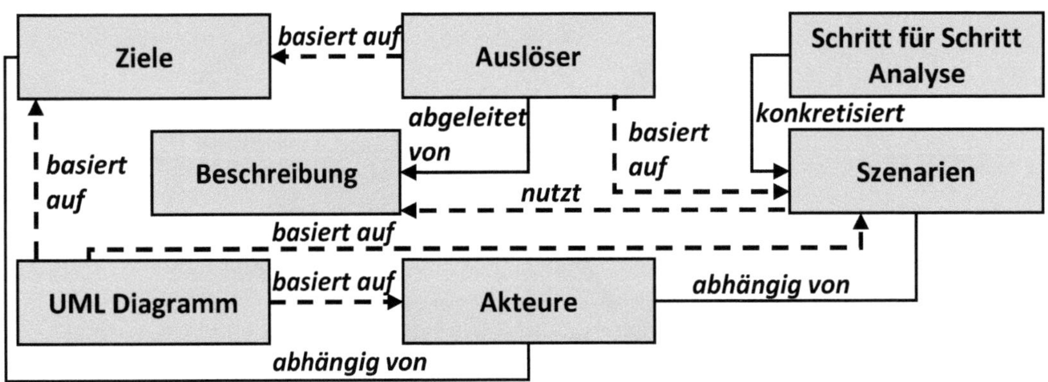

Abbildung 41. Das Element *Anwendungsfälle*

In Abbildung 42 ist die Datenstruktur des Elements mit den jeweiligen Unterelementen als eigenständige Entitätstypen abgebildet. Im Vergleich zu Abbildung 41 sind in dieser Darstellung unterstützende Hilfstabellen und die Relationen zwischen den Elementen berücksichtigt. Die Datenstrukturen der unterschiedlichen UML-Diagramme, welche optional für einen Anwendungsfall erstellt werden können, werden hier nicht berücksichtigt.

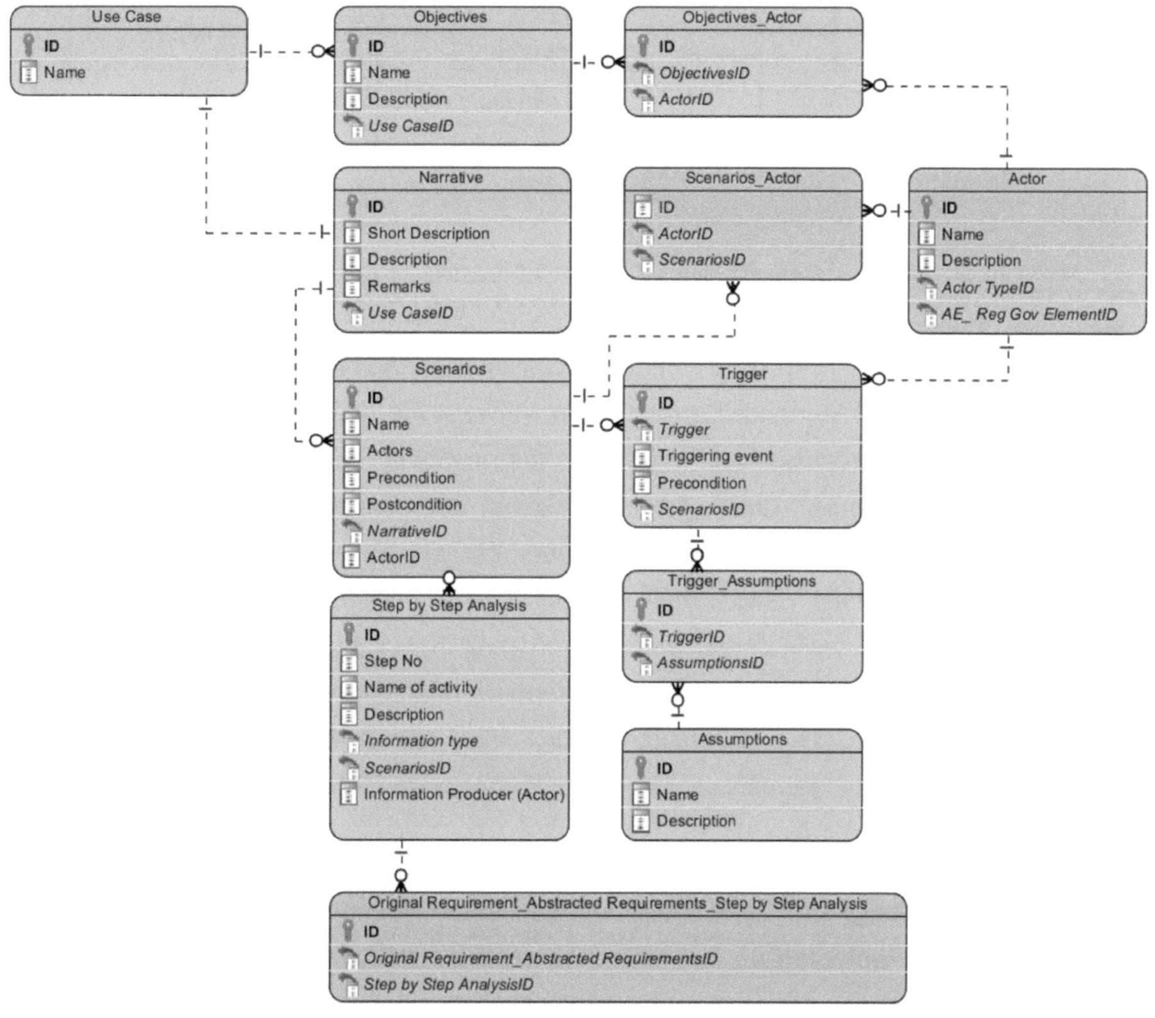

Abbildung 42. Konzeptionelle Datenstruktur des Elements *Anwendungsfälle*

Standards & Regularien,

Technische Perspektive,

Konzeptionelle Perspektive,

Funktionale Perspektive,

Zielarchitektur Diese Elemente kapseln in Summe die formale Beschreibung und Abbildung einer Systemarchitektur in drei unterschiedlichen Perspektiven, um daraus die Zielarchitektur zu bilden. Hierfür werden die erfassten Informationen aus dem Vorgängerelement *Anwendungsfälle* verwendet. Zur Erfassung der Informationen für eine anschließende Darstellung der Zielarchitektur wird die im vorangegenagenen Kapitel 6.3.2.1 beschriebene Struktur des Ist-Zustandes verwendet (siehe Abbildung 43). Die *Standards & Regularien* werden aus dem Element *Anwendungsfälle* zugeordnet und repräsentieren die *Konzeptionelle Perspektive* der Zielarchitektur. Die abgebildeten Elemente *Technische Komponenten, Kommunikation* und *Ausgetauschte Informationen* bilden die *Technische Perspektive* der Zielarchitektur. *Funktionen* und *Prozesse* repräsentieren die Aspekte der *Funktionalen Perspektive*.

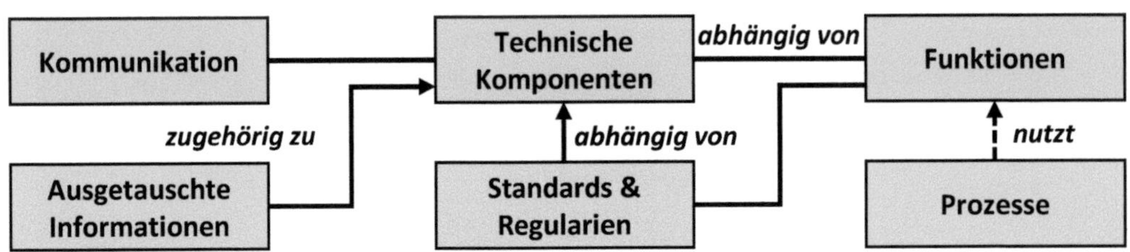

Abbildung 43. Zusammenspiel der Elemente Standards & Regularien, Technische Perspektive, Konzeptionelle Perspektive, Funktionale Perspektive

Die Transition der Architekturelemente der jeweiligen Architekturperspektiven in einem gemeinsamen Architekturmodell erfolgt unter Verwendung des *Structural Frameworks*. Dies erfordert die Zuordnung der erfassten Informationen auf dessen entsprechenden Interoperabilitätsebenen. Unter Berücksichtigung der Zuordnungsregeln des *Structural Frameworks* wie in Kapitel 5.3.4 beschrieben, können die Architekturelemente auf den Interoperabilitätsebenen eingeordnet werden (vgl. Abbildung 24). Die Bildung der Architekturelemente sowie deren spätere Anordnung in Beziehung zueinander kann äußeren Vorgaben über Aufbau und Struktur der Systemarchitektur folgen. Die Berücksichtigung von Anforderungen an die Systemarchitektur wie etwa Architekturparadigmen oder Referenzarchitekturen werden in der MAF-Komponente *Design Rules* in Kapitel 6.4.3 beschrieben.

Die zur Beschreibung und Einordnung der Architekturelemente erforderliche Datenstruktur ergibt sich im Wesentlichen aus den Anforderungen zur Erstellung eines Architekturmodells mit dem *Structural Framework* und spiegelt entsprechend dessen Datenmodell wieder (siehe Kapitel 5.4).

6.3.2.3 Gap Analysis

Wie in Abbildung 44 zu sehen, spiegelt sich der Prozessschritt *Gap Analysis* der *System Design Methodology* in einer internen Betrachtung der Zielarchitektur sowie im Kontext mit dem Ist-Zustand wieder. Durch die Vereinigung der verschiedenen Architekturperspektiven im *Structural Framework* entsteht eine gemeinsame Sicht auf die dargestellte Systemarchitektur und ermöglicht so verschiedene Analysen unter Miteinbeziehung der unterschiedlichen Architekturperspektiven. So kann beispielsweise die abgebildete Systemarchitektur auf interne Konsistenz überprüft werden. D.h., sollten sich einzelne Elemente zwischen den Ebenen nicht ohne weiteres zuordnen lassen, ist eine potenzielle Inkonsistenz erkannt worden und entsprechende Schritte können in der nächsten Iteration unternommen werden. Zudem kann die Systemarchitektur in Kontext der Systemumgebung („*Ist-Zustand*") betrachtet werden, um dahingehend weitere zu erfüllende Anforderungen abzuleiten oder Interoperabilitätsaspekte zu identifizieren. Die Vorgehensmodelle für die Analysen ist Bestandteil der MAF-Komponente *Analysis* und wird in Kapitel 6.4.2 beschrieben.

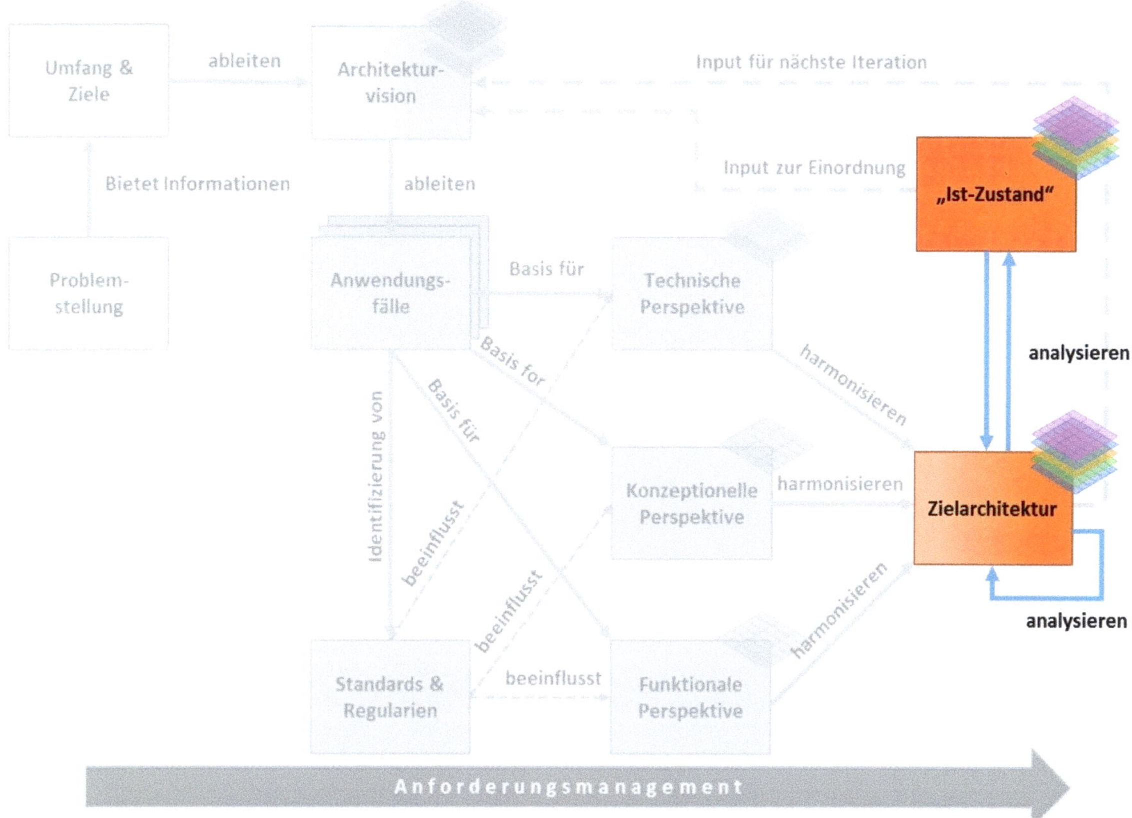

Abbildung 44. Analyse innerhalb des Vorgehensmodells

6.3.2.4 Anforderungsmanagement

Das MAF unterstützt im Rahmen der MAF-Komponente *Requirements Management* ein kontinuierliches Anforderungsmanagement als Bestandteil des Vorgehensmodells (siehe Abbildung 45). Die unterschiedlichen Sichtweisen der Nutzergruppen bzw. deren unterschiedlichen Wissensbasen erschweren eine gemeinsame Definition von Systemanforderungen. Jede Nutzergruppe hat eine eigene, von anderen Nutzergruppen abweichende, Fachexpertise. Daher kann angenommen werden, dass Nutzer verschiedener Nutzergruppen eine unterschiedliche Auffassung bzw. ein anderes Verständnis von den Systemanforderungen haben. Daher bietet das Anforderungsmanagement einen Prozess zur Erfassung und Einordnung von Anforderungen, ausgehend von den unterschiedlichen Interoperabilitätsebenen des *Structural Frameworks,* und eine nachfolgende Abstraktion von Anforderungen, die den Charakteristiken der verbleibenden Interoperabiltitäsebenen entsprechen (z.B. die Ableitung einer technischen Anforderung auf Basis einer identifizierten Anforderung an die Funktionalität des Systems). So soll eine gemeinsame Diskussionsbasis zwischen Nutzern mit unterschiedlichen Fachexpertisen gewährleistet werden. Dieser Ansatz ist angelehnt an dem *Requirements Abstraction Model* [ToCl05]. Das genannte Vorgehensmodell wird im Rahmen der MAF-Komponente *Requirements Management* in Kapitel 6.4.1 eingeführt.

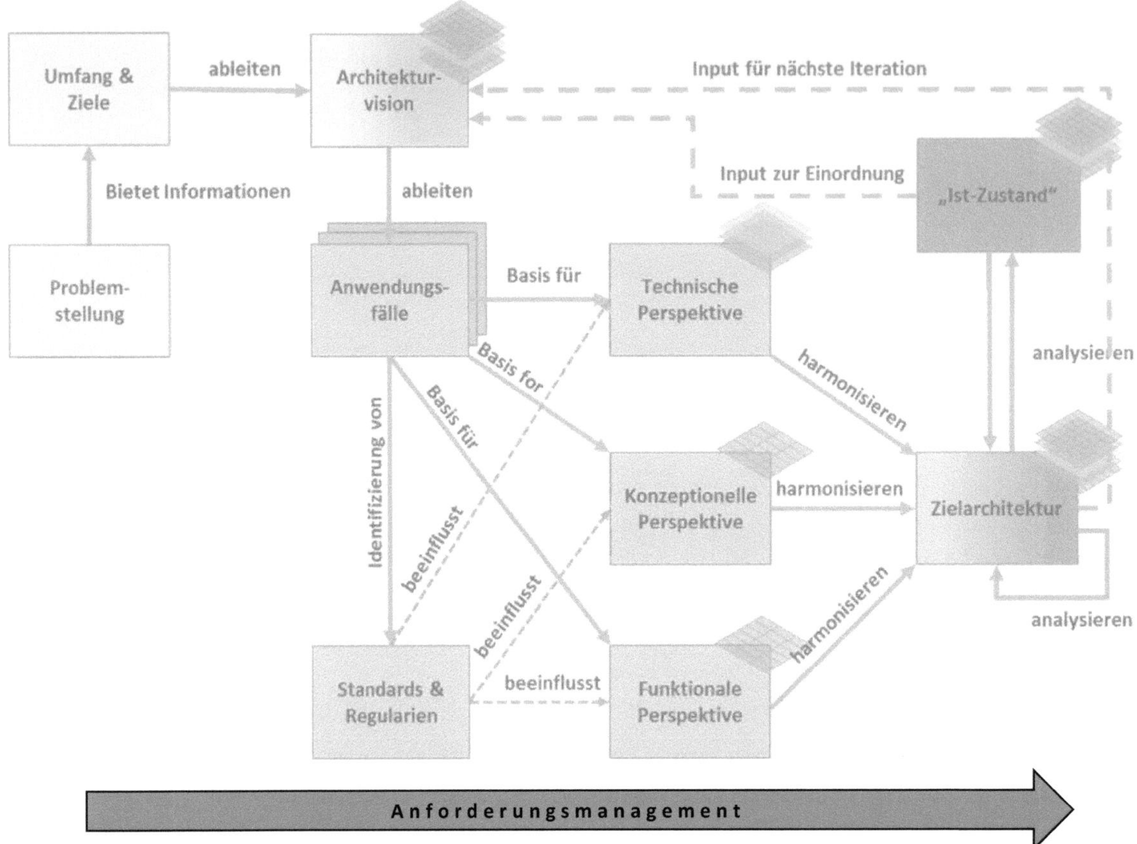

Abbildung 45. Das Anforderungsmanagement im Vorgehensmodell der *System Design Methodology*

6.4 MAF-Komponenten

Die innerhalb der Methodik adressierten MAF-Komponenten *Requirements Management*, *Analysis* und *Design Rules* werden nachfolgend hinsichtlich Funktion und Einsatz beschrieben.

6.4.1 MAF-Komponente *Requirements Management*

Die Erfassung und Beschreibung von Systemanforderungen ist in der MAF-Komponente *Requirements Management* gekapselt. Diese Komponente wird als ein Vorgehensmodell zur Erfassung und Beschreibung von Anforderungen verstanden. Anforderungen werden im Allgemeinen auf Basis der Anliegen und Bedürfnisse der Stakeholder identifiziert. Im MAF wird dieser Ansatz übernommen und für eine domänenspezifische Verwendung im Kontext des MAF angepasst. Entsprechend der Anforderungen an das MAF aus Kapitel 4.1.3 sind die Hauptanliegen, die mit dieser Komponente umgesetzt werden sollen, die Erfassung und Beschreibung von Anforderungen sowie die Abstraktion der erfassten Anforderungen auf die jeweiligen Architekturperspektiven. Zudem soll Traceability (dt. Nachvollziehbarkeit) innerhalb des *Requirements Management* adressiert werden, um dadurch die Möglichkeit für Soll / Ist Vergleiche zwischen den Systemanforderungen und der Systemarchitektur zu schaffen bzw. eine Beziehung zwischen den Anforderungen und den Systemzielen für weiterführende Analysen abbilden zu können. Die Nachvollziehbarkeit welche Anforderungen vor welchem Hintergrund innerhalb der Elemente der entsprechenden Systemarchitektur reflektiert werden, steht im Vordergrund. Als Anforderungen werden dabei nicht nur Anforderungen an ein neu zu integrierendes System verstanden. Das nachfolgend beschriebene Vorgehensmodell unterstützt zudem auch die Beschreibung bereits existierender Anforderungen an bestehende Systeme.

6.4.1.1 Konzept

Für eine Verwendung innerhalb des MAF soll das *Requirements Management*, integriert in dem iterativen Aufbau der *System Design Methodology,* in jedem Prozessschritt durch die in der Methodik adressierten Nutzergruppen anwendbar sein. Dabei haben die jeweils erfassten Anforderungen bei einer Verwendung in unterschiedlichen Prozessschritten mit unterschiedlichem Reifegrad der Architekturbeschreibung einen voneinander abweichenden Detaillierungsgrad. Zudem beschreiben Nutzer unterschiedlicher Nutzergruppen die Anforderungen eines Systems zunächst aus ihren jeweiligen Perspektiven. Dementsprechend ist es erforderlich, eine neu erfasste Anforderung der Perspektive des Erstellers zuzuordnen. Um ein übergreifendes Verständnis einer Anforderung zu erzeugen sowie deren Bedeutung für andere Architekturperspektiven erfassen zu können, muss diese auf die anderen Architekturperspektiven übertragen werden. Für ähnliche Herausforderungen im Produktanforderungsmanagement ist das *Requirements Abstraction Model* (RAM) [ToCl05] entwickelt worden. Dessen Lösungsansatz bildet die Grundlage für das Anforderungsmanagement im MAF. Wie in Abbildung 46 exemplarisch dargestellt, wird die ursprüngliche Anforderung der entsprechenden Architekturperspektive zugeordnet. Parallel dazu ist es vorgesehen, dass Entsprechungen dieser Anforderungen aus Sicht der nicht adressierten Architekturperspektiven abgeleitet und zugeordnet werden.

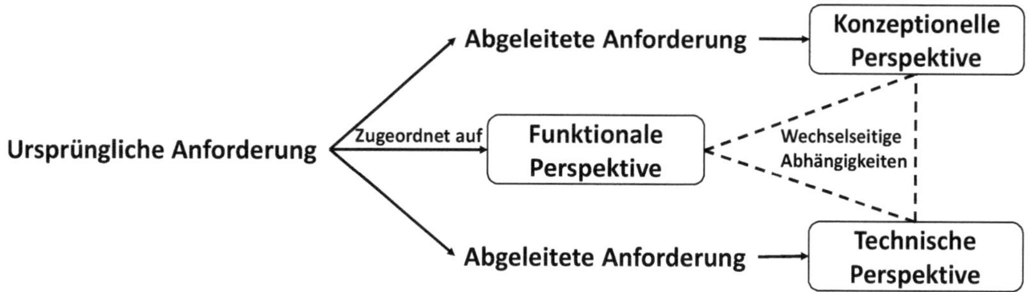

Abbildung 46. Ableitung einer Anforderung auf unterschiedliche Architekturperspektiven (basierend auf [ToCl05])

Diese Entsprechungen und die ursprüngliche Anforderung stehen in einer wechselseitigen Abhängigkeit zueinander: Ändert sich eine Anforderung, so muss die Beschreibung aller in Beziehung stehender Anforderungen aktualisiert werden. Die Entwicklung einer Architektur unter Berücksichtigung der erfassten bzw. abgeleiteten Anforderungen erfolgt beispielsweise bei Engelsman et al. [EQJS11] in einer *Problem chain* (dt. Problemkette) basierend auf einem top-down

Ansatz. Hierbei beschreibt er in Form einer Kausalkette, dass aus der Lösung eines Problems auf einer Ebene ein neues Problem auf der nachfolgenden Ebene entsteht. Adaptiert auf die unterschiedlichen Architekturperspektiven, die im MAF adressiert werden, ergibt sich folgende Darstellung (siehe Abbildung 47). Die Ableitung von Anforderungen startet mit der Beschreibung der ursprünglichen Anforderung und dem daraus resultierenden Systementwurf aus konzeptioneller Sicht und wird fortgesetzt mit der Ableitung funktionaler Anforderungen bzw. einer Architektur. Darauf folgt die Ableitung der technischen Perspektive der Anforderung und deren technischer Lösung im Systemdesign. Die Summe aller Lösungen ermöglicht am Ende des Prozesses eine ganzheitliche Architekturbeschreibung unter Berücksichtigung der unterschiedlichen Architekturperspektiven. Da der MAF jedoch zusätzlich eine bottom-up Unterstützung bereitstellen soll, muss dieser Ansatz dahingehend erweitert werden. Abbildung 48 stellt die Erweiterung der Problemkette zu einem Kreislauf dar.

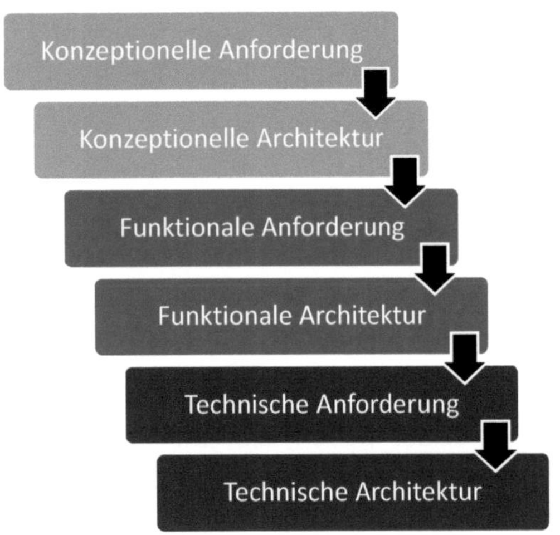

Abbildung 47. "Problem chain" gemäß [EQJS11]

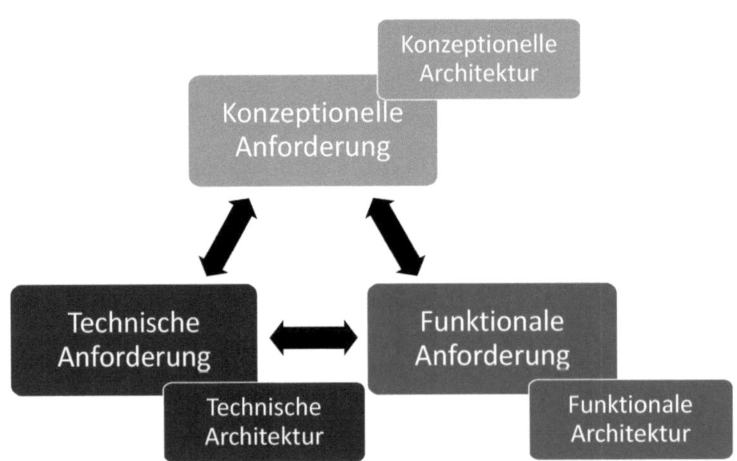

Abbildung 48. Ableitungskreislauf

Das Konzept basiert auf der Annahme, dass eine Anforderung unabhängig von der Perspektive auf eine beliebig andere Perspektive abgeleitet werden kann. Eine einzuhaltende Reihenfolge wie in Abbildung 47 skizziert, besteht nicht. Die Verwendung einer Anforderung als Basis für die Erstellung einer Architektur soll dabei jederzeit möglich sein, sofern die Konsistenz zwischen den Anforderungen bzw. den Architekturperspektiven gewährleistet werden kann.

Für die Gewährleistung einer Nachverfolgbarkeit der Anforderungen innerhalb der Methodik wird angenommen, dass sowohl die Anforderungen mit den gestellten Systemzielen (*Ziele*), abgeleitet aus den identifizierten Problemen (*Problemstellung*) und der Systemarchitektur, als auch die Systemziele mit der Systemarchitektur in direkter Relation zueinanderstehen müssen (siehe

Abbildung 49).

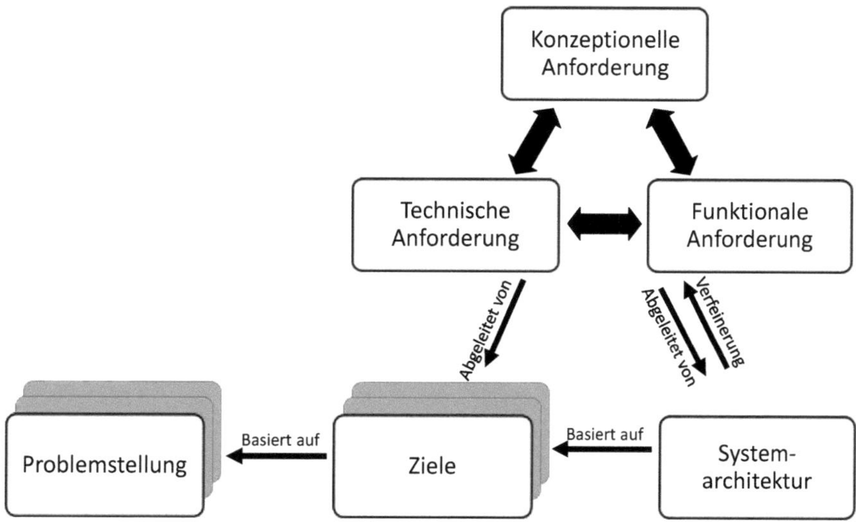

Abbildung 49. Nachverfolgbarkeit von Anforderungen

Die Anforderungen unterstützen innerhalb der Methodik die Erstellung der Systemarchitektur. Andersherum kann die Entwicklung bzw. Analyse einer Systemarchitektur weitere Anforderungen identifizieren.

6.4.1.2 Umsetzung

Das RAM [ToCl05] ermöglicht in einem mehrstufigen Prozess die Erfassung und Beschreibung sowie die Ableitung von Anforderungen. Der Prozess gliedert sich in eine Abfolge von drei Schritten. Im Schritt *Specify (elicit)* wird die Anforderung erfasst und auf Basis von vier verschiedenen Attributen beschrieben. Im nachfolgenden Schritt *Place (evaluate)* wird die Anforderung bewertet und auf einer der vier Abstraktionsebenen eingeordnet (Product Level, Feature Level, Function Level, Component Level). Anschließend werden im Schritt *Abstraction (work-up)* neue Anforderungen von der originären Anforderung entsprechend der verschiedenen Abstraktionsebenen abgeleitet und nachfolgend aus dieser Perspektiven beschrieben (siehe Schritt *Specify (elicit)*).

Das skizzierte Verfahren des RAM bietet einen generischen Prozess zur Beschreibung und Klassifzierung von Anforderungen auf den jeweiligen Abstraktionsebenen. Zudem bietet es die Möglichkeit zur Abstraktion weiterer Anforderungen auf die verbleibenden Abstraktionsebenen. Dieses Vorgehensmodell ermöglicht die Umsetzung der Anforderungen an die Komponente *Requirements Management*. Daher wird der Ansatz des RAM für die Definition des Vorgehensmodells der MAF-Komponente *Requirements Management* adaptiert. Dafür wird der Prozess mit dem *Structural Framework* kombiniert (siehe Abbildung 50).

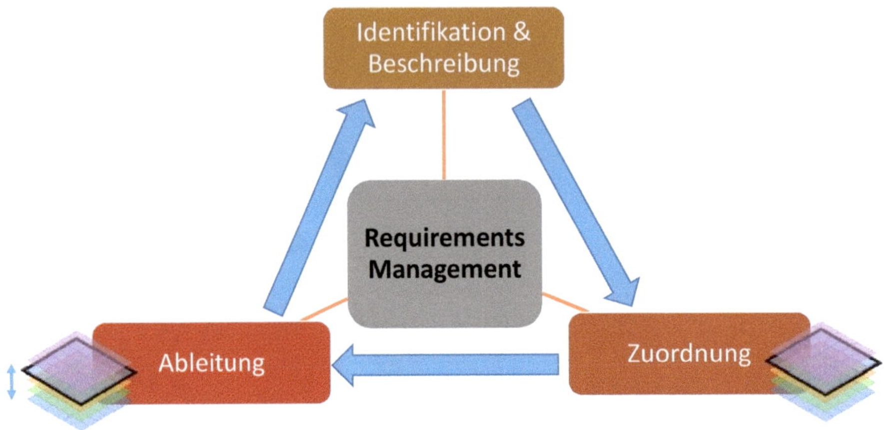

Abbildung 50. Das Vorgehensmodell der MAF-Komponente *Requirements Management* (eigene Darstellung, frei nach [ToCl05])

Hierfür wurde ein Vorgehensmodell bestehend aus drei Schritten konzipiert. Der Prozess beginnt mit der Identifikation und Beschreibung einer Anforderung. Da die Interoperabilitätsebenen die zu unterstützenden Architekturperspektiven widerspiegeln, wird das *Structural Framework* für eine Einordnung der Anforderung herangezogen. Zudem wird die Anforderung basierend auf den initialen Beschreibungen innerhalb der topologischen bzw. hierarchischen Ordnung der maritimen Domäne eingeordnet. Nach Einordnung im *Structural Framework* erfolgt die Ableitung und Einordnung von Anforderungen von der Originalanforderung in Abstimmung mit den verschiedenen Nutzergruppen des MAF auf die noch nicht besetzten Interoperabilitätsebenen. Die abgeleiteten Anforderungen werden im Anschluss beschrieben. Jede Anforderung besteht somit aus Beschreibungen von insgesamt fünf verschiedenen Perspektiven und ermöglicht ein nutzergruppenübergreifendes Verständnis. Analog zu dem Regelwerk im RAM sind für die MAF-Komponente *Requirements Management* verschiedene Regeln definiert, um eine Zuordnung der Anforderungen zueinander bzw. auf dem *Structural Framework* zu gewährleisten. Diese sind nachfolgend beschrieben:

- Eine Anforderung muss aus der ursprünglichen Anforderung und vier Abstraktionen und somit mindestens aus insgesamt fünf Elementen bzw. mindestens einem Element pro Ebene, bestehen.
- Die Abstraktion einer Anforderung kann aus mehreren Elementen bestehen.
- Jedes Element muss einer Interoperabilitätsebene zugeordnet werden.
- Jedes Element muss in der topologischen bzw. hierarchischen Dimension des *Structural Frameworks* eingeordnet werden.

Die Einordnung aller Systemanforderungen und ihrer Abstraktionen in einer gemeinsamen Instanz des *Structural Frameworks* bildet die Basis für weitergehende Betrachtungen über das Anforderungsmanagement hinaus. Zudem gewährleistet die kontinuierliche Verwendung des *Structural Frameworks* sowohl in der Komponente *Requirements Management* als auch generell in den verschiedenen Schritten der *System Design Methodology* ein Maß an Nachvollziehbarkeit bzw. eine Darstellung der Abhängigkeiten von Anforderungen im Kontext mit der auf den Anliegen der Stakeholder basierenden Architekturentwurf im Schritt *User Needs* sowie mit der Systemarchitektur im Schritt *Architecture & analysis*. Daraus resultierende Analysemöglichkeiten werden im Kapitel 6.4.2 näher betrachtet.

Abbildung 51 stellt die Abhängigkeiten innerhalb der *Requirements Management* Komponente zur Veranschaulichung in einem konzeptionellen Datenmodell dar.

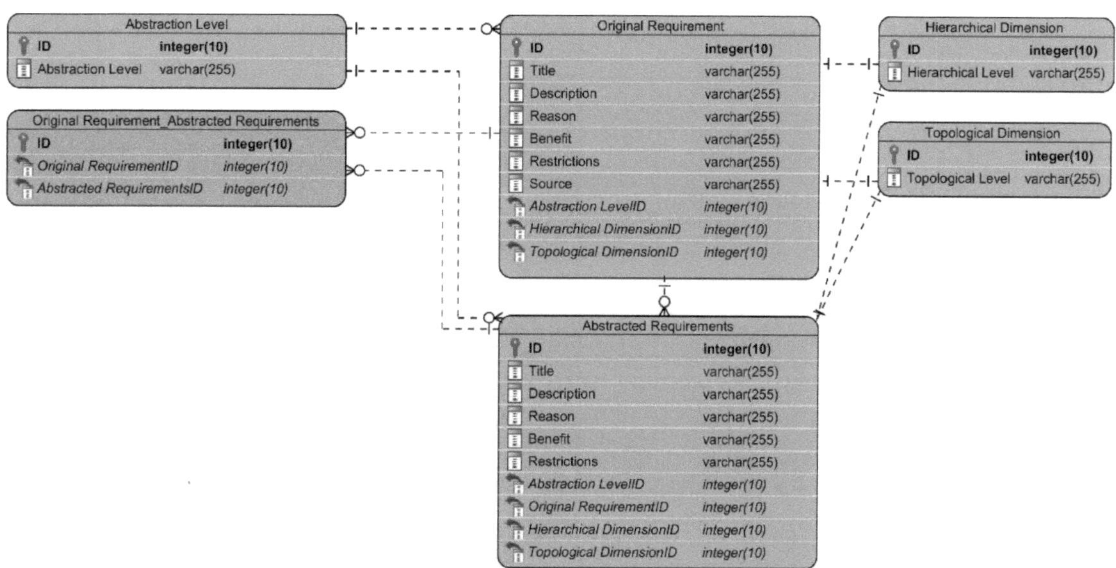

Abbildung 51. Datenmodell der MAF-Komponente *Requirements Management*

Eine mögliche Einordnung der Anforderungen in das *Structural Framework* erfolgt durch die Zuordnungen zu den Kategorien der drei Dimensionen. Die Nachverfolgbarkeit von Anforderungen wird in der Tabelle *Original Requirement* über das Attribut *Source* vorbereitet.

6.4.2 MAF-Komponente *Analysis*

Die MAF-Komponente *Analysis* kapselt unterschiedliche Analysen zur Betrachtung der internen Konsistenz einer Systemarchitektur oder der Integrationsfähigkeit einer Systemarchitektur in eine bestehende Systemumgebung bei einer bottom-up Entwicklung sowie die Analyse von Interoperabilitätsaspekten zwischen Systemarchitektur in einem SoS. Die unterschiedlichen Analysen basieren auf den Aufgabenbereichen dieser Komponente, wie in Kapitel 4.1.4 beschrieben.

6.4.2.1 Konsistenzanalyse

Diese Analyse soll die interne Konsistenz zwischen den Architekturelementen sowie die Erfüllung der Anforderungen und Ziele überprüfen. Untersuchungsgegenstand dieser Analyse ist die im MAF spezifizierte Systemarchitektur. Die Interoperabilitätsdimension bildet die Grundlage für die

Analyse. Das Konzept für die Überprüfung der internen Konsistenz einer Systemarchitektur basiert auf den Konsistenzregeln, wie sie für die Erstellung eines Architekturmodells mit dem *Structural Framework* definiert sind (siehe Kapitel 5.3.4). Dementsprechend sollen aus Sicht der Interoperabilitätsebenen die zugeordneten Architekturelemente unterschiedlicher Ebenen miteinander in Kontext gesetzt werden. Jedes Element einer Ebene muss mindestens einem Element pro jeder weiteren Ebene zugeordnet werden können, um eine interne Konsistenz innerhalb der Systemarchitektur gewährleisten zu können (siehe Abbildung 52).

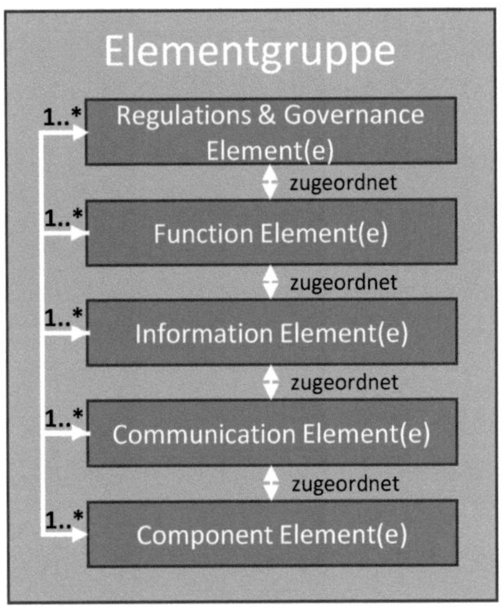

Abbildung 52. Elementgruppe mit mindestens ein Element je Ebene

Dafür soll jede dieser „Elementgruppen" auf das Vorhandensein von zugehörigen Elementen auf jeder Ebene überprüft werden.

Wie in Abbildung 53 zu sehen, muss jede Originalanforderung und ihre Abstraktionen mindestens einem Element pro Interoperabilitätsebene und damit insgesamt mindestens fünf Elementen zugeordnet werden.

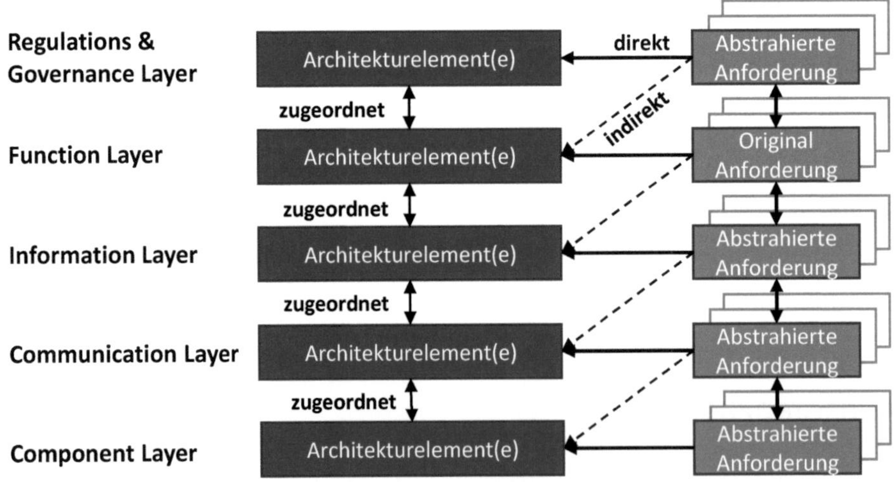

Abbildung 53. Zuordnung zwischen Elementen und Anforderungen

Architekturelemente stehen dabei immer in Relation zu abstrahierten Elementen auf weiteren Interoperabilitätsebenen und bilden somit eine vollständige Gruppe aus mindestens fünf Architekturelementen (mindestens ein Element pro Interoperabilitätsebene). Zudem leiten sich sowohl die Anforderungen als auch die Architekturelemente eines Systems von den, im Vorgehensmodell der *System Design Methodology* zuvor definierte Ziele bzw. Beschreibungen über den angestrebten Systemumfang, ab. Das Vorgehen dieser Analyse ist in Abbildung 54 im Kontext der *System Design Methodology* skizziert.

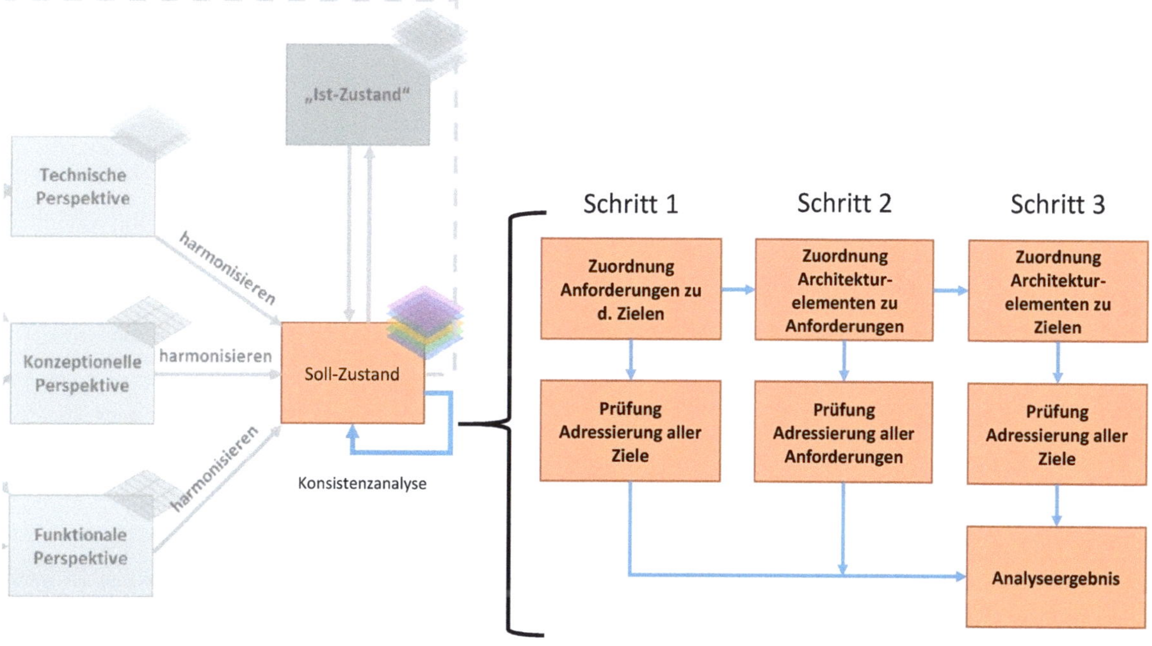

Abbildung 54. Allgemeines Vorgehensmodell zur Überprüfung der Erfüllung der Ziele und Anforderungen durch die Systemarchitektur

Wie in der Abbildung zu sehen, soll schrittweise überprüft werden, ob die Anforderungen bzw. Systemziele jeweils vollumfänglich berücksichtigt werden. Im Schritt 1 wird auf Basis des Soll-Zustandes überprüft, ob die erfassten Anforderungen korrekt von den ursprünglich formulierten Zielen abgeleitet worden sind bzw. ob diese Deckungsgleich sind. Im Zuge dessen wird geprüft, ob alle Ziele innerhalb der Anforderungen verortet werden können. In Schritt 2 wird dieses Prinzip adaptiert, um eine Zuordnung zwischen den Architekturelementen und den Anforderungen herzustellen und zu prüfen. In Schritt 3 wird abschließend überprüft, welche Architekturelemente zur Erfüllung (unterschiedlicher) Ziele verwendet werden. Insgesamt ist bei diesem Vorgehensmodell die Zusammenfassung der Architekturelemente bzw. der Anforderungen basierend auf den fünf Interoperabilitätsebenen zu berücksichtigen (siehe auch Abbildung 52 und Abbildung 53). Abbildung 55 stellt die Abhängigkeiten zwischen Systemzielen (*Goals,* blau), Anforderungen (*Original Requirement* & *Abstracted Requirement*, grün) sowie den unterschiedlichen Architekturelementen des Architekturmodells (rot) mittels eines konzeptionellen Datenmodells dar. Hier wird die Einordnung von Architekturelementen in sogenannte Elementgruppen (*Element Group,* dunkelblau) entsprechend abgebildet. Gemäß der

Konsistenzregeln werden voneinander direkt abhängige Architekturelemente unterschiedlicher Ebenen einer gemeinsamen Gruppe zugeordnet. Ist eine solche Gruppe unvollständig, d.h. es sind keine Architekturelemente einer oder mehrerer Interoperabilitätsebenen vorhanden, gilt eine Elementgruppe und somit die Gesamtarchitektur als inkonsistent.

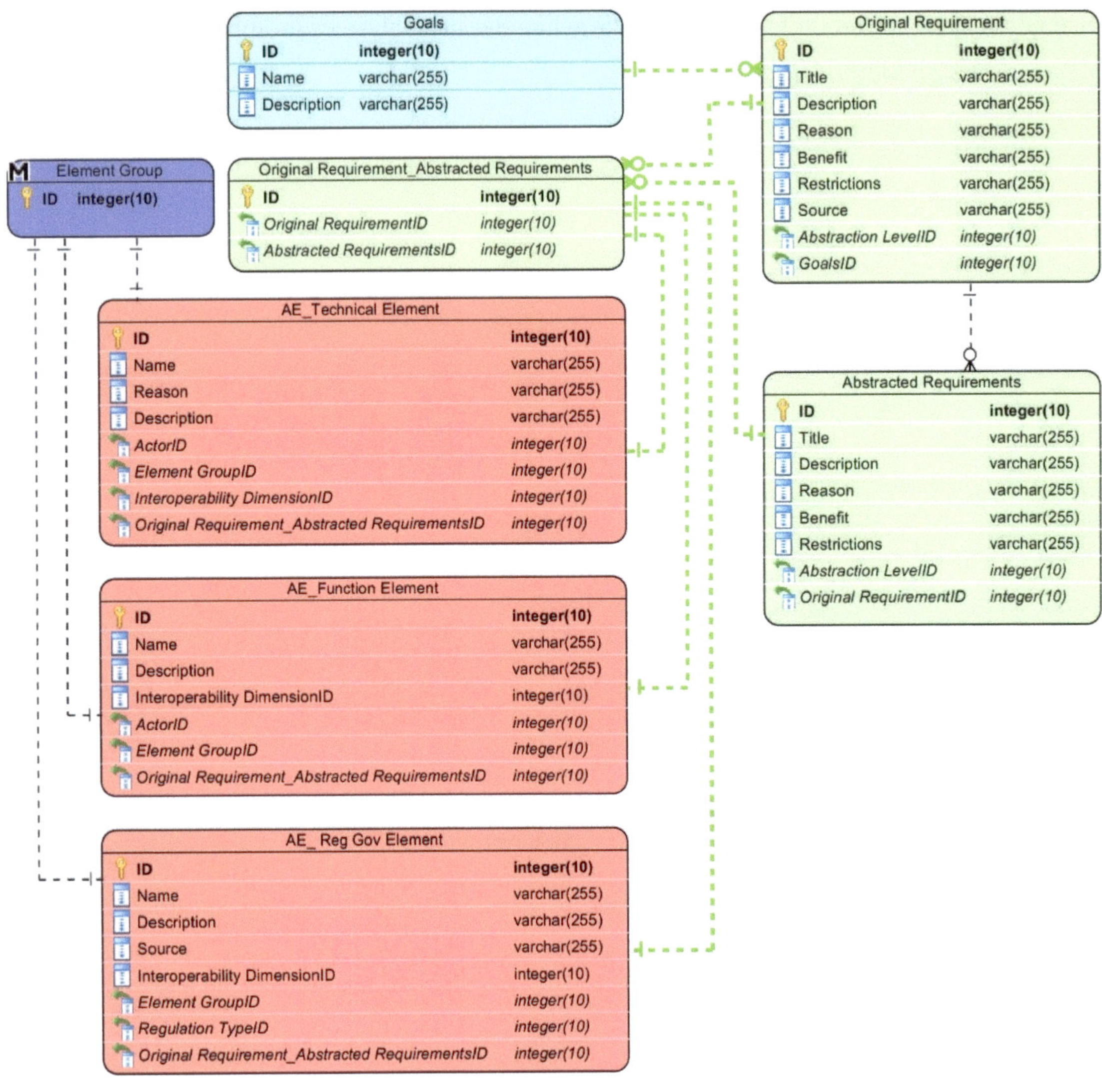

Abbildung 55. Die Unterstützung der Konsistenzanalyse im MAF-Datenmodell (Auszug)

6.4.2.2 Integrationsanalyse

Dieser Analysetyp unterstützt eine bottom-up Entwicklung. Die Aufgabe dieser Analyse besteht in der Identifikation von Anforderungen auf Basis der Eigenschaften der zu ersetzenden Systembestandteile. Hierfür soll die Architektur einer bestehenden Systemlandschaft (entweder ein Einzelsystem besteht aus verschiedenen Komponenten oder aus einem SoS, das sich aus verschiedenen Einzelsystemen zusammensetzt) mit dem Entwurf einer aktualisierten Architektur, ergänzt um neue Systembestandteile, verglichen werden.

Im Fokus steht eine Analyse hinsichtlich der Auswirkungen bei Austausch eines oder mehrerer

Elemente der Systemarchitektur durch neue Elemente, wie z.B. neue technische Komponenten, Datenmodelle oder Kommunikationsprotokolle, ohne die Funktion einer Elementgruppe zu verändern. Wie in Abbildung 56 zu sehen, stehen die Architekturelemente einer Elementgruppe unter Berücksichtigung der aufgestellten Zuordnungsregeln des *Structural Frameworks* (siehe Kapitel 5.3.4) in Beziehung zueinander. Sie sind jeweils direkt abhängig von den durch das Element zu erfüllenden Anforderungen, die auf der gleichen Interoperabilitätsebene eingeordnet sind. Zudem sind die Architekturelemente indirekt zu Anforderungen abhängig, die in Beziehung zu ihren direkten Anforderungen stehen, jedoch auf anderen Interoperabilitätsebenen verortet sind. Eine detaillierte Beschreibung des hier berücksichtigten Konzepts für originale und abgeleitete Anforderungen im MAF ist Kapitel 6.4.1 zu entnehmen.

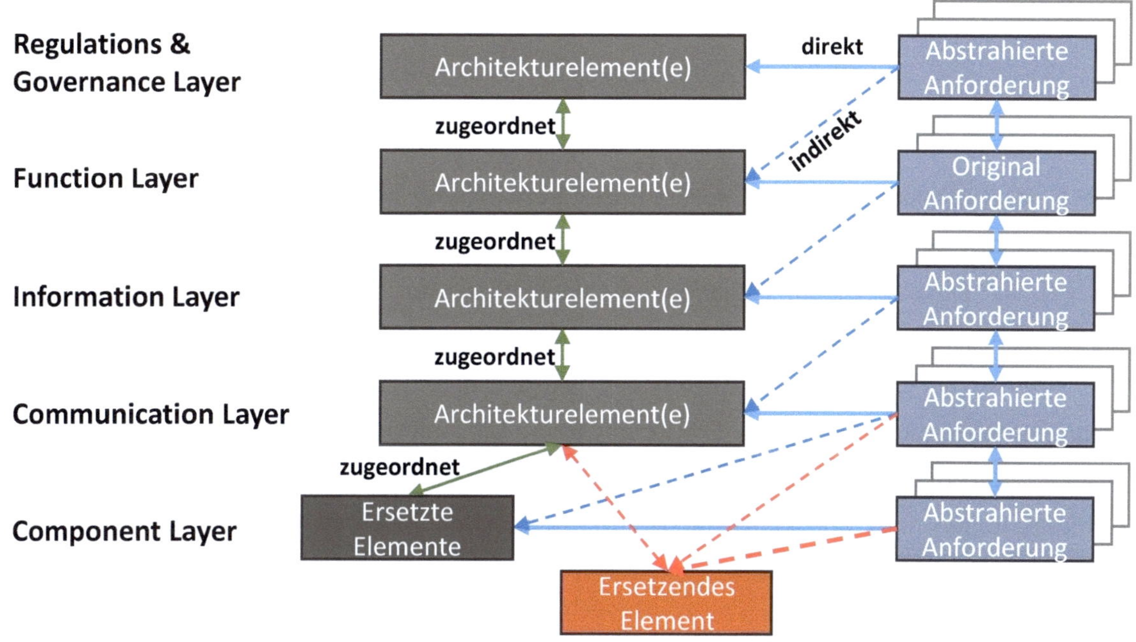

Abbildung 56. Exemplarische Darstellung des Austausches von Elementen einer Elementgruppe

Ein ersetzendes Element muss die Eigenschaften sowie die Anforderungen an das zu ersetzende Element übernehmen bzw. erfüllen, um eine Konsistenz bzw. Kompatibilität zwischen den Interoperabilitätsebenen zu gewährleisten (siehe Abbildung 56, rot markiert). Die Grundannahme ist die, dass nur ein Element, das die Anforderungen erfüllt, in eine bestehende Systemlandschaft integriert werden kann.

Der in Abbildung 57 skizzierte Prozess ermöglicht die Identifikation von Anforderungen, die bei einem Austausch von bestimmten Systemelementen zu berücksichtigen sind.

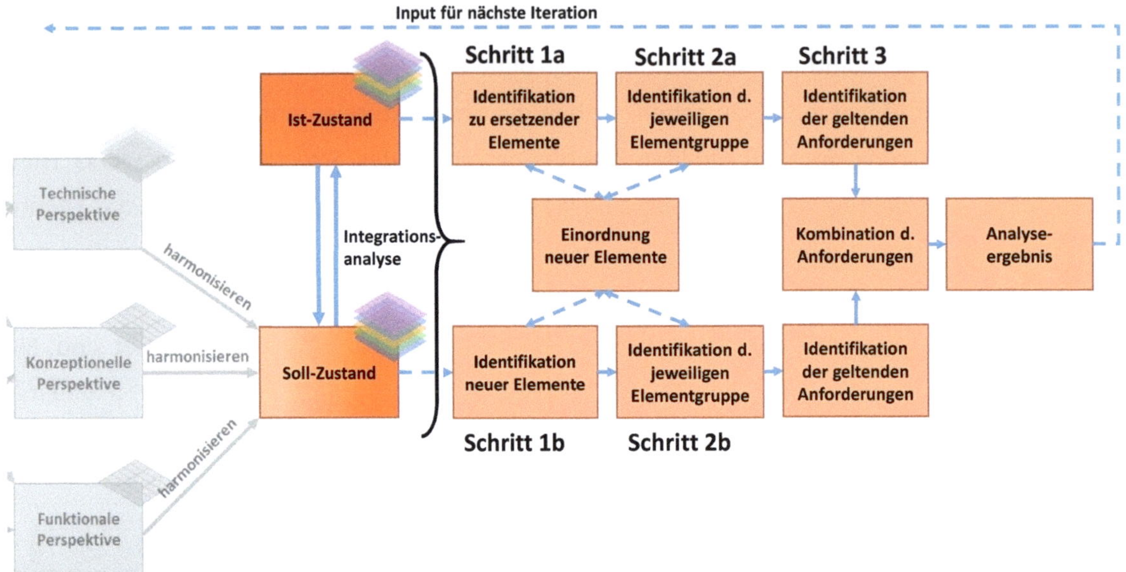

Abbildung 57. Vorgehensmodell für die Durchführung der Integrationsanalyse

Wie in der Abbildung skizziert, sollen unter Verwendung eines Entwurfs der angestrebten Zielarchitektur die zu integrierenden Elemente in der existierenden Systemumgebung verortet werden. Die entsprechenden vorhandenen Elemente werden ersetzt. Nach erfolgter Erstellung jeweils einer Architekturbeschreibung für den Ist-Zustand einer Systemumgebung sowie für das dort einzusetzende (technische) Einzelsystem werden in Schritt 1 als auch die zu ersetzenden Architekturelemente identifiziert (Schritt 1a) sowie die ersetzenden Elemente (Schritt 1b). Im Folgeschritt werden auf Grundlage der zuvor identifizierten Elemente die jeweiligen Elementgruppen im Ist- und Soll-Zustand identifiziert (Schritt 2a+b). Im Rahmen dessen werden die zu ersetzenden Elemente den neuen Elementen zugeordnet (siehe Abbildung 58).

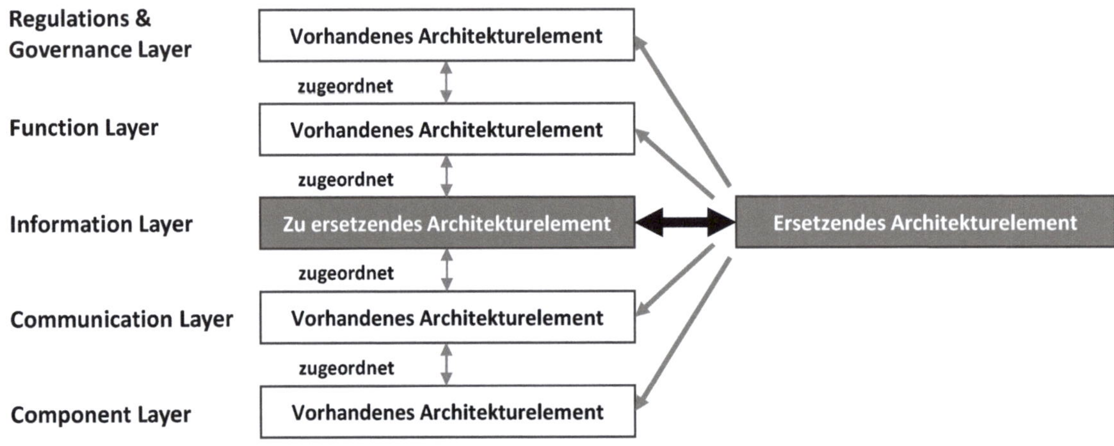

Abbildung 58. Übernahme der Abhängigkeiten durch das ersetzende Architekturelement

Folgerichtig müssen die neu in den Ist-Zustand zu integrierenden Elemente die Anforderungen erfüllen, die auch an das vorherige Element gestellt werden. Dementsprechend werden in Schritt 3 von Abbildung 57 die zu berücksichtigenden existierenden Anforderungen sowie etwaige neue Anforderungen an die Systemumgebung, die im Soll-Zustand formuliert sind, identifiziert. Durch die

Zuordnung der Anforderungen zu den erfüllenden Architekturelementen können die Identifikation und Kombination der Anforderungen aus Soll- und Ist-Zustand erfolgen.

Hierbei sollen nicht nur die direkten Anforderungen an das Element, sondern auch die indirekten Anforderungen Berücksichtigung finden (vgl. hierfür Abbildung 56). Die zusätzlichen Anforderungen an neue Elemente müssen dabei mit den bestehenden Anforderungen, an das zu ersetzende Element dahingehend abgeglichen werden, inwieweit ein Austausch möglich ist, und ggf. harmonisiert werden. Im Anschluss erfolgt die Kombination mit den Anforderungen, die sich zum einen aus den inhärenten Eigenschaften des ersetzenden Elements und aus den Merkmalen der existierenden Elementgruppe ergeben. Die daraus entstehende Liste an zu berücksichtigenden Anforderungen bildet die Vorgabe für die Optimierung der Systemarchitektur in Form der Überführung des Soll-Zustandes in den skizzierten Ist-Zustand. Dies erfolgt in nachfolgenden Iterationen der *System Design Methodology* (siehe auch folgendes Beispielszenario).

Beispielszenario „NMEA 0183 zu NMEA 2000"

In einem maritimen sozio-technischen SoS können AIS-Daten verarbeitet werden. AIS-Daten können sowohl über AIS-Transceiver und VHF in Form von NMEA 0183 Daten als auch in Form von NMEA 2000 Daten übermittelt werden. Bei einem Wechsel der Einzelsysteme auf NMEA 2000 müssen die Anforderungen, resultierend aus SOLAS und ITU-R Regularien, für den Betrieb von AIS weiterhin berücksichtigt werden, unabhängig vom verwendeten NMEA Standard. Die technischen Elemente müssen jedoch in so weit ausgetauscht werden, als dass NMEA 2000 anstatt NMEA 0183 interpretiert werden kann. Dies betrifft sowohl Hardwarekomponenten als auch Informationsmodelle sowie potentielle Kommunikationsprotokolle.

Zur Gewährleistung eines besseren Verständnisses und für eine Gesamtdarstellung wird in Abbildung 59 die Zuordnung von Systemzielen, Anforderungen und Architekturelementen zu einer bestimmten Systemarchitektur (dunkel hervorgehoben) in einem konzeptionellen Datenmodell dargestellt. Diese Zuordnung ermöglicht beispielsweise eine Darstellung verschiedener Systemarchitekturen eines SoS in einem Architekturmodell unter Verwendung des *Structural Framework*.

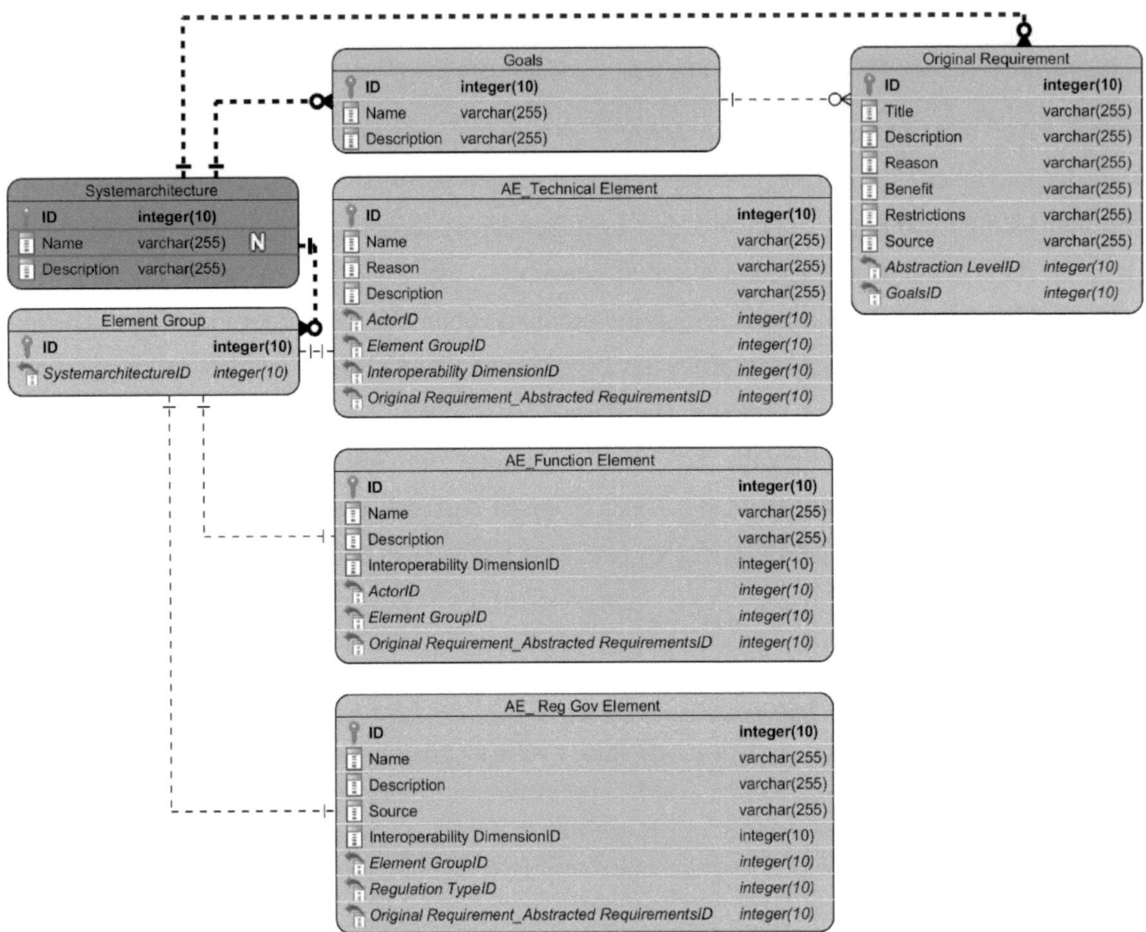

Abbildung 59. Zuordnung der Architekturelemente zu einer Systemarchitektur

6.4.2.3 Interoperabilitätsanalyse

Ausgehend von den Aufgabenbereichen für diesen Analysetyp (siehe Kapitel 4.1.4) sollen Systemarchitekturen verschiedener Einzelsysteme als Bestandteile eines SoS in einem gemeinsamen bzw. übergeordneten Architekturmodell miteinander in einen gemeinsamen Kontext gesetzt werden. Insbesondere sollen dadurch Ansatzpunkte für Interoperabilität zwischen den Systemen identifiziert werden, um daraus Anforderungen für nachfolgende Iterationen in der Architekturentwicklung abzuleiten. Abbildung 60 stellt als Konzept ein Vorgehensmodell für die Durchführung der Interoperabilitätsanalyse dar.

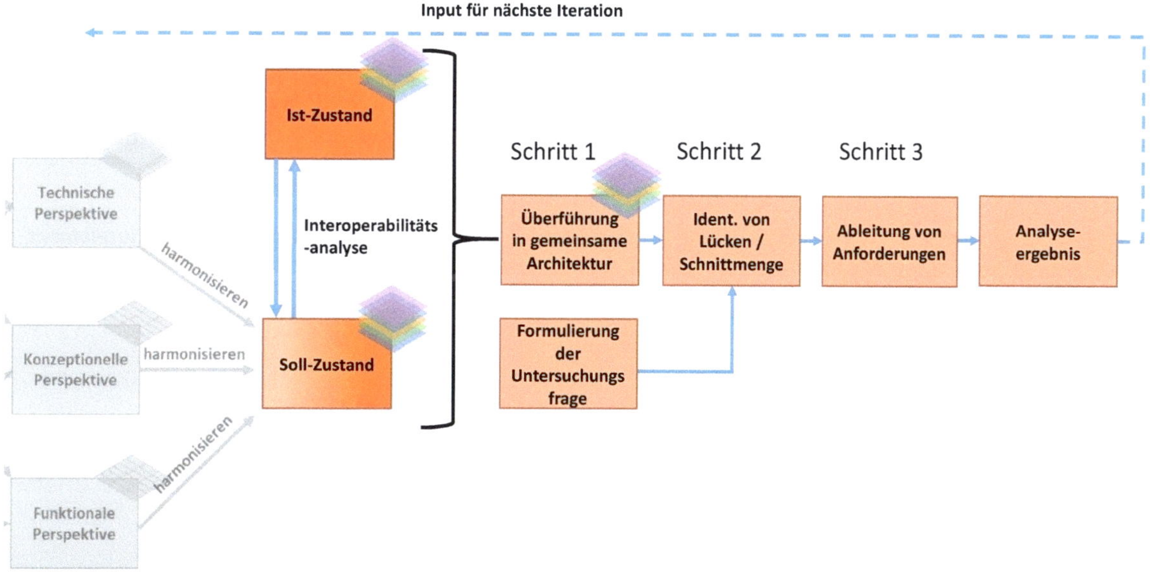

Abbildung 60. Vorgehensmodell für die Durchführung einer Interoperabilitätsanalyse

Hierbei sollen initial in Schritt 1 die Systemarchitekturen in ein gemeinsames Architekturmodell als Untersuchungsgegenstand überführt werden. Parallel dazu wird durch die Nutzer die entsprechende Untersuchungsfrage formuliert. Die Untersuchungsfrage als Ansatz für die Analyse wird hierbei als Formulierung dessen verstanden, welche Art von Informationsaustausch zwischen verschiedenen Einzelsystemen harmonisiert werden soll.

Darauf aufbauend sollen in Schritt 2 die Systemarchitekturen auf Basis ihrer Elemente bzw. Elementgruppen untersucht werden. Es können sowohl verwendete Datenmodelle, Kommunikationsprotokolle, Funktionen, technische Komponenten oder Regularien betrachtet werden. Diese Analyse unterteilt sich dabei in zwei Varianten: Die Identifikation von Gemeinsamkeiten (*Schnittmengen*) auf Basis der initialen Fragestellung zwischen Elementen bzw. Elementgruppen sowie die Identifikation von Lücken in einer gemeinsamen Systemarchitektur, die durch zusätzliche Elemente gefüllt werden können.

Die Identifikation von Gemeinsamkeiten erfolgt unter direktem Vergleich der Architekturelemente von mindestens zwei Systemarchitekturen in einem gemeinsamen Kontext. Die Architekturelemente werden dabei jeweils auf Basis ihrer Interoperabilitätsebene miteinander verglichen (siehe Abbildung 61). Bei einer Gemeinsamkeit, wie etwa die parallele Verwendung desselben Datenmodells zwischen zwei Architekturelementen unterschiedlicher Systemarchitekturen, ist die daraus resultierende Anforderung, eine vollumfängliche Interoperabilität durch die Harmonisierung auch zwischen den Architekturelementen beider Elementgruppen beider Systeme zu gewährleisten.

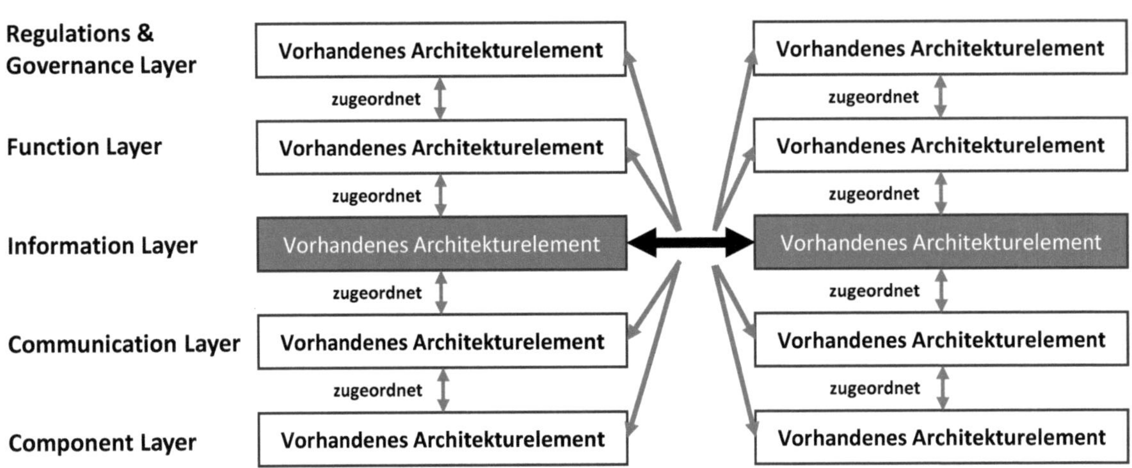

Abbildung 61. Identifikation von Interoperabilität zwischen Elementen zweier Systeme

Die Identifikation von zu schließenden Lücken zwecks einer Sicherstellung von Interoperabilität erfolgt auf ähnliche Art und Weise. Auf Basis der Fragestellung bzw. des Interoperabilitätsansatzes werden die betroffenen Elementgruppen der Systemarchitekturen identifiziert, um weitere Anforderungen für eine Harmonisierung der Elementgruppen abzuleiten.

Exemplarisch ist das Vorgehen zur Veranschaulichung in einem Beispielszenario auf der folgenden Seite skizziert.

Beispielszenario „Maritime Connectivity Platform"

Die Maritime Connectivity Platform bietet keine (neuen) physische Kommunikationsmethoden. Daher erfordert eine Integration in die maritime Domäne u.a. die Analyse, in welcher Art und Weise mit bereits etablierten Kommunikationsmitteln die Kommunikation mit Komponenten der Maritime Connectivity Platform zwischen See- und Landseite gewährleistet werden kann. Zudem sollen z.B. seeseitige Elemente der Maritime Connectivity Platform in die Systemlandschaft einer Schiffsbrücke integriert werden. Daher ist eine Interoperabilität für einen lokalen Kommunikationsaustausch z.B. mit einem ECDIS-System zu gewährleisten.

Untenstehende Abbildung 62 betrachtet die Komponentenebene des Structural Framework *und zeigt drei verschiedene Analyseergebnisse bei der ausschnittsweisen Betrachtung eines ECDIS-Systems und von Komponenten der Maritime Connectivity Platform: (1) Ein potenzieller Ansatzpunkt für die Integration von Maritime Connectivity Platform Komponenten in bestehende Systeme, die auf der gleichen Hierarchie- bzw. Topologiestufe eingeordnet sind, (2) die Identifikation von gemeinsamen Nutzern und (3) die Identifikation von existierenden Kommunikationsmitteln, deren Potential für eine Nutzung durch die Maritime Connectivity Platform im Rahmen einer Harmonisierung der Systemarchitekturen betrachtet werden kann.*

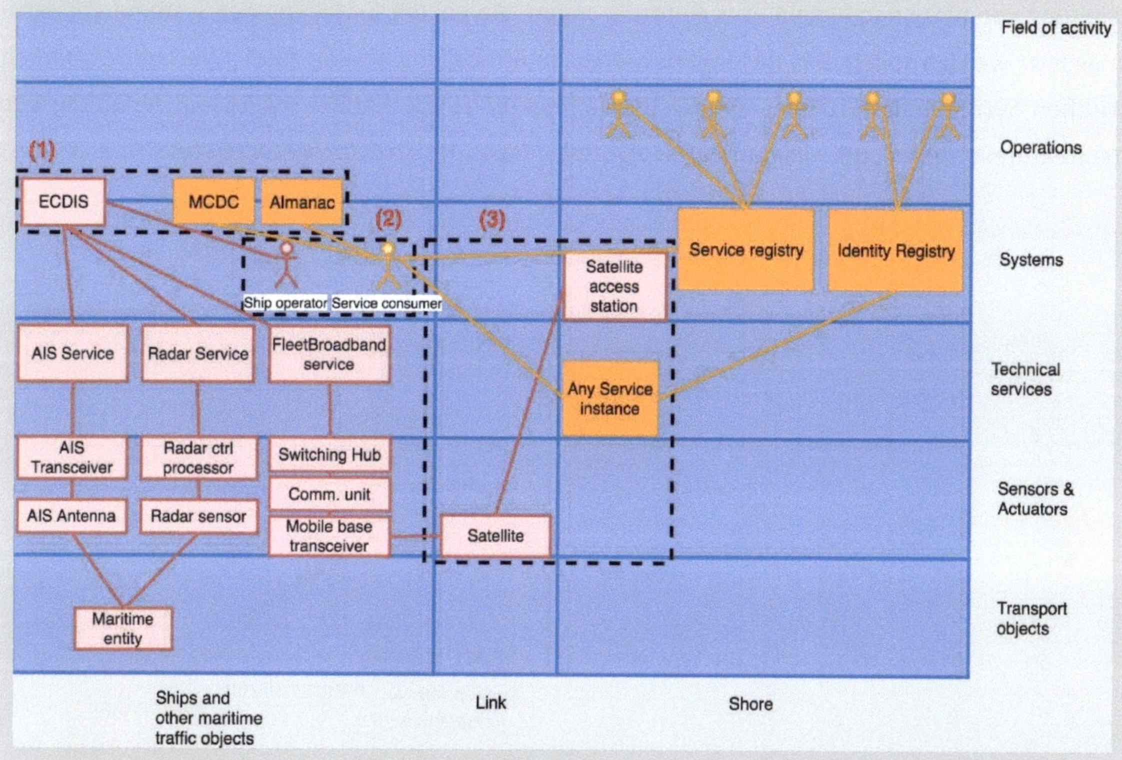

Abbildung 62. Beispiel für die Identifizierung von Interoperabilität zwischen zwei Systemarchitekturen.

6.4.3 MAF-Komponente *Design Rules* (optional)

Ausgehend von dem Aufgabenbereich der *Design Rules* (siehe Kapitel 4.1.5) adressiert diese Komponente ein Regelwerk parallel zum Anforderungsmanagement, um Aufbau und Struktur einer Systemarchitektur handzuhaben sowie darauf basierend eine Entwurfsvorlage auf Basis von Referenzarchitekturen und Designprinzipien zur Verfügung zu stellen. Nachfolgend wird der zugrundeliegende Prozess zur Ableitung eines Regelwerks und Erstellung einer Entwurfsvorlage beschrieben, bevor im Anschluss auf die Berücksichtigung beider Aspekte innerhalb des MAF-Datenmodells Bezug genommen wird.

Abbildung 63 stellt ein allgemeines Vorgehen für die Berücksichtigung von Referenzarchitekturen im MAF dar und ermöglicht die Einordnung in *die System Design Methodology*. Wie in der Abbildung zu sehen, wird initial die entsprechende Referenzarchitektur identifiziert. Im Anschluss erfolgt die Ableitung von einzelnen Regeln bzw. Anforderungen, die bei der Erstellung der Systemarchitektur umgesetzt werden sollen. Das Regelwerk wiederum ermöglicht, analog zu der Nachverfolgbarkeit zwischen Systemanforderungen und Systemarchitektur (siehe Kapitel 6.4.1), die Ableitung von Architekturelementen, um eine Entwurfsvorlage auf Basis des *Structural Frameworks* zu erstellen.

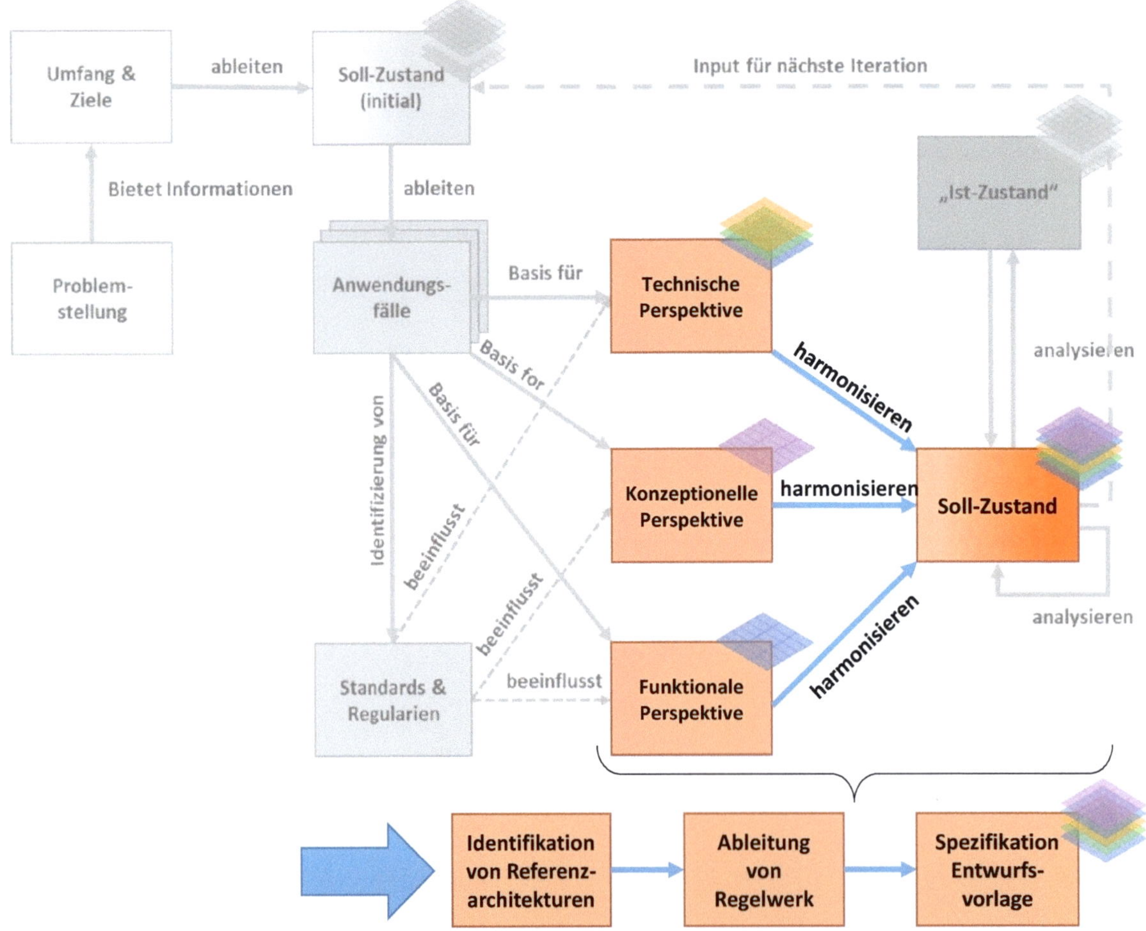

Abbildung 63. Konzept für die Erfassung und Darstellung einer Referenzarchitektur im MAF

Die Erfassung einzelner Regeln erfolgt durch die verschiedenen Nutzergruppen des MAF. Die Regeln werden der jeweiligen Interoperabilitätsdimension zugeordnet und können zudem mehreren Kategorien in der topologischen und hierarchischen Dimension zugeordnet werden. Jede Regel wird einer Referenzarchitektur zugeordnet. Jede Regel besteht mindestens aus einer Regelnummer, Name und Beschreibung. Weitere Charakteristiken können optional ergänzt werden. Um eine Nachverfolgbarkeit auch in Bezug auf die Struktur einer Systemarchitektur zu gewährleisten, können die Architekturelemente maßgeblichen Regeln und daraus resultierend Referenzarchitekturen zugeordnet werden.

In Ergänzung dazu können Referenzarchitekturen in Entwurfsvorlagen übertragen werden. D.h. eine Referenzarchitektur wird durch die Nutzer in ihre Elemente aufgeteilt und auf der Basis des Datenmodells für das *Structural Framework* in gleicher Weise wie Modelle von Systemarchitekturen erfasst. Die Erstellung einer Entwurfsvorlage für sämtliche Interoperabilitätsebenen ist optional, da nicht gewährleistet werden kann, dass für jede Art von System eine Referenzarchitektur existiert bzw. diese vollumfänglich alle Architekturperspektiven unterstützt. Die Entwurfsvorlage kann als visuelles Hilfsmittel bei der Beschreibung von Architekturmodellen im *Structural Framework* herangezogen werden sowie auch für Analysen zur Überprüfung zwischen Soll- und Ist-Zustand einer Architektur. Diese Analyse ist eine Ergänzung zur Konsistenzanalyse (siehe Kapitel 6.4.2.1) und soll die Anordnung der Architekturelemente überprüfen. Dabei wird geprüft ob (1) betroffene Architekturelemente einer Regel bzw. einem Regelwerk zugeordnet sind sowie (2) ob Aufbau und Struktur der Entwurfsvorlage eingehalten werden. Die Intention der Komponente *Design Rules* wird am nachfolgenden Beispiel skizziert.

Beispielszenario „Common Shore-Based System Architecture (CSSA)"

Die CSSA [lala15b] *ist eine Referenzarchitektur für landgestützte Systeme und adressiert Aspekte innerhalb der e-Navigation-Architektur. Die CSSA sieht u.a. eine Unterteilung der dort adressierten technischen Dienste in verschiedene Kategorien sowie die Kommunikation zwischen diesen Diensten auf Basis Machine-to-Machine inklusive einer Bereitstellung eines HMI vor. Folgende Regeln lassen sich daraus ableiten:*

- *#1 – Dienste unterteilen sich in Data Collection and Data Transfer Services, Value-added Data Processing services und user interaction services.*
- *#2 - Jeder Dienst in diesen Kategorien muss eine HMI-Schnittstelle bereitstellen*
- *#3 – Kommunikation zwischen Diensten erfolgt über M2M.*
- *#4 – Jeder Dienst ist auf der Landseite einzuordnen*

Nachfolgend ist beispielhaft eine Entwurfsvorlage der Komponentenebene skizziert (siehe Abbildung 64):

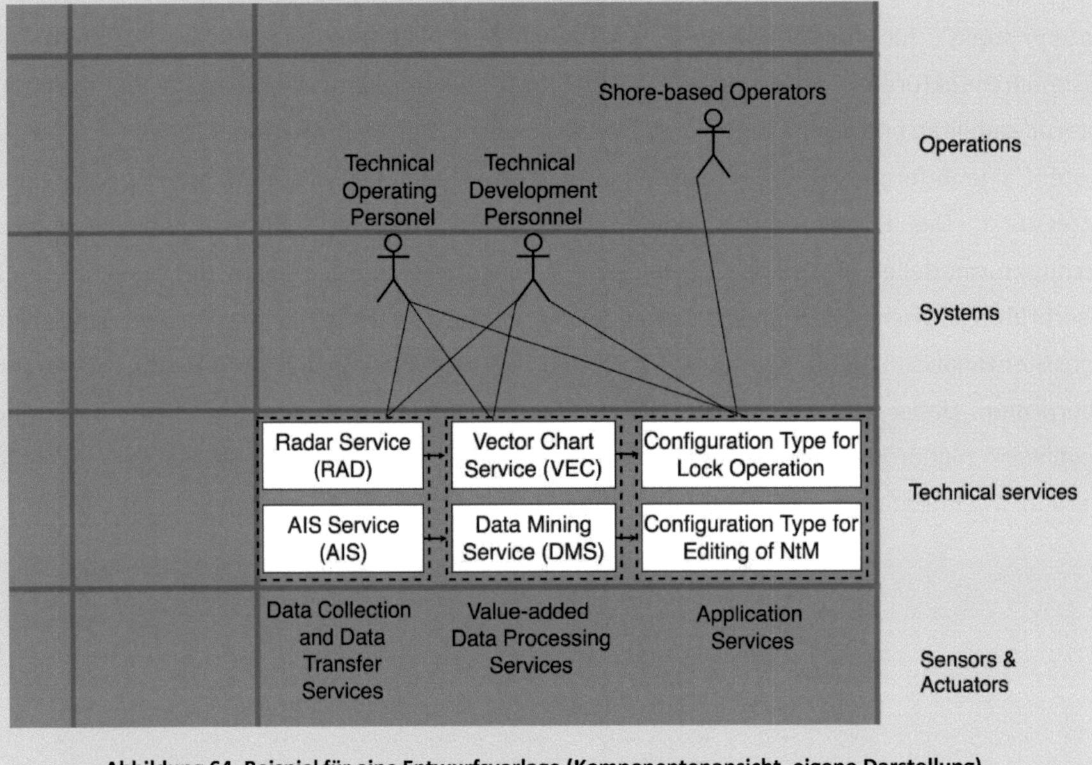

Abbildung 64. Beispiel für eine Entwurfsvorlage (Komponentenansicht, eigene Darstellung)

Zur Erfassung eines Regelwerks bzw. zur Abbildung von Entwurfsvorlagen ist das konzeptionelle Datenmodell des *Structural Framework* um diese Aspekte ergänzt worden. Abbildung 65 stellt die betroffenen Entitäten des Datenmodells dar, entsprechende Ergänzungen sind farblich hervorgehoben.

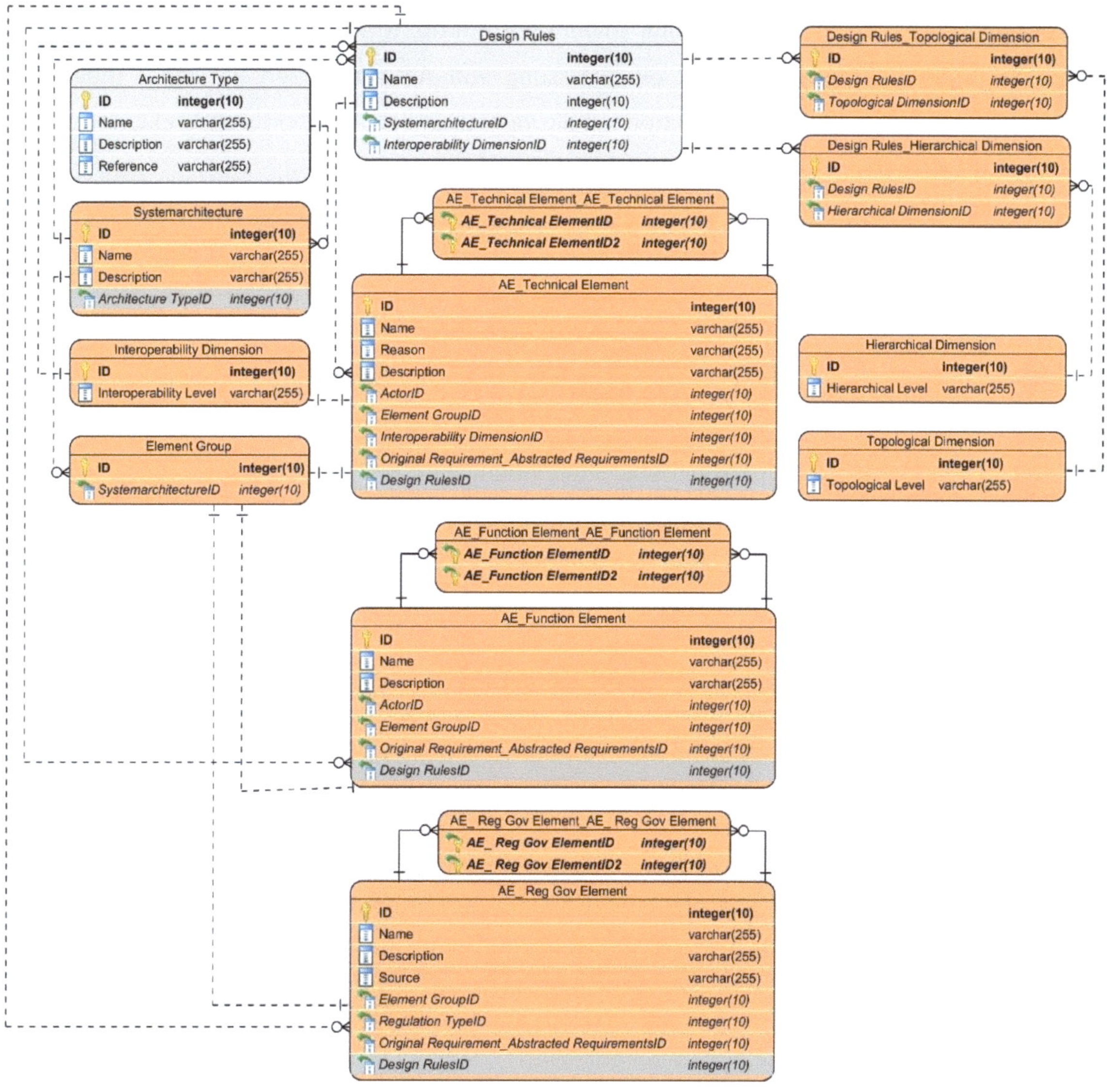

Abbildung 65. Ergänzungen im konzeptionellen Datenmodell des *Structural Frameworks*

6.5 Diskussion

In diesem Kapitel ist die *System Design Methodology* beschrieben worden. Sie bildet den Kern des MAF und vereint in ihrer Gesamtheit alle MAF-Komponenten. Die Methodik leitet sich initial vom e-Navigation-Implementierungsprozess ab. Sie ermöglicht den Anwendern die Beschreibung einer Architektur sowohl technologiegetrieben bottom-up als auch anwendungsgetrieben top-down.

Die Methodik integriert für die Erstellung einer Architekturbeschreibung das *Structural Framework* zwecks Abbildung sowohl von Anforderungen und Architekturmodellen als auch von Regeln für die Anordnung von Architekturelementen. Hierfür werden zusätzlich die MAF-Komponenten *Requirements Management* und *Design Rules* adressiert und in diesem Kapitel beschrieben. Das Vorgehen zur Erfassung und Beschreibung von Anforderungen folgt dabei gängigen Vorgehensmodellen. Es ist jedoch dahingehend erweitert worden, als dass eine

Anforderungserfassung bzw. -einordnung sowohl bottom-up, top down bzw. einem gemischten Ansatz folgen kann. Dies ermöglicht die Erfassung von Anforderungen auf jeder möglichen Architekturperspektive und die Abstraktion auf die verbleibenden Architekturperspektiven.

Die Erfassung von Regeln, etwa basierend auf Referenzarchitekturen, die den internen Aufbau eines Systems erfordern, wird innerhalb von *Design Rules* mit dem *Structural Framework* visualisiert. Ein späterer Vergleich von Referenzarchitekturen und einer Systemarchitektur in einer gemeinsamen Visualisierung unter Nutzung des *Structural Frameworks* ermöglicht einen späteren Abgleich.

Zusätzlich dazu wird die MAF-Komponente *Analysis* innerhalb des Prozessschritts *Gap Analysis* der Methodik verwendet. Die Verwendung der in *Analysis* beschriebenen Vorgehensmodelle ermöglicht eine eingehende Betrachtung und einen potentiellen Erkenntnisgewinn für die Anwender. Die Resultate können in späteren Iterationen bei der Erstellung einer Architekturbeschreibung reflektiert bzw. integriert werden. Auch hier wird das *Structural Framework* als Basis für den visuellen Vergleich von Architekturelementen verschiedener Systeme bzw. von Anforderungen verwendet.

Zudem werden durch die Integration des *Structural Frameworks* in die Methodik bzw. in die Teilkomponente *Requirements Management*, *Design Rules* und *Analysis* neben Aspekten aus dem Systems Engineering auch Aspekte des EAM und des System of Systems Engineering adressiert.

Für eine gemeinsame Darstellung der Beziehungen und Abhängigkeiten zwischen der Methodik und den MAF-Komponenten wird im nachfolgenden Kapitel das Metamodell des MAF beschrieben. Hier werden auch die jeweiligen Nutzer, ihre Perspektiven und ihr spezifisches Wissen in diesem Zusammenhang dargestellt.

Kapitel 7
Metamodell des Maritime Architecture Frameworks

„Eine Gesamtübersicht über den Aufbau des Maritime Architecture Frameworks und Darstellung der Zusammenhänge der einzelnen MAF-Komponenten"

Um die Zusammenhänge und wechselseitigen Abhängigkeiten zwischen den MAF-Komponenten zu beschreiben, werden in diesem Kapitel Aufbau und die Struktur des Maritime Architektur Frameworks auf Metaebene beschrieben (siehe Abbildung 66). Die Darstellung der MAF-Komponenten in einem gemeinsamen Metamodell soll die Übertragung des Konzepts in praktische Anwendungen vereinfachen. Das MAF wird auf der Grundlage eines Komponentendiagramms sowie als konzeptionelles Datenmodell dargestellt. Letzteres bildet die Ausgangslage für die Erstellung von Entwurfsvorlagen zur Architekturbeschreibung maritimer Systeme, wie sie auch in der MAF Evaluation Verwendung finden.

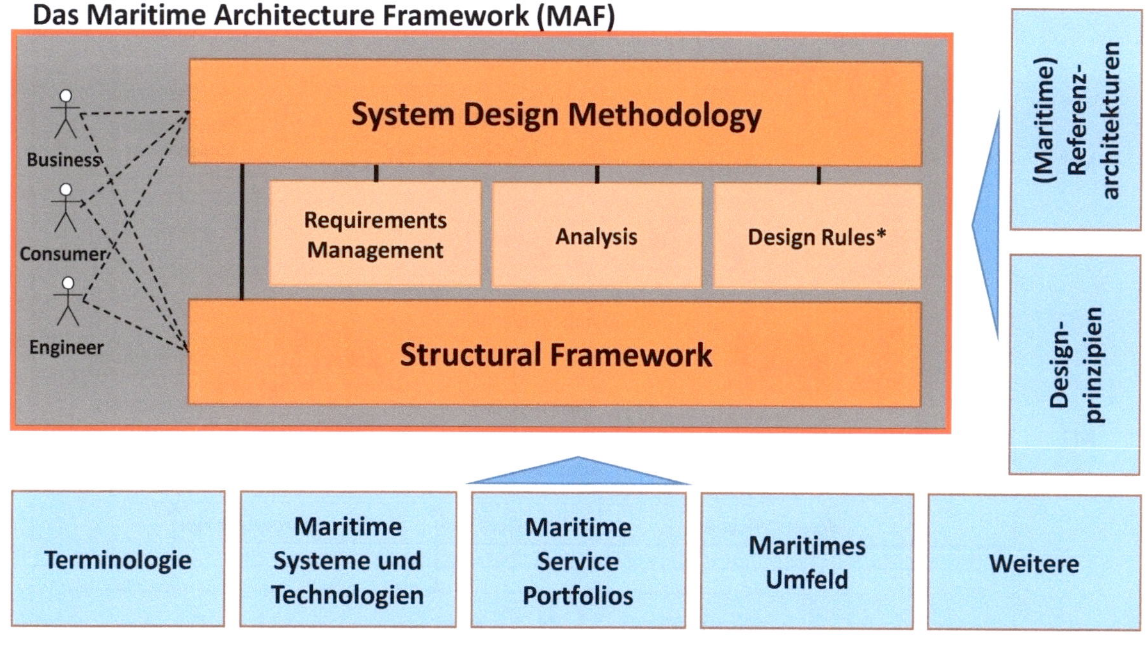

Abbildung 66. Struktur des Maritime Architecture Frameworks

In der Darstellung des MAF in einem Komponentendiagramm werden zudem unterschiedliche

Informationsströme dargestellt, die zum einen die Beschreibungsperspektive einer sozio-technischen Architektur ermöglichen und zum anderen die Wissensstände der Nutzergruppen reflektieren.

7.1 Konzeptionelle Einordnung des MAF

Nachfolgend wird das MAF innerhalb der Vier-Ebenen Architektur des MDA bzw. MDE Konzeptes (Kapitel 2.3) eingeordnet. Dadurch sollen die Zusammenhänge zwischen dem MAF und seinen Komponenten mit Systemen, deren Architekturbeschreibungen sowie mit relevanten Einflüssen (Standards, die maritime Domäne) dargestellt werden.

Abbildung 67 hebt die MAF-Komponenten *Structural Framework* und *System Design Methodology* farblich (orange) hervor. Die Komponenten *Design Rules, Requirements Management* und *Analysis* sind in der Abbildung innerhalb des *System Design Methodology* verortet. Zudem wird das *Structural Framework* von allen MAF-Komponenten für verschiedene Zwecke, wie etwa als Darstellungsbasis für Architekturmodelle oder für die Einordnung von Anforderungen, verwendet und dementsprechend dargestellt. Insgesamt sind die MAF-Komponenten auf Ebene M2 für Metamodelle eingeordnet, da das MAF als Architekturframework Konventionen und Vorgehensmodelle für die Erstellung von Architekturbeschreibungen (eingeordnet auf M1) von Systemen bietet.

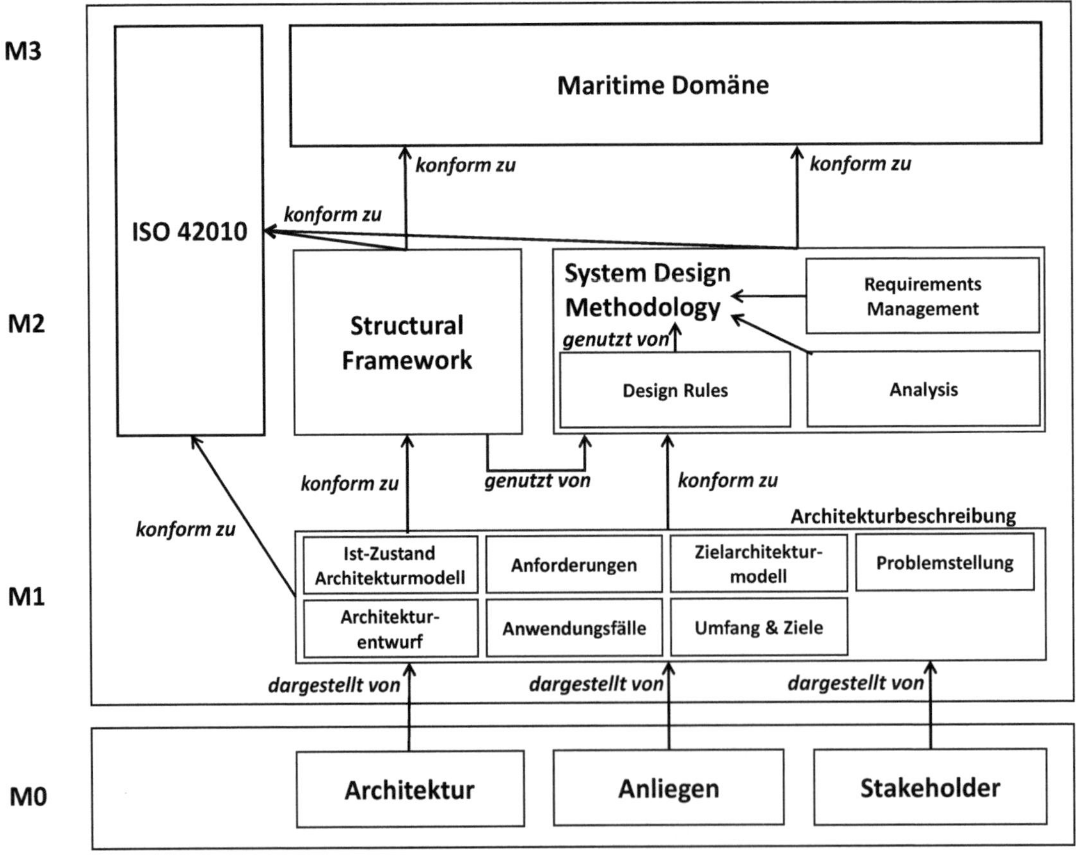

Abbildung 67. Die MAF-Komponenten eingeordnet in der Vier Ebenen Architektur (angelehnt an [Rich17])

Ausgehend von der Struktur des MAF beinhaltet eine Architekturbeschreibung den ursprünglichen Ist-Zustand des betrachteten Systems bzw. der Systemumgebung. Zudem werden die Architekturelemente der Zielarchitektur hinsichtlich Funktion und Eigenschaften im Architekturentwurf beschrieben. Zur Darstellung der Zielarchitektur bzw. von Architekturentwürfen in einem Architekturmodell wird das *Structural Framework* verwendet. Eine Architekturbeschreibung beinhaltet zudem Systemanforderungen, die über die MAF-Komponente *Requirements Management* erfasst und beschrieben worden sind. Wie in der Abbildung zu sehen, werden mittels der *System Design Methodology* die Erstellung bzw. Erfassung von Problemstellungen, Umfang und Zielen eines Systems sowie daraus resultierenden Anwendungsfälle strukturiert. Ausgehend von Ebene M0 basieren die in der Architekturbeschreibung zusammengefassten Informationen auf Stakeholderm und deren Anliegen bzw. Bedarf.

Dabei folgt das MAF Standards und Richtlinien für die Erstellung von Architekturframeworks und -beschreibungen. Analog zum Verständnis über die Einordnung des Konzepts für Architekturframeworks und ISO 42010 in Abbildung 7 sind diese Vorgaben auf Ebene M2 und M3 eingeordnet. Im Gegensatz dazu sind übergeordnete domänenspezifische Einflüsse als „äußere" Vorgaben ausschließlich auf Ebene M3 eingeordnet.

7.2 Anwendungsorientierte Sicht auf die MAF-Komponenten

Das Komponentendiagramm des MAF ergibt sich aus der Darstellung der Abhängigkeiten und Zusammenhängen zwischen den in Kapitel 5 und Kapitel 6 eingeführten unterschiedlichen MAF-Komponenten. Abbildung 68 stellt den Aufbau des MAF für die Erstellung einer Architekturbeschreibung dar. Das Komponentendiagramm vereint dabei die Aspekte aus M2 und M1 zur Abbildung der Anliegen der Stakeholder bzw. zur Darstellung und Analyse maritimer Systemarchitekturen. Die unterschiedlichen Informationsarten unterschiedlicher Architekturperspektiven sind farblich voneinander abgegrenzt (Tabelle 3).

Tabelle 3. Farbliche Kennzeichnung der unterschiedlichen Informationsarten im MAF

Das Komponentendiagramm folgt im Aufbau und in der Struktur der *System Design Methodology*. Die abgebildetenen Komponenten gelten dementsprechend als (Teil-)Elemente in den jeweiligen Prozessschritten der *System Design Methodology (User Needs, Architecture & analysis, Gap Analysis)*. Sie sind farblich hervorgehoben, um den jeweiligen Schritten (siehe Kapitel 6.3.2) zu entsprechen. Die Legende zur Einordnung ist Tabelle 4 zu entnehmen.

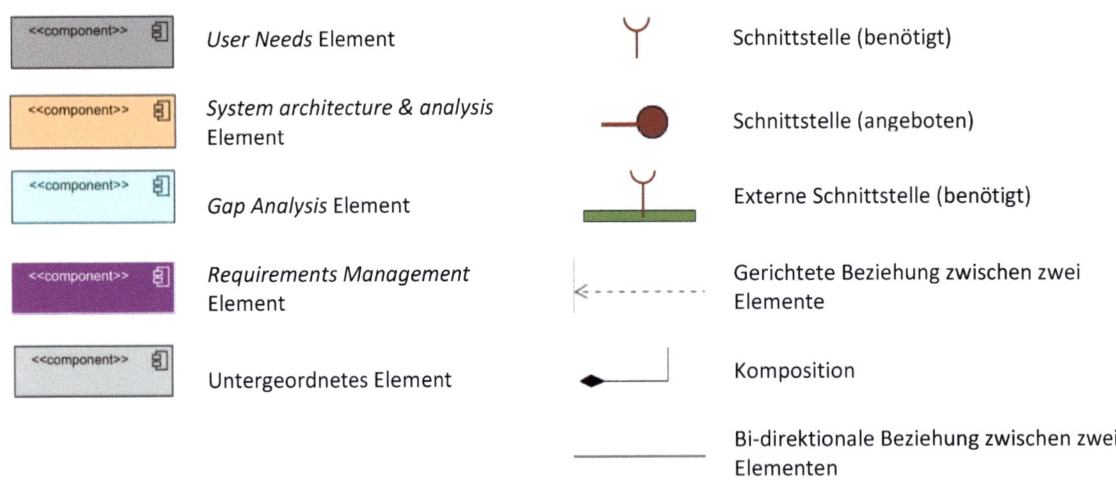

Tabelle 4. Legende für das nachfolgende Komponentendiagramm

Das Diagramm ist auf der nachfolgenden Seite abgebildet. Die Beschreibung hat den Schwerpunkt auf die Darstellung der erforderlichen Informationsarten sowie auf die wechselseitigen Abhängigkeiten zwischen den (Teil-)Elementen gelegt. Die erforderliche Struktur zur Erfassung der Informationen ist dem Datenmodell (siehe Kapitel 7.3) zu entnehmen.

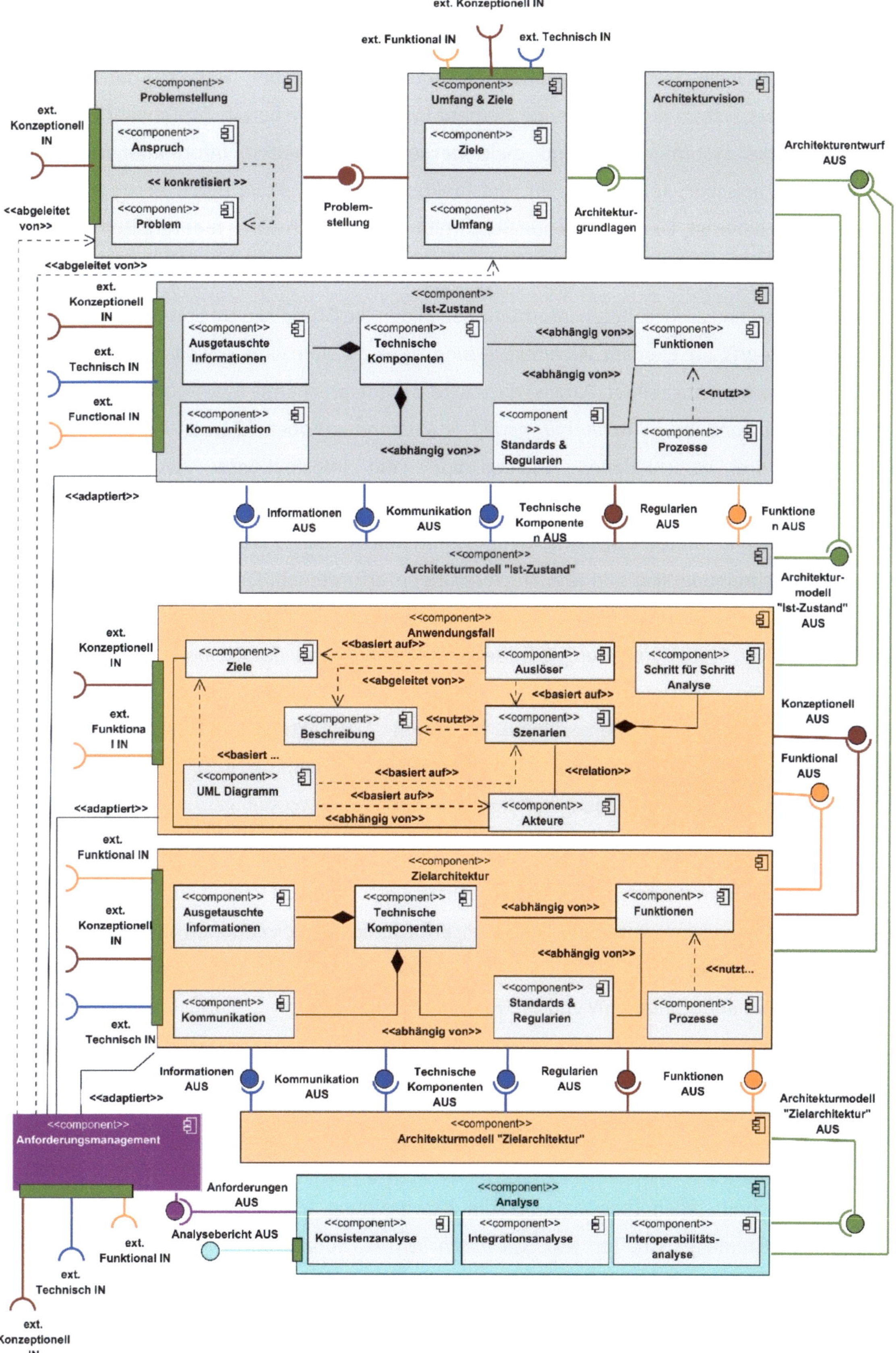

Abbildung 68. Komponentendiagramm des MAF aus anwendungsorientierter Sicht

Das Element *Problemstellung* bietet in der Darstellung als Komponente eine externe Schnittstelle, um Informationen durch die Nutzergruppen *Business* bzw. *Consumer* auf konzeptioneller Ebene zu erfassen und zu formalisieren. Aus interner Sicht bzw. von innerhalb der Methodik betrachtet, stellt das Element *Problemstellung* konzeptionelle Informationen über Herausforderungen und Ansprüche an das System für das folgende Element *Umfang & Ziele* bereit. Zur Gewährleistung der Beschreibung des Systemumfangs und -ziele werden zudem weitere Informationen über das System von technischer, konzeptioneller und funktionaler Perspektive durch Vertreter der drei Nutzergruppen benötigt. Eine umfassende Beschreibung kann auch durch mehrere Iterationen der gesamten Methodik erreicht werden und muss nicht bei der initialen Iteration final erfasst werden.

Die gesammelten und aufbereiteten Informationen bilden die Grundlage zur Erstellung eines ersten Architekturentwurfs im Element *Architekturvision*. Diese Vision wird soweit möglich auf dem *Structural Framework* abgebildet. Parallel dazu wird die entsprechende Systemumgebung über die Elemente *Ist-Zustand* bzw. *Architekturmodell Ist-Zustand* erhoben. Der Ist-Zustand wird von Nutzern der drei verschiedenen Nutzergruppen mit Informationen von außerhalb des Informationskreislaufes innerhalb der Methodik erhoben und „mafisiert" (siehe Datenmodell). Das Element *Ist-Zustand* bietet insgesamt acht Schnittstellen. Zur Erstellung einer umfassenden Architekturbeschreibung sind alle drei Nutzergruppen erforderlich. Dementsprechend sind drei Schnittstellen (benötigt) für die Erfassung technischer, konzeptioneller und funktionaler Eigenschaften der Systemumgebung erforderlich. Zudem bietet das Element fünf ausgehende Schnittstellen. Sie repräsentieren die erforderlichen Informationsarten zur Darstellung der unterschiedlichen Architekturperspektiven in einem Architekturmodell im nachgeordneten Element *Architekturmodell „Ist-Zustand"*. Der Architekturentwurf wird in einer gemeinsamen Darstellung mit der Systemumgebung auf dem *Structural Framework* eingeordnet.

Die zuvor erfassten Informationen bilden die Grundlage zur Ableitung und Beschreibung von Anwendungsfällen im Element *Anwendungsfall*. Hierfür erfordet das Element eine Schnittstelle zum Element *Architekturvision*. Potentiell zusätzlich erforderliche Informationen von außerhalb der Methodik werden aus Perspektive der Nutzergruppen *Business* und *Consumer* über die Schnittstellen *ext. Konzeptionell IN* und *ext. Funktional IN* erfasst.

Die Anwendungsfälle dienen als Basis zur Ableitung von Architekturelementen für die folgende Beschreibung der Zielarchitektur. Das Element *Zielarchitektur* hat neun Schnittstellen. Zur Erstellung einer umfassenden Architekturbeschreibung unter Berücksichtigung aller identifizierten Architekturperspektiven sind Vertreter aller drei Nutzergruppen erforderlich. Dementsprechend gibt es drei Schnittstellen (benötigt) für die Beschreibung technischer, konzeptioneller und funktionaler Systemeigenschaften (*ext. Technisch IN, ext. Konzeptionell IN, ext. Funktional IN*). Hinzu kommt eine Schnittstelle (erforderlich; *Architekturentwurf AUS*) zum Element *Architekturvision,* um die Zielarchitektur auf Basis des Architekturentwurfs zu definieren. Zudem bietet das Element fünf ausgehende Schnittstellen: *Informationen Aus*, *Kommunikation AUS*, *Technische Komponenten AUS*, *Regularien AUS* und *Funktionen AUS*. Über diese Schnittstellen werden die Informationen über die Zielarchitektur dem Element *Architekturmodell*

„Zielarchitektur" zur Verfügung gestellt. Dem Element werden somit alle erforderlichen Informationen für eine Abbildung der Systemarchitektur auf dem *Structural Framework* zu ermöglichen, bereitgestellt.

Die Systemarchitektur bildet die Basis für weitergehende Analysen im Element *Analysis*. Daher ist eine Schnittstelle zum Element *Architekturmodell „Zielarchitektur"* erforderlich. Zusätzlich sind für die Analysen im MAF auch die Betrachtung der erfassten Anforderungen notwendig. Der Informationsbedarf für die Durchführung der Analysen wird durch die jeweiligen Schnittstellen (benötigt) in der Abbildung skizziert. Die Ergebnisse der Analyse werden als Analysebericht dem Nutzer zur Auswertung zur Verfügung gestellt. Die Bereitstellung der Analyseergebnisse versinnbildlicht die Schnittstelle *Analysebericht AUS*.

Wie in dem Diagramm zu sehen, ist das *Anforderungsmanagement* mit den bereits beschriebenen Elementen im Komponentendiagramm verknüpft. Anforderungen werden von der ursprünglichen *Problemstellung* bzw. von den Beschreibungen über *Umfang & Ziele* initial abgeleitet. Zudem steht das Element *Anforderungsmanagement* in wechselseitiger Beziehung zu den Elementen *Ist-Zustand* und *Anwendungsfall*. Dadurch können innerhalb dieser Elemente bereits erfasste Anforderungen bei der Beschreibung von Anwendungsfällen bzw. dem Ist-Zustand einer Systemumgebung berücksichtigt werden. Andersherum können bereits erfasste Anforderungen durch Berücksichtigung eines Ist-Zustands bzw. der Anwendungsfälle weiter spezifiziert und entsprechend der Methodik zur Beschreibung von Anforderungen auf technische, funktionale oder konzeptionelle Ebene abstrahiert werden. Zudem erfordert ein Anforderungsmanagement Informationen zur Erstellung von Anforderungen seitens der Nutzer. Dies wird hier durch drei externe Schnittstellen (benötigt) für die Erfassung von Informationen auf konzeptioneller, technischer und funktionaler Ebene repräsentiert. Abschließend werden die beschriebenen Anforderungen im Rahmen von verschiedenen Analysen der Architekturbeschreibungen benötigt. Daher bietet das hier skizzierte Element eine Schnittstelle (*Anforderungen AUS*) für deren Erfassung durch weitere Elemente.

7.3 Datenmodell

Das übergeordnete Datenmodell der *System Design Methodology* vereint die in den vorangegangenen Kapiteln beschriebenen Datenstrukturen in Kombination mit dem Datenmodell des *Structural Framework* (siehe Kapitel 5). Aufgrund seines Umfangs wird das Datenmodell im Anhang A.9 abgebildet bzw. tabellarisch beschrieben (siehe Anhang A.10). Um das Konzept der Methodik in der Evaluation zu prüfen, sind zudem auf Basis des Datenmodells in Kombination mit den jeweiligen Prozessschritten Entwurfsvorlagen erstellt worden (siehe Anhang A.2 - A.5). Das Datenmodell ermöglicht in seiner Gesamtheit eine Ableitung der erforderlichen Informationen zur Darstellung von Architekturen im *Structural Framework* sowie die Grundlage für eine technische Unterstützung des MAF.

7.4 Diskussion

In diesem Kapitel werden die zuvor beschriebenen MAF-Komponenten und deren Funktionalitäten in Kontext zu einander gesetzt und beschrieben. Hierfür sind das MAF und seine Komponenten initial im Rahmen des MDE in der dort beschriebenen Vier-Ebenen Architektur eingeordnet und im Kontext sowohl zur maritimen Domäne allgemein bzw. zu relevanten Standards gesetzt worden. Zudem ermöglicht diese Form der Darstellung die Kontextualisierung mit den übergeordneten Zielen des MAF, nämlich die Erstellung von Architekturbeschreibungen von Systemen in Verbindung mit Stakeholdern und deren Anliegen zu beschreiben.

Im Fortlauf des Kapitels ist das MAF auf Metaebene aus zwei unterschiedlichen Perspektiven betrachtet worden. Zum einen wird das MAF in Struktur und Aufbau angelehnt an die UML in einem Komponentendiagramm skizziert. Zum anderen ist ein konzeptionelles Datenmodell des MAFs erstellt worden. Die Darstellung der MAF-Komponenten in einem Komponentendiagramm ermöglicht eine informationstechnische Konkretisierung. Hierfür bildet die *System Design Methodology* als Kern des MAF die Basis für den Aufbau des Diagramms. Das Diagramm ermöglicht die Einordnung der jeweiligen Aspekte der unterschiedlichen MAF-Komponenten, die bei Anwendung dieser Methodik adressiert werden. Diese Teilelemente der MAF-Komponenten werden durch farbliche Hervorhebung den jeweiligen Schritten der Methodik zugeordnet. Hierbei wird innerhalb der MAF-Komponenten zwischen zwei Typen unterschieden: Es gibt die unterstützende Komponente *Structural Framework* und Komponenten, die ein Vorgehensmodell für Erstellung einer Architekturbeschreibung, Analyse oder Anforderungsmanagement beinhalten. Letztere Gruppe verwendet das *Structural Framework* in unterstützender Funktion zur Visualisierung und Kontextualisierung verschiedener Aspekte. Im Rahmen des Meta Modells werden die als optional deklarierte MAF-Komponente *Design Rules* nicht weiter eingeordnet. Sie bildet jedoch de facto ein weiteres Element im obigen Komponentendiagramm des MAF, welches abhängig von zuvor identifizierten Anforderungen bzw. äußeren Vorgaben ein Regelwerk zur Berücksichtigung einer bestimmten Struktur bei der Erstellung von Architekturmodellen bereitstellt.

Im Zusammenhang mit dem beschriebenen Komponentendiagramm ist das MAF auf Metaebene noch in ein konzeptionelles Datenmodell überführt worden, um die jeweiligen Entitätstypen der einzelnen MAF-Komponenten abzubilden. Dadurch konnte ein Mehrwert durch die Darstellung über die jeweils zu erfassenden Informationen für eine Architekturbeschreibung generiert werden. Zudem dient dieses Modell als Grundlage für die Erstellung von Entwurfsvorlagen, die sukzessiv den Prozess der Erstellung einer Architekturbeschreibung durch Anwender unterstützen. In ihrer Gesamtheit sollen die Inhalte dieses Kapitels künftig einen Beitrag zur Verwendung des MAF in der Praxis leisten.

Kapitel 8
Überprüfung und Test des MAF

"Nachweis der Anwendbarkeit und Praktikabilität"

In diesem Kapitel wird auf den Test und die Validierung des Maritime Architecture Framework eingegangen. Das Kapitel beinhaltet eine Beschreibung des Evaluationsdesigns inklusive des Evaluationsziels und -ansatzes zur Definition der Art und Weise der Durchführung. Zudem werden die Ergebnisse der Evaluation präsentiert und abschließend diskutiert.

8.1 Der Untersuchungsgegenstand

Im Fokus der Evaluation steht vor allem das Zusammenspiel der übergeordneten Komponenten *System Design Methodology* und *Structural Framework*, jedoch wird auch Bezug auf die weiteren Komponenten genommen. Dementsprechend ist der Evaluationsgegenstand „Maritime Architecture Framework" auf Basis seiner Elemente wie folgt nach Priorität aufgegliedert:

- System Design Methodology
- Structural Framework
- Requirements Management
- Analysis
- Design Rules

Insgesamt wird dabei maßgeblich auf das Zusammenspiel dieser Komponenten Bezug genommen, wie sie im Metamodell in Kapitel 7 beschrieben werden.

Die Auswahl der anzuwendenden Testmethoden orientiert sich dabei an dem Nachweis des Nutzens des Maritime Architecture Frameworks. Da die Entwicklung des MAF unter anderem als Bestandteil einer Experimentreihe im Rahmen von CPSE labs stattgefunden hat, wird zunächst auf die Rückmeldungen und Erfahrungen der Experimentpartner eingegangen. Im Anschluss folgt die Beschreibung der Evaluationsziele gefolgt von dem daraus resultierenden Testkonzept.

8.2 Wirksamkeitsnachweise während der Entwicklung

Im Rahmen von CPSE-labs [Cpse17] sind zwei Experimente zur Entwicklung eines landbasierten Reiseplanungsdienstes (Shore-Based Voyage Planning, kurz: SBVP) sowie zur Entwicklung einer webbasierten Managementplattform (MC Portal) für die nutzerorientiere Administration der Maritime Service Registry (MSR) und Maritime Identity Registry (MIR) für die Maritime Connectivity Platform durchgeführt worden. Die genannten Experimente werden nachfolgend kurz eingeführt, bevor im Anschluss die Anwendung des MAFs vor diesem Hintergrund diskutiert wird.

Shore-Based Voyage Planning Die Ziele dieses Experiments liegen in der Spezifizierung und Entwicklung eines erweiterten Dienstes auf Basis eines bereits existierenden Dienstes für die Verteilung von navigationsrelevanten Daten für SOLAS-Schiffe. Der Schwerpunkt des Experiments liegt dabei in der Bereitstellung eines Dienstes, der eine landgestützte Optimierung einer Reiseroute, angepasst an relevante Parameter für die Reiseplanung von SOLAS-Schiffen, sowie die anschließende Bereitstellung für eine ECDIS an Bord vorsieht.

MC Portal Das Ziel dieses Experimentes ist die Entwicklung eines plattform-unabhängigen Portals, das die jeweiligen Schnittstellen der MIR und MSR nutzt, um die Registrierung und Administration von Maritime Connectivity Platform-Diensten sowie das Identitätsmanagement seitens der Service Provider (dt. Dienstanbietern) zu vereinfachen. Hier musste im Rahmen der Entwicklung die Integration innerhalb der bestehenden Struktur der Maritime Connectivity Platform, deren Umsetzung in verschiedenen internationalen Projekten realisiert wird, berücksichtigt werden.

Das MAF wurde in beiden Experimenten als initialer Ansatz für die einheitliche Entwicklung der Systemarchitektur herangezogen. In diesem Rahmen wurde eine erste Version von Entwurfsvorlagen für die Beschreibung von Anwendungsfällen verwendet. Diese Entwurfsvorlagen basieren auf den Datenstrukturen, wie sie im Metamodell skizziert werden. Ergänzend hierzu wurden Zusammenhänge und Hintergründe sowie die Anwendung des MAFs im Rahmen von mehreren Workshops den Experimentpartnern vorgestellt und eingehend erläutert.

Während der Workshops sowie im Rahmen der Spezifizierung der einzelnen Anwendungsfälle der jeweiligen Experimente und der anschließenden Identifikation und Abbildung von Systemelementen im *Structural Framework* innerhalb eines mehrmonatigen Prozesses haben die Experimentpartner dabei umfangreiche Rückmeldungen über ihre Erfahrungen bei der Nutzung des MAFs gegeben.

Die Partner beider Experimente beschrieben dabei das *Structural Framework* als ein Modell, das alle relevanten maritimen Charakteristiken vereint sowie als ein nützliches Instrument zur Identifizierung von Einschränkungen der dargestellten Systemarchitekturen. Zudem wurde die zugrundeliegende Methodik mit ihrem iterativen Ansatz positiv hervorgehoben, da dadurch in kurzen Iterationen sukzessive Fortschritte in der Definition einer Systemarchitektur gemacht werden konnten. Vor diesem Hintergrund wurden einzelne Elemente der Entwurfsvorlage für die

Anwendungsfälle, wie etwa die Identifikation von Nutzergruppen oder das Erfassen von Anforderungen und deren Spezifikation bzw. Abstraktion auf verschiedene Abstraktionsebenen, als nützlich beschrieben. Ferner wurde das *Structural Framework* in Verbindung mit der Entwurfsvorlage für Anwendungsfälle im Rahmen des MC Portal Experiments genutzt, um relevante Komponenten der Maritime Connectivity Platform (MIR, MSR, sowie weitere Hard- und Softwareaspekte) vor dem Hintergrund ihrer Funktion für Experimentzwecke zu spezifizieren und abzubilden. Im Anschluss daran konnte die Architektur des zu entwickelnden MC Portal auf den verschiedenen Interoperabilitätsebenen eingeordnet werden. So konnten zum einen eine Übersicht über die Funktionalität des MC Portal in Verbindung mit bereits existierenden Systemkomponenten der Maritime Connectivity Platform generiert und zum anderen notwendige Schnittpunkte zwischen vorhandenen und neuen Elementen für eine Kooperation zwischen den Systemen identifiziert werden. Das so erlangte Wissen konnte nach Aussage des Projektpartners bei der weiteren Spezifizierung der Systemarchitektur des MC Portals sowie bei der Implementierung positiv verwendet werden.

Durch die aus diesen Anwendungen gewonnenen Erfahrungen konnten weitere Erkenntnisse für eine praxisorientierte Verwendung des MAF gesammelt werden. So wurde die umfangreiche Abbildung der Anwendungsfälle mittels UML sowie die weitgehende Adaption der *Use case methodology,* wie definiert in IEC 62559, als relativ komplex für weniger umfangreiche Systemarchitekturentwicklungen befunden. Dementsprechend konnte als Resultat die zusätzliche Anforderung nach einer möglichst dynamischen *System Design Methodology* mit reduziertem Anwendungsaufwand konkretisiert werden. Als weiteren Input für die sukzessive Optimierung des MAFs wurden zudem eine Reduzierung des Umfangs der Entwurfsvorlage für Anwendungsfälle sowie die allgemeine Reduktion der Komplexität als relevante Kriterien für eine praxisorientierte Verwendung identifiziert.

Zusammenfassend ist festzustellen, dass diese Anwendung des MAFs in einem frühen Stadium der Entwicklung nicht als Teil einer repräsentativen Evaluation dieser Arbeit herangezogen werden kann. Es ermöglichte jedoch zum Zeitpunkt der Durchführung einen umfangreichen Überblick über die Einschätzungen und Bewertungen dieses Ansatzes seitens der Experimentpartner und ist daher als positive Ergänzung im Rahmen der weiteren Entwicklung und Evaluation des MAFs zu bewerten.

8.3 Evaluationsziel

Das Evaluationsziel ist der Nachweis eines Nutzens des Maritime Architecture Framework. Hierbei bedeutet „Nutzen", inwieweit der Untersuchungsgegenstand für den Einsatzzweck anwendbar ist sowie ob der Einsatz einen Mehrwert im Vergleich zu existierenden Ansätzen und Methoden bietet. Daraus resultiert der nachfolgend beschriebene Evaluationsansatz.

8.3.1 Evaluationsansatz

Auf Basis des Evaluationsziels und der zu überprüfenden Elemente des MAFs folgt die Evaluation einem Zwei-Stufen-Ansatz (siehe Abbildung 69).

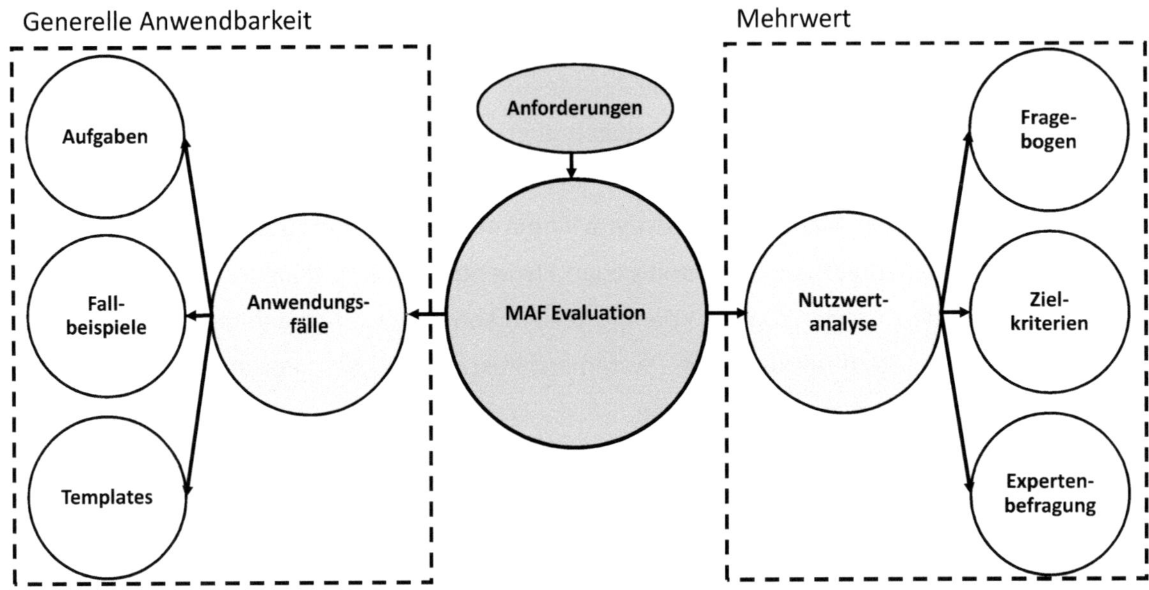

Abbildung 69. Zweistufiger Evaluationsansatz

Die erste Stufe soll den Nachweis der generellen Anwendbarkeit des MAFs ermöglichen. Hierbei soll exemplarisch in einem Anwendungsszenario mit realem Bezug die Spezifizierung einer Systemarchitektur unter Anwendung der *System Design Methodology* bei Miteinbeziehung weiterer MAF-Komponenten iterativ von der ersten Definition bis zu einem bestimmten Reifegrad durch das MAF begleitet werden. Vor dem Hintergrund der Anwendbarkeit bedeutet dies, einen Nachweis darüber zu führen, ob das MAF entsprechend seiner definierten Ziele hilft, die Beschreibung (neuer) Systemarchitekturen sowie die Integration von Systemarchitekturen in ein maritimes SoS Umfeld zu unterstützen. Hierfür wird folgende Hypothese als Ausgangslage für die Untersuchung aufgestellt:

Das MAF unterstützt die Entwicklung, Anpassung und Integration maritimer Systemarchitekturen in maritimen SoS.

Die Evaluierung von Enterprise Architecture Frameworks erfolgt wie etwa bei [SuGr06] und [MGHH12] auf einer Vergleichsbasis für die Auswahl eines der untersuchten Ansätze. Da hier jedoch ein Architekturframework stattdessen auf die generelle Anwendbarkeit geprüft werden soll, beschränkt sich der hier verwendete Ansatz auf die in [HMPR04] beschriebenen Evaluationsansätze. Eine solche Überprüfung der Anwendbarkeit wird z.B. auch für Referenzarchitekturen in der Telekommunikationsindustrie angewandt [Czar16]. Die Evaluation wird exemplarisch am Szenario der Maritime Connectivity Platform Entwicklung durchgeführt.

Ergänzend hierzu soll in einem zweiten Schritt überprüft werden, ob das MAF gegenüber dem breiten Spektrum an existierenden Systems Engineering Methoden, die (in der maritimen Domäne) eingesetzt werden, einen messbaren Mehrwert im Vergleich zu existierenden Methoden bietet. Hierfür soll eine Nutzwertanalyse auf Grundlage von Experteninterviews und vorher definierten Zielkriterien durchgeführt werden.

8.3.2 Hilfsmittel zur Durchführung der Evaluation

Für die Durchführung der Evaluation werden folgende Aspekte zur Unterstützung herangezogen:

Anwendungsszenario „Maritime Connectivity Platform“ Vor dem Hintergrund der allgemeinen Entwicklung von e-Navigation Systemen wird die Entwicklung der Maritime Connectivity Platform im Rahmen des EfficienSea2 Projektes (ES2) sowie die Kooperation innerhalb der Systementwicklung mit weiteren Projekten betrachtet. Das EfficienSea2 Projekt, mit einer Laufzeit von 2015 bis 2018, fokussiert sich u.a. auf die Entwicklung der Maritime Connectivity Platform als ein Kommunikationsframework für effizienten, sicheren, vertrauenswürdigen sowie nahtlosen elektronischen Informationsaustausch zwischen autorisierten Stakeholdern innerhalb der maritimen Domäne. Innerhalb von ES2 werden zwei der drei Kernkomponenten der Maritime Connectivity Platform gegenwärtig entwickelt: die MIR und die MSR. Die Komponenten sind jeweils eigenständige Cyber-physische Systeme und als Teil der SoS Umgebung der Maritime Connectivity Platform miteinander verknüpft. Die dritte Kernkomponente ist der Maritime Messaging Service (MMS) und wird im Rahmen des Smart Navigation Projekts in Südkorea entwickelt. Eine übergeordnete Beschreibung der Maritime Connectivity Platform ist [HWPC16] zu entnehmen.

Während der Projektlaufzeit von ES2 sind die bereits veröffentlichten Versionen der MIR und MSR im Rahmen der Systementwicklung innerhalb der Projekte STM und Smart Navigation in deren Systemlandschaft integriert worden. Hierbei werden die MIR und MSR in ihrer bestehenden Implementierung im Rahmen von ES2 für andere Projekte bereitgestellt. Ferner ist im Rahmen eines CPSE-labs Experiment das MC Portal entwickelt worden, das als Management-Tool für die MIR und MSR von (künftigen) Dienstanbietern innerhalb der Maritime Connectivity Platform genutzt werden soll. Abschließend werden gegenwertig im Rahmen von Arbeitspaket 1 (WP1) in ES2 sowie im projektübergeordneten Maritime Connectivity Platform Development Forum (MCDF) Anstrengungen unternommen, potentielle Geschäfts- und Verwaltungsmodelle für die Maritime Connectivity Platform zu identifizieren. [Mari00], [HWPC16], [CTBA16],

Entwurfsvorlagen Für die Spezifizierung der übergeordneten Systemarchitektur der Maritime Connectivity Platform, wie im obigen Anwendungsszenario beschrieben, werden verschiedene Entwurfsvorlagen auf Basis der im Metamodell beschriebenen Datenstrukturen als Vorlage verwendet (siehe Anhang A.2 - A.6). Die Entwurfsvorlagen orientieren sich dabei an den jeweiligen Schritten der Methodik und unterteilen sich in Vorlagen zur Erfassung von

Anwendungsfällen, Anforderungen sowie zur Beschreibung der Systemarchitektur.

Nutzwertanalyse Die Nutzwertanalyse ist eine Methode, um den Nutzwert verschiedener zur Auswahl stehender Alternativen im Verhältnis zueinander zu bestimmen. Hierbei wird eine Anzahl X an Kriterien entsprechend ihrer Relevanz für das Zielsystem gewichtet und als Bewertungsgrundlage verwendet. Jede Alternative wird unter Verwendung dieser Kriterien entsprechend ihrer diesbezüglichen Eignung bewertet. Die Bestimmung dieser sogenannten Teilnutzwerte, resultierend aus der Bewertung der Kriterien, erfolgt durch folgendes Berechnungsschema:

$$Teilnutzwert = \frac{Gewichtung\ des\ Kriteriums}{Summe\ der\ Gewichtung\ aller\ Kriterien} * Bewertung$$

Die Summe resultierend aus der Addition der einzelnen Teilnutzwerte einer Alternative liefert die Grundlage zur Bestimmung des Gesamtnutzwerts. [Zang14], [Spri17]

Kriterien Die Kriterien leiten sich ab von den Anforderungen, die eingangs an die Entwicklung eines domänen-spezifischen Architektur Frameworks für die maritime Domäne gerichtet worden sind, sollen dabei jedoch möglichst universell gehalten werden, damit auch Systems Engineering Methoden, die nicht auf dem Ansatz von Architektur Frameworks basieren, ausreichend Berücksichtigung finden.

- Maritime Charakteristiken: Mit diesem Kriterium soll überprüft werden, ob die untersuchten Systems Engineering Methoden die topologische Struktur der maritimen Domäne, wie postuliert innerhalb der e-Navigation-Architektur, sowie weitere maritime Charakteristiken unterstützen.
- Abbildung verschiedener Architekturperspektiven: Dieses Kriterium repräsentiert die Möglichkeit der untersuchten Methoden, die Zielarchitektur entsprechend der von der IMO im Rahmen der e-Navigation-Strategie definierten Blickwinkel (Konzeptionell, Funktional, Technisch) zu visualisieren sowie deren Zusammenhänge darzustellen.
- Architekturbeschreibung: Das Kriterium dient der Bewertung, ob die untersuchten Methoden die Spezifizierung eine möglichst umfassende Architekturbeschreibung im Rahmen ihrer Anwendung unterstützen.
- Formalisierung: Dieses Kriterium ist für die dahingehende Bewertung, ob die Spezifikation der maritimen Systemarchitektur in einer möglichst formalen und damit standardisierten bzw. einheitlichen Format erfolgt.
- Unterstützung versch. Nutzergruppen: Dieses Kriterium dient der Bewertung der Methoden in Hinblick auf deren Unterstützung von verschiedenen Nutzergruppen mit unterschiedlicher Wissensbasis.
- Interoperabilität: Unter Verwendung dieses Kriteriums soll überprüft werden, ob die untersuchten Methoden Interoperabilitätsaspekte zwischen verschiedenen Systemen

innerhalb einer SoS Umgebung berücksichtigen bzw. darstellen.

- Skalierbarkeit: Dieses Kriterium dient der Überprüfung, ob die untersuchten Methoden mit möglichst geringem Aufwand entsprechend den Anforderungen an unterschiedliche Systemarchitekturentwicklungsprozesse angepasst werden können. Hierbei wird auch die Kompatibilität bzw. Integrationsfähigkeit der zu untersuchenden Methoden in Hinblick auf eine Verwendung in Kombination mit gängigen Projektmanagementmethoden berücksichtigt.
- Komplexität: Anhand dieses Kriteriums sollen die untersuchten Methoden sowohl in Bezug auf ihren Anwendungsaufwand und Umfang als auch in Bezug auf den notwendigen Lernaufwand bei initialer Nutzung bewertet werden.

8.3.3 Versuchsaufbau

Basierend auf dem Evaluationsansatz sowie den zu verwendenden Werkzeugen, gestaltet sich der Testaufbau für die Überprüfung der allgemeinen Anwendbarkeit wie folgt (siehe Abbildung 70).

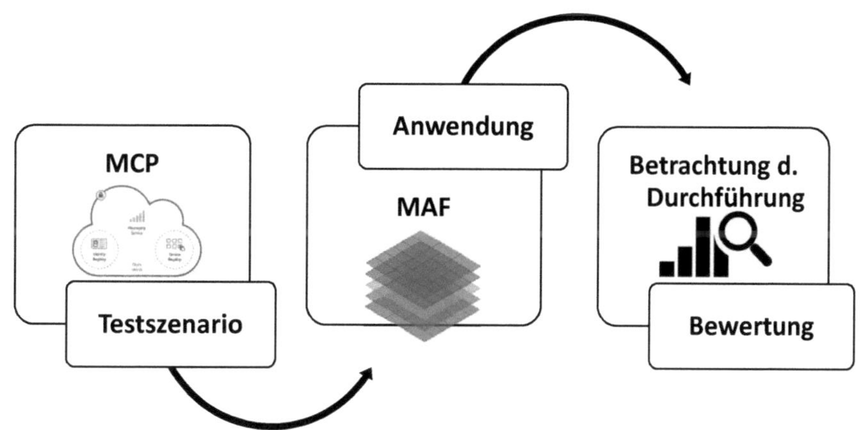

Abbildung 70. Genereller Versuchsaufbau für die Überprüfung der allgemeinen Anwendbarkeit

Wie in der Abbildung zu sehen, soll unter Berücksichtigung des Evaluationsziels im ersten Schritt der Evaluation der Nachweis der Anwendbarkeit des MAFs am Beispiel der Entwicklung der Maritime Connectivity Platform erfolgen. Die Entwicklung der Maritime Connectivity Platform bietet sich als Evaluationsszenario an, da hier insbesondere die wesentlichen Aspekte aus der e-Navigation adressiert werden und ein harmonisierter Informationsaustausch zwischen unterschiedlichen maritimen Systemen unterstützt werden soll.

Basierend auf der eingangs formulierten Hypothese (siehe Kapitel 8.3.1) lassen sich hierfür drei verschiedene Fallbeispiele am Beispiel der Maritime Connectivity Platform Entwicklung identifizieren, die die allgemeinen Entwicklungsziele des MAF adressieren. Dazu zählen:

Fallbeispiel 1 Die Entwicklung der Maritime Connectivity Platform und ihrer Komponenten unter Berücksichtigung der allgemeinen Anforderungen seitens der e-Navigation an eine solche Kommunikationsinfrastruktur unter Verwendung von bestehenden Technologien.

Fallbeispiel 2 Die Harmonisierung zwischen den verschiedenen Maritime Connectivity Platform Komponenten aus unterschiedlichen Projekten unter Verwendung des MAFs.

Fallbeispiel 3 Die Integration der Maritime Connectivity Platform in bestehende Systemlandschaften der maritimen Domäne unter Berücksichtigung sowohl technischer Aspekte als auch entsprechender Regularien und operativer Prozesse.

Abbildung 71 skizziert diesen Entwicklungsprozess beginnend mit einer top-down Entwicklung der Maritime Connectivity Platform Komponenten auf Basis dessen Konzepts [CTBA16], der daraus resultierenden Harmonisierung der in unterschiedlichen Projekten entwickelten Komponenten und der anschließenden bottom-up Integration der Systeme in existierende Systemumgebungen.

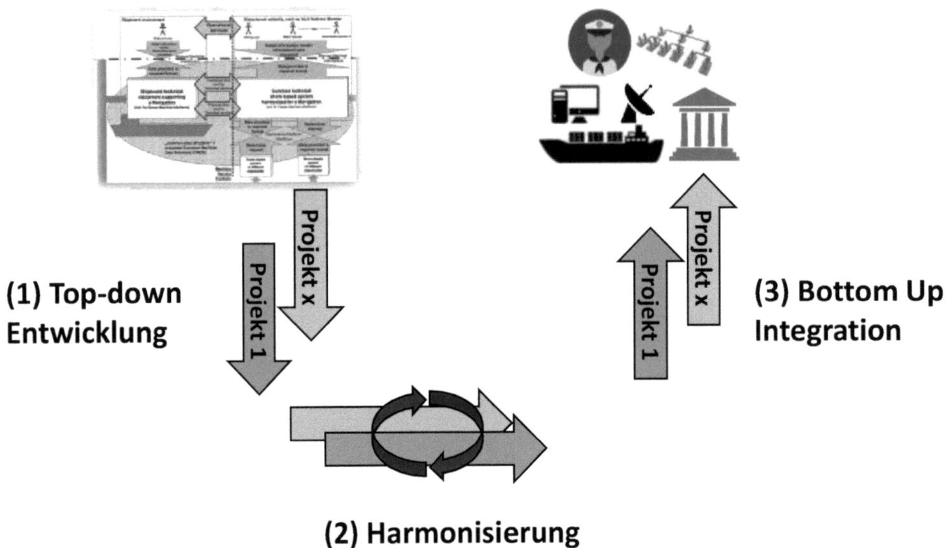

Abbildung 71. Entwicklung d. Maritime Connectivity Platform

Nach erfolgter Durchführung soll betrachtet werden, ob bzw. inwieweit der MAF bei Berücksichtigung der definierten Evaluationsziele im Testszenario erfolgreich verwendet werden konnte. Der zweite Schritt der Evaluation konzentriert sich auf den Nachweis des Nutzwerts gegenüber herkömmlichen Methoden. Abbildung 72 stellt den Versuchsaufbau dar.

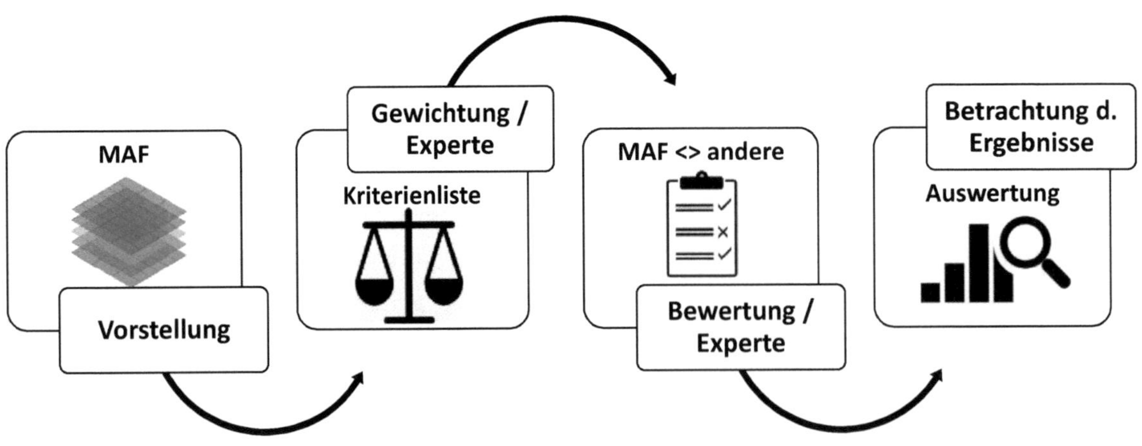

Abbildung 72. Genereller Versuchsaufbau für die Überprüfung eines Mehrwerts

Zur Bestimmung des Mehrwerts sollen Interviews mit verschiedenen Experten aus dem Bereich der maritimen- und bzw. oder Systems Engineering Domäne durchgeführt werden. Diese Interviews folgen dabei folgendem Ablauf mit Workshopcharakter:

- Präsentation des Maritime Architecture Framework,
- Darstellung der Anwendung des MAFs in einem Beispielszenario mit maritimem Hintergrund,
- Diskussion von offenen Fragen sowie die Vorstellung der Ergebnisse aus der ersten Evaluationsstufen,
- Bewertung des MAFs anhand von Kriterien,
- Gewichtung der Relevanz einzelner Kriterien.

Die Bewertung des MAFs anhand der Kriterien soll dabei vor dem Hintergrund jeweiliger, den befragten Experten bekannten, vorhandener Methoden zur Spezifizierung (maritimer) Systemarchitekturen vorgenommen werden. Die Bestimmung einer fest definierten Anzahl von existierenden Praktiken findet dabei aufgrund derer Vielfältigkeit keine gesonderte Berücksichtigung. Hierbei werden Experten interviewt, die im Rahmen einer Nutzwertanalyse die aufgestellten Kriterien nach Relevanz gewichten und anschließend den MAF im Vergleich zu ihnen bekannten artverwandten Methoden bewerten. Die Bewertung erfolgt auf Basis einer numerischen Rating-Skala (Likert Skala von 1 bis 5 [Like32], siehe Tabelle 5).

Note	Bedeutung
1	Sehr schlecht
2	Schlecht
3	OK
4	Gut
5	Sehr gut

Tabelle 5. Die Rating-Skala für die Evaluierung

Im Anschluss daran erfolgt die Zusammenführung der Ergebnisse. Zur Erstellung einer Gesamtgewichtung der Kriterien werden die Teilgewichtungen der Kriterien unter Bildung des Median als Lagemaß für ordinalskalierte Variablen berücksichtigt und entsprechend sortiert. [EiGS15]

Bei gleichem Median wird das Kriterium mit geringstem Interquartilsabstand als höher gewichtet angesehen.

8.4 Durchführung und Ergebnisse

Dieses Kapitel beinhaltet die Ergebnisdokumentation der zweistufigen Evaluation aufgeteilt in die Kapitel Anwendungsszenario Maritime Connectivity Platform und Experteninterviews. Um Ansätze und Aspekte der Maritime Connectivity Platform nicht zu verfälschen sowie der Internationalität der Experten Rechnung zu tragen, ist die Evaluation auf Englisch durchgeführt worden. Die Ergebnisse sind daher nachfolgend unverfälscht in Originalsprache wiedergegeben.

8.4.1 Anwendungsszenario Maritime Connectivity Platform

Die Evaluierung anhand des Anwendungsszenarios Maritime Connectivity Platform teilt sich auf in drei verschiedene Fallbeispiele, die nachfolgend hinsichtlich ihrer Durchführung und Ergebnisse dokumentiert werden. Für die Durchführung sind die im Rahmen dieser Arbeit entwickelten und auf dem MAF-Datenmodell bzw. der *System Design Methodology* basierenden Entwurfsvorlagen in Kombination mit dem *Structural Framework* verwendet worden.

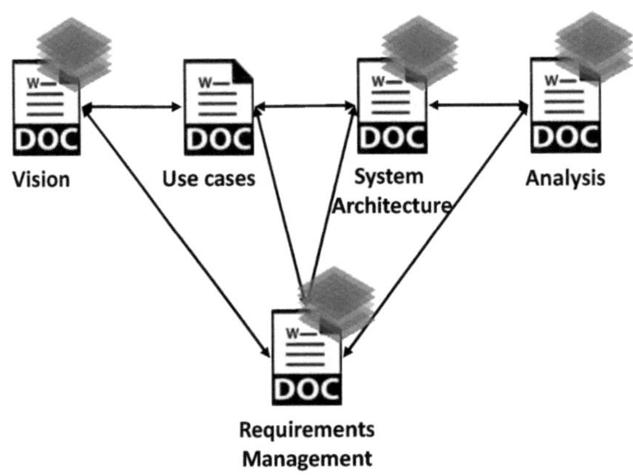

Abbildung 73. Entwurfsvorlagen des MAF

Abbildung 73 stellt die Zusammenhänge zwischen den Entwurfsvorlagen (und im Kontext mit dem *Structural Framework*) vereinfacht dar. Die Entwurfsvorlage „System Architecture" wird sowohl für die Beschreibung der Zielarchitektur als auch des Ist-Zustandes einer Systemumgebung verwendet (vgl. Kapitel 7.1).

8.4.1.1 Fallbeispiel 1

Die top-down Entwicklung der Maritime Connectivity Platform beginnt mit der Formulierung der existierenden Probleme und Anforderungen innerhalb der maritimen Domäne. Die initialen Probleme, die mittels der Maritime Connectivity Platform gelöst werden sollen, werden dabei u.a. in MG-4.2-2014[1] der EU Kommission beschrieben. Die dort adressierten Probleme werden in der Entwurfsvorlage „Vision" formal erfasst und unterteilt in eine allgemeine und eine technische Problemdarstellung. Hiervon leiten sich die Ansprüche an ein System für die Begegnung dieser Herausforderungen ab. Im Anschluss wird der Umfang der Maritime Connectivity Platform formuliert. Auf dieser Basis werden die allgemeinen Ziele des Systems abgeleitet. Tabelle 6 stellt dabei einen Auszug aus den übergeordneten Systemzielen der Maritime Connectivity Platform dar, die aus den vorangegangenen Informationen bzw. als der Problemstellung abgeleitet worden sind.

[1] http://cordis.europa.eu/programme/rcn/664902_en.html

System goals

ID	Name	Description
ES2-SV-G-1	Service management	Providing a platform for • registration, • discovering • and usage of operational and technical services
ES2-SV-G-2	Authentication	Providing a platform for identification of users such as human actors, physical devices, computer systems by using digitally sign communication and verification of them
ES2-SV-G-3	Communication	Improving communication using open standards, reusing existing components and infrastructure
ES2-SV-G-4	Offline support	Support the use of offline instances of particular functions of the envisioned system.
ES2-SV-G-5	Integration	Support the integration of the system into the maritime domain. This means an integration into existing technical structures and operational processes ashore but also onboard a ship.

Tabelle 6. Initial identifizierte Ziele der Maritime Connectivity Platform

Unter Verwendung der in der ersten Iteration über die Entwurfsvorlage „Vision" erfassten Informationen kann mittels des *Structural Frameworks* ein allgemeiner Systementwurf auf technischer, funktionaler und konzeptioneller Ebene abgeleitet werden. Abbildung 74 bildet dadurch identifizierte Architekturelemente auf den Interoperabilitätsebenen *Regulations & Governance* sowie *Function* ab. Hierbei ist zu beachten, dass die Integration der Nutzergruppen eine wesentliche Rolle spielt: Es wird vorausgesetzt, dass domänenerfahrene Nutzer auf Basis der erstellten Beschreibungen entsprechende regulative Aspekte wie z.B. SOLAS-Konventionen auf den Systementwurf, unter Berücksichtigung der Funktionen und etwaiger technischer Elemente, identifizieren und zuordnen können.

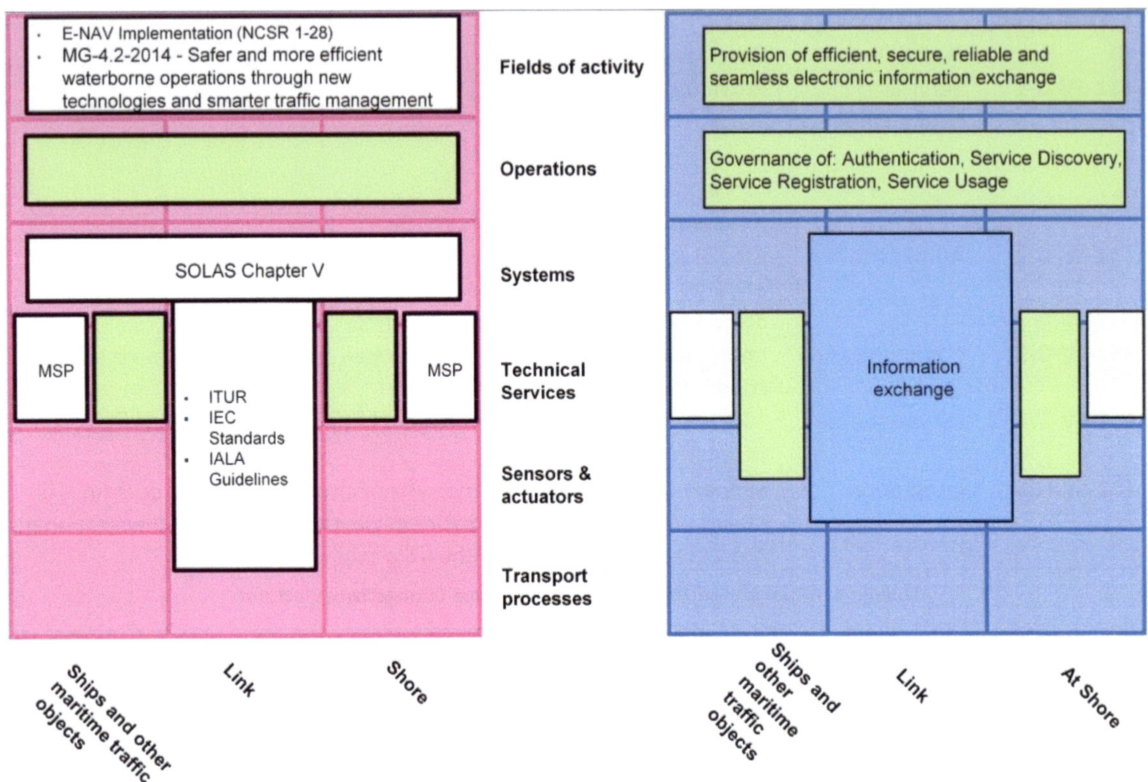

Abbildung 74. Interoperabilitätsebenen *Regulations & Governance* (links) und *Function* (rechts) mit Architekturelementen einem ersten unvollständigen Systementwurf für die Maritime Connectivity Platform

Ausgehend von diesem Entwurf und unter Berücksichtigung der ersten Systembeschreibung werden über die entsprechende Entwurfsvorlage Anwendungsfälle abgeleitet. Die Anwendungsfälle, die im Rahmen von WP3 (Workpackage 3) im EfficienSea2 Projekt behandelt werden sollen, sind in Tabelle 7 beschrieben.

General Use case list

Use case ID	Title	Short description	Version	Latest update
ES2-UC-1	Service management	Services can be specified and registered, discovered, updated or deleted	0.1	11.05.2017
ES2-UC-2	Identity management	The actors in the system are known and they can be authenticating themselves and verified via the system.	0.1	11.05.2017
ES2-UC-3	Offline use	All functions can be used as offline instance	0.1	11.05.2017
ES2-UC-4	System integration	The envisioned system can be integrated into the maritime environment	0.1	12.05.2017

Tabelle 7. Anwendungsfälle für WP3 des EfficienSea2 Projekts

Im MAF referenziert jeder Anwendungsfall mindestens auf eines der zuvor beschriebenen Systemziele und besteht aus unterschiedlichen Zielen, die erreicht werden sollen. Dazu zählen, bei Betrachtung von Anwendungsfall ES2-UC-1, die Ziele *Register Service Instance, Discover Service Instance, Discover Service Specification, Publish Service Specification* und *Use of Service Instance*. Parallel dazu ermöglicht das MAF, die jeweiligen Anwendungsfälle näher zu beschreiben, um auf dieser Basis beteiligte Akteure identifizieren und hinsichtlich ihres Einsatzortes einzuordnen. Neben der Identifikation von Auslösern für einen Anwendungsfäll ermöglicht das MAF die strukturierte Beschreibung von unterschiedlichen Szenarien, die optional schrittweise beschrieben werden können.

Parallel zu der Erfassung der Ansprüche an das System und der Beschreibung der daraus resultierenden Anwendungsfälle können unterschiedliche Anforderungen abgeleitet und in der entsprechenden Entwurfsvorlage dokumentiert werden. Jede Anforderung referenziert auf Ziele, Probleme und Ansprüche an das System, Anwendungsfälle oder Architekturelemente. Tabelle 8 stellt exemplarisch eine durch die entsprechende Entwurfsvorlage erfasste Anforderung dar, die im Bezug zu Anwendungsfall bzw. Szenario *ES2-UC-1-Sc2* steht.

Requirement List

ID	Name	Description	Reference	Iteration	Last update
#Req_1	*Service specification standardization*	*The service specifications for the different services must be standardized*	ES2-UC-1-Sc2	2	17-05-2017

Tabelle 8. Anforderungsliste

Hierbei wird das Verfahren zur Erfassung und Beschreibung von Anforderungen (siehe Kapitel 6.4.1) angewandt. Das Anforderungsmanagement verläuft parallel zum eigentlichen Architekturbeschreibungsprozess und unterstützt die Identifikation von weiteren Architekturelementen. Abbildung 75 stellt die Zusammenhänge der einzelnen Anforderungen und deren Ableitungen dar.

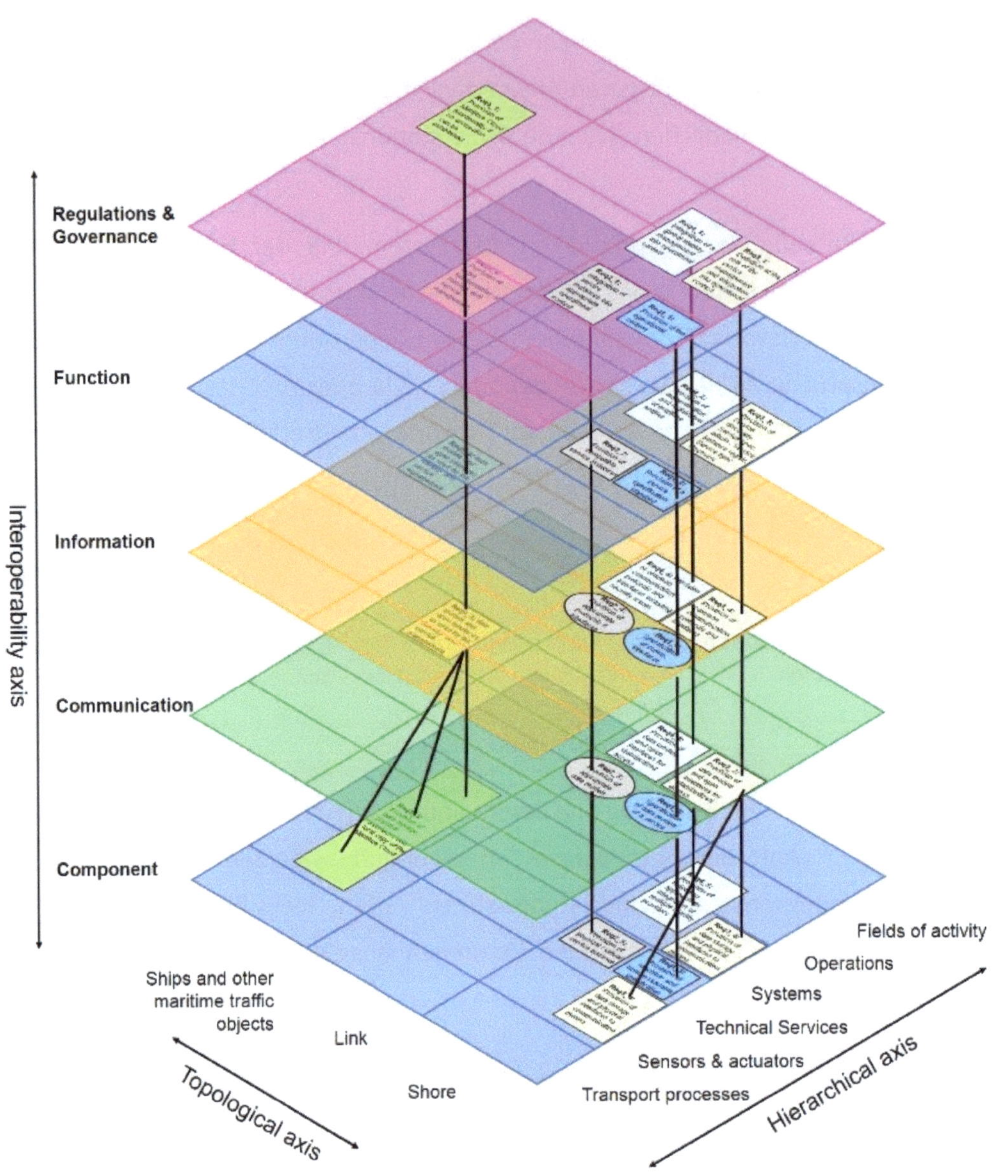

Abbildung 75. Zusammenhang zwischen den Anforderungen auf unterschiedlichen Interoperabilitätsebenen

Der Entwurf einer Systemarchitektur erfolgt unter Beschreibung ihrer Architekturelemente. Die Architekturelemente der Maritime Connectivity Platform werden auf Basis der Anwendungsfälle identifiziert und auf Basis der Interoperabilitätsebenen des *Structural Frameworks* technisch, funktional oder regulativ klassifiziert. Eine unterschiedliche Klassifizierung ermöglicht zum einen eine vereinfachte Zuordnung auf dem *Structural Framework*, ermöglicht jedoch auch zum anderen die differenziertere Beschreibung der jeweiligen Elemente. So können beispielsweise funktionale Architekturelemente (sprich: Funktionen) detailliert in einem entsprechenden Prozess beschrieben werden. Abbildung 76 zeigt exemplarisch einen Prozess zur Erfüllung der Funktion *Authentication of maritime identities*.

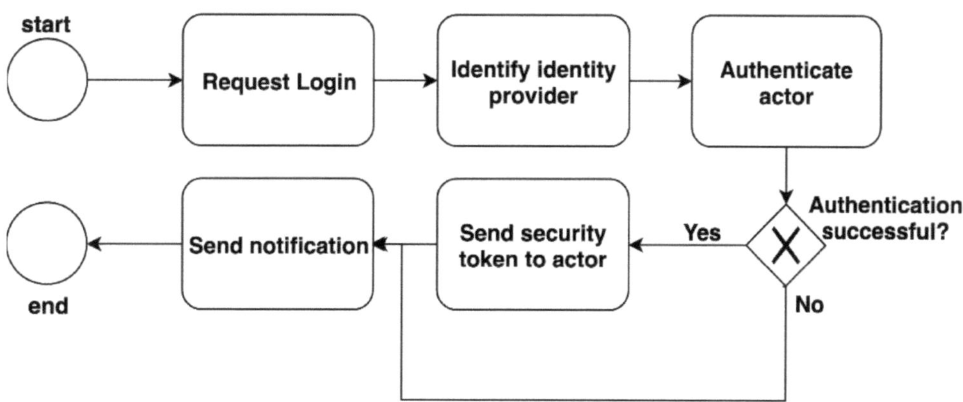

Abbildung 76. Prozess zur Erfüllung der Funktion *Authentication of maritime identities*

Eine vollständige Elementgruppe besteht dabei aus mindestens fünf Elementen, die jeweils einer anderen Interoperabilitätsebene zugeordnet worden sind. Aufgrund der in der Entwurfsvorlage vorgenommenen näheren Beschreibung und anschließender Verortung der einzelnen Elemente innerhalb der topologischen und hierarchischen Struktur der maritimen Domäne ist eine gemeinsame Darstellung aller Architekturelemente im Kontext zueinander und zur Maritime Connectivity Platform als ein Systemarchitekturentwurf mittels *Structural Framework* möglich. Abbildung 77 skizziert die Architekturelemente für ein Identitätsmanagement in der Maritime Connectivity Platform. In diesem Anwendungsbeispiel kann festgestellt werden, dass auf der Interoperabilitätsebene *Regulations & Governance* kein Element verortet ist; die Elementgruppe in dieser Iteration der Architekturbeschreibung somit nicht vollständig ist.

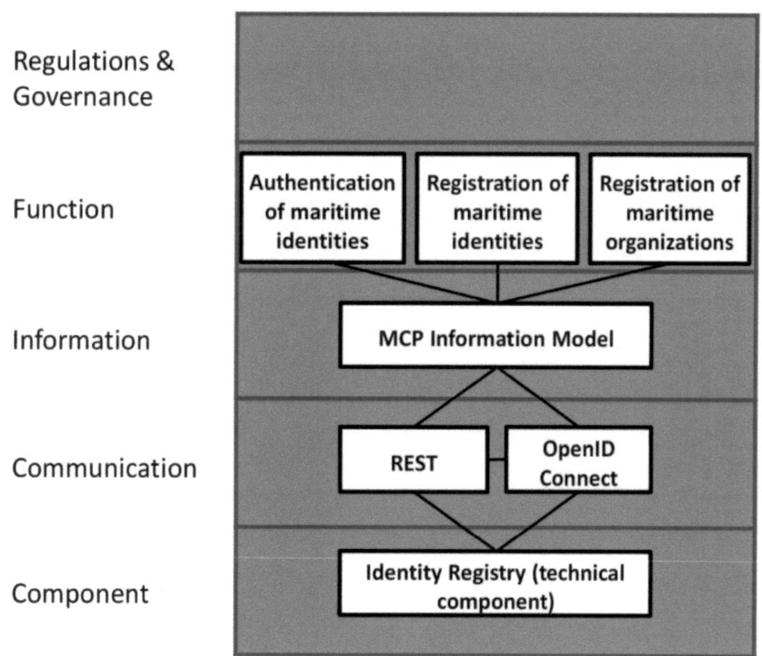

Abbildung 77. Elemente für Identitätsmanagement in der Maritime Connectivity Platform

8.4.1.2 Fallbeispiel 2

Parallel zu der Entwicklung der Architektur der Kernkomponenten der Maritime Connectivity Platform im Rahmen von WP3 in ES2 erfolgt die Entwicklung weiterer Elemente wie das MC Portal oder für Seamless Roaming im Projekt CPSE Labs bzw. in ES2 WP2. Exemplarisch ist die angestrebte Überführung in eine gemeinsame Systemarchitektur in Abbildung 78 dargestellt.

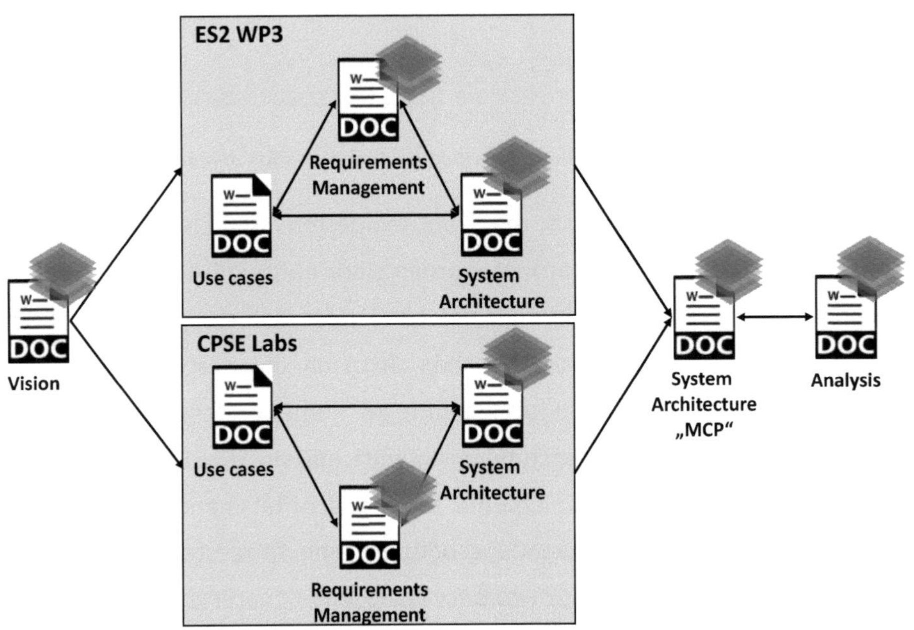

Abbildung 78. Schematische Darstellung der Integration zweier Systemarchitekturen

Durch die Ableitung der Elemente beider Projekte von einer gemeinsamen Vision ist die Zusammenführung der Anwendungsfälle und Anforderungen möglich. Die Herausforderung stellt sich bei der Integration der Architekturelemente in eine gemeinsame Systemarchitektur. Hier ist die Verwendung einer möglichst einheitlichen Terminologie erstrebenswert. Bei gemeinsamer Abbildung ist daher zu analysieren, zwischen welchen Architekturelemente Gemeinsamkeiten bestehen bzw. miteinander interagieren. Exemplarisch ist hier das MC Portal zu nennen, das als sozio-technisches System den Anspruch an ein webbasiertes HMI für die Administration der MSR im Kontext der Maritime Connectivity Platform erfüllen soll. Die Integration des technischen Elements in eine gemeinsame Architektur wird durch die Adaption der Informationsmodelle und Kommunikationsprotokolle der MSR ermöglicht. Tabelle 9 stellt die Beschreibung des technischen Elements MC Portal unter Berücksichtigung unterschiedlicher Anforderungen, Funktionen und Anwendungsfällen („References“) aus ES2 dar.

Technical system / technical element #1 description

Element ID	Name	Purpose	References
#C_6	MC Portal	HMI to manage SR & IR by shore-based actors	**#Ref_1** - Req 1 Service specification standardization - Req 2 Service instance standardization - Req 3 Service management - Req 7 HMI for shore-based actors **#Ref_2** - ES2-UC-1 - ES2-UC-2 **#Ref_3** - ES2-SV-G-1 - ES2-SV-G-2 **#Ref_4** #F_1, #F_2, #F_3, #F_4, #F_5, #F_6, #F_7, #F_8, #F_9
Description			
The MC Portal is intended to be a web-based portal to enable the access of human actors to the Maritime Connectivity Platform for multiple functions such as registering a service or a maritime entity. The access to this web-based portal is enabled via a PC, smartphone, tablet or other (mobile) devices, using a common web-browser. The MC Portal uses the APIs of the Service Registry and Identity Registry as well as the Maritime Connectivity Platform information model to access the technical components of the MC.			
Sub elements	**Used by elements**		**Used elements**
			Maritime Service Registry Maritime Identity Registry
Topological Allocation		**Hierarchical allocation**	
Shore		Operations, Systems	
Required information			
Login information of the users to access the MC, further information such as service specifications, service instance descriptions etc.			
Supported Information model			
Maritime Connectivity Platform information model			
Provided communication protocols			
IP (REST, SOAP) for SR and IR, based on SR / IR API			

Tabelle 9. Beschreibung des technischen Elements MC Portal (Auszug aus der Entwurfsvorlage)

Referenzen zwischen Anwendungsfällen und Funktionen sowie die verwendeten Informations- und Kommunikationsmodelle werden innerhalb der Architekturbeschreibung ergänzt. Abbildung 79 stellt einen Auszug der Architektur von ES2 WP3 einer kombinierten Darstellung mit MC Portal auf Komponentenebene gegenüber.

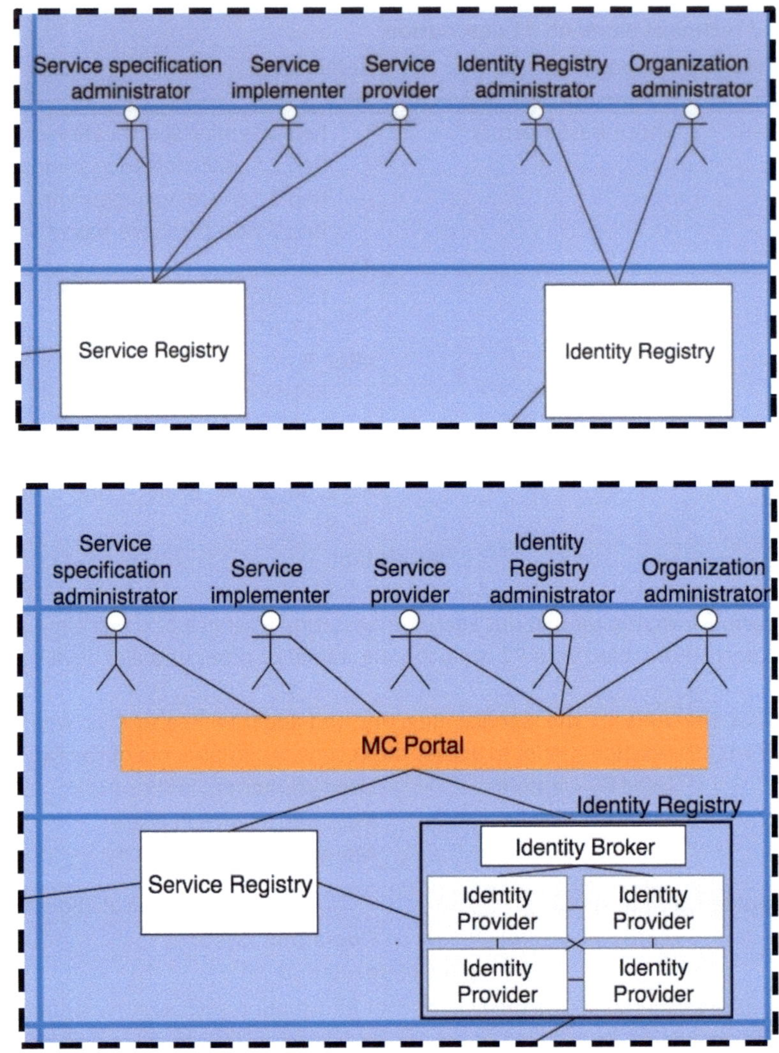

Abbildung 79. Vergleich der Architekturelemente vor und nach Integration des MC Portal

Bei Vergleich der Darstellung ist festzustellen, dass für den Einsatz des MC Portal innerhalb der Maritime Connectivity Platform Systemumgebung dieses Element die technischen Schnittstellen der MSR und MIR aufgreifen muss, um in seiner Funktion die Nutzung als webbasiertes Human-Machine Interface zur Administration von (technischen) Diensten in der Maritime Connectivity Platform zu ermöglichen.

Ergänzend dazu ist in ES2 WP2 eine Spezifikation für ein Seamless Roaming Device erstellt worden, das, auf Schiffen und anderen maritimen Entitäten eingesetzt, dort vorhandene Kommunikationswege u.a. für die Kommunikation innerhalb der Maritime Connectivity Platform zwischen See- und Landseite auswählen und für den Datenaustausch verwenden soll. ES2 WP2 und WP3 haben ergänzend dazu ein clientseitiges Element konzipiert, das in Kombination mit einem Seamless Roaming Device die Verbindung zu landseitigen Elementen der Maritime Connectivity Platform herstellt. Diese Maritime Connectivity Platform Demonstration Component (MCDC), zur Demonstration des Informationsaustausches im Rahmen der Funktionalität von MIR und MSR bzw. registrierten Diensten entwickelt, ist für die Integration in existierende On-Board Systeme (z.B.

ECDIS) zur Erweiterung der Funktionalität vorgesehen.

Abbildung 80 stellt die Infrastruktur der MCP-Architektur aus Perspektive der Komponentenebene dar. Hier ist durch die Visualisierung der Architektur mittels *Structural Framework* zu sehen, dass MCDC und Seamless Roaming Device analog zum MC Portal auf der Landseite Zugriff auf die MSR sowie auf weitere, dort registrierte (technische) Dienste die Schnittstellen der Kernkomponenten verwenden müssen, um eine Kommunikation zu etablieren. Dem folgend muss die Kommunikation bzw. der Informationsaustausch über die definierte API der MSR auf Basis einer REST (SOAP) Schnittstelle etabliert werden.

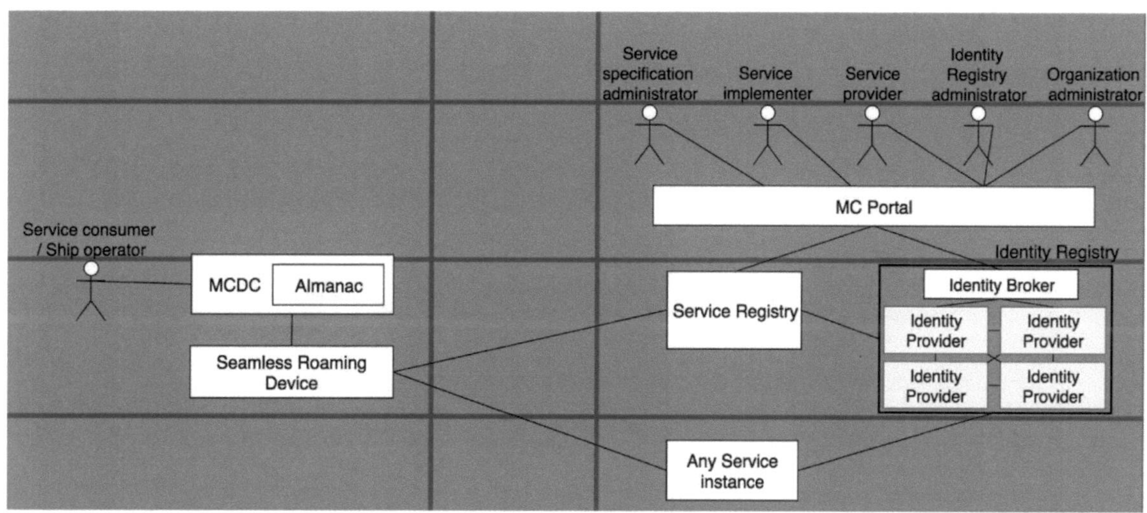

Abbildung 80. Seamless Roaming Device und MCDC als seeseitige Komponenten der Maritime Connectivity Platform Systemumgebung

Fallbeispiel 3 geht nachfolgend auf eine potentielle Integration der Maritime Connectivity Platform in die maritime Systemumgebung ein.

8.4.1.3 Fallbeispiel 3

Die Übertragung von einer Testumgebung in den operativen Betrieb erfordert die Kombination der technischen Elemente der Maritime Connectivity Platform mit den eingesetzten technischen Systemen sowohl see- als auch landseitig. Zudem ist es erforderlich, dass für die Maritime Connectivity Platform Geschäfts- und Verwaltungsmodelle für einen operativen Betrieb bereitgestellt werden. Sowohl die technischen Elemente als auch Geschäfts- und Verwaltungsmodelle müssen im Falle einer Integration den entsprechenden Regularien, Konventionen oder Vorgaben von Standardisierungsbehörden folgen.

Das MAF unterstützt den Anwender, die Anforderungen an eine Integration eines sozio-technischen Systems in die maritime Domäne zu identifizieren. Exemplarisch wird dies nachfolgend am Beispiel einer On-Board Architektur bzw. anhand einer Integration der Maritime Connectivity Platform Funktionalität in ein ECDIS-System dargestellt. Hierfür wird die Entwurfsvorlage „System Architecture“ für eine formale Erfassung und Beschreibung des Ist-Zustandes der maritimen

Systemumgebung verwendet und anschließend das Vorgehensmodell zur Durchführung einer Interoperabilitätsanalyse angewandt (siehe Kapitel 6.4.2).

Abbildung 81 stellt den Aufbau einer ECDIS bzw. die Kombination mit ausgewählten Elementen einer technischen Infrastruktur an Bord eines Schiffes dar. Die Abbildung zeigt, dass die abgebildete ECDIS verschiedene technische Dienste für den Betrieb erfordert. Dazu zählt z.B. ein AIS Dienst, Radar Dienst, FleetBroadband Dienst für die Gewährleistung einer Satellitenverbindung, Wifi Dienst sowie ein 3G / 4G Dienst für den Einsatz in Häfen bzw. in Küstengebieten. Jeder Dienst wird durch Sensoren und Aktoren bzw. weitere Verarbeitungsgeräte für das Senden, Empfangen und Verarbeiten von Daten unterstützt.

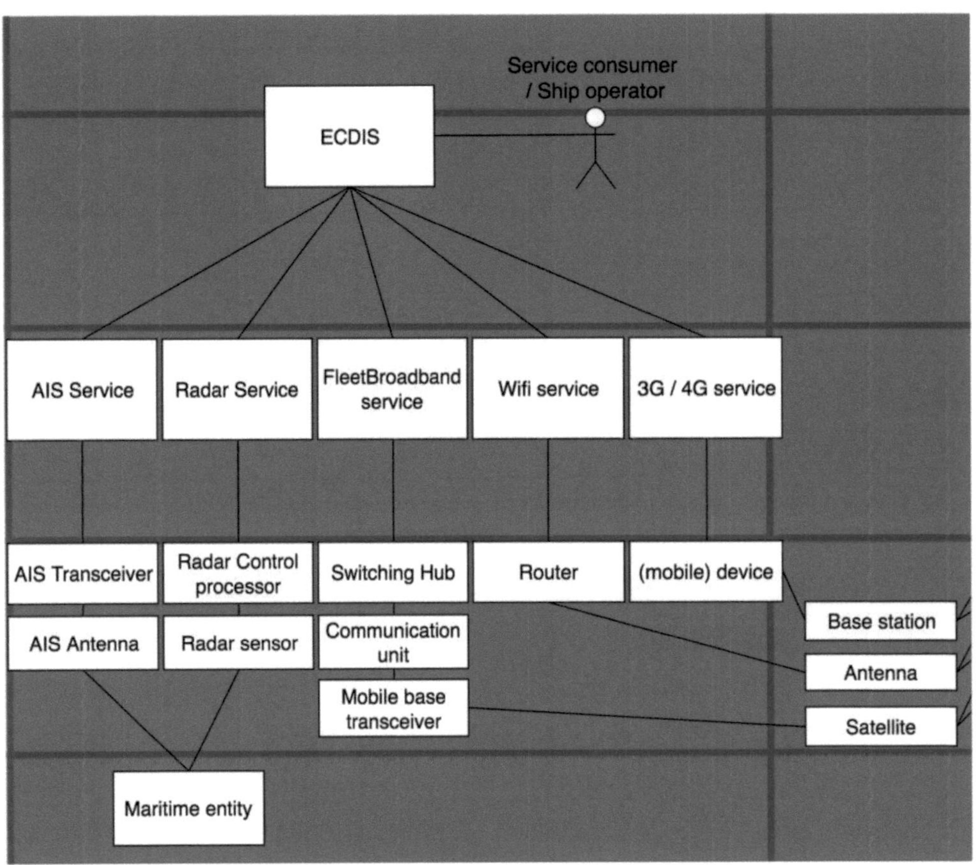

Abbildung 81. Eine schiffsseitige ECDIS Infrastruktur aus Komponentenperspektive

Auf dieser Grundlage gilt es, die Schnittpunkte zwischen der Maritime Connectivity Platform Architektur und der On-Board Infrastruktur zu identifizieren. Aus technischer Sicht ist bei Vergleich beider Architekturen auf Komponentenebene im *Structural Framework* eine Erweiterung der Funktionalität der ECDIS auf Basis der MCDC vorstellbar. Abbildung 82 stellt beide Architekturen farblich voneinander getrennt in einer gemeinsamen Visualisierung dar.

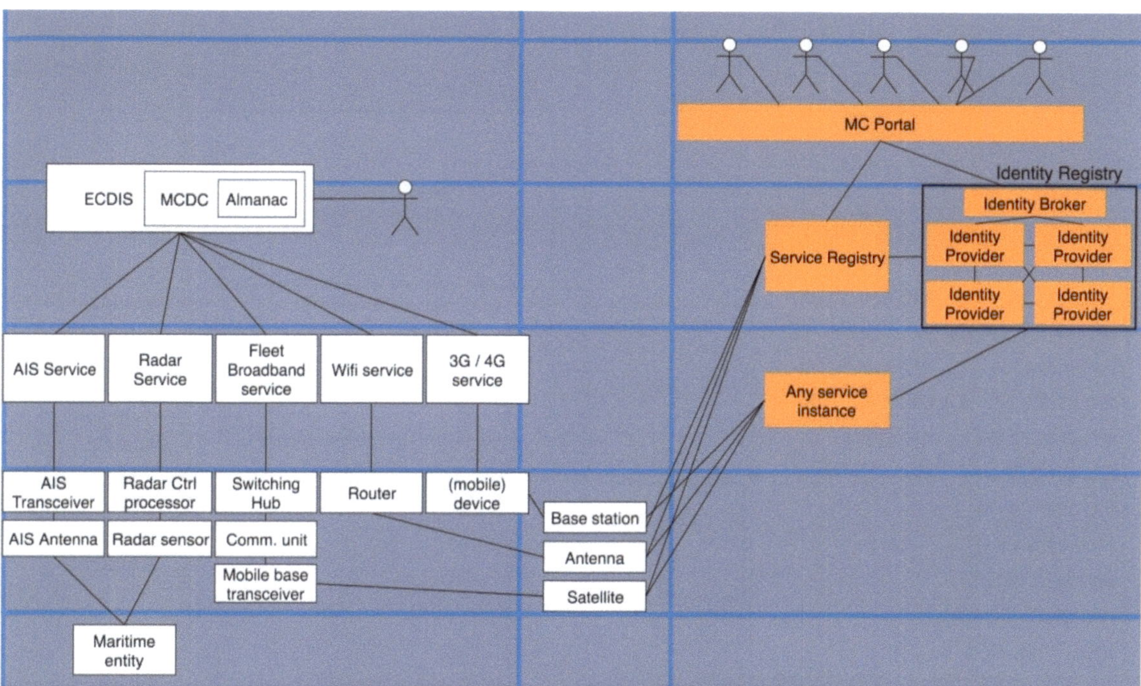

Abbildung 82. ECDIS und Maritime Connectivity Platform

Durch die Verwendung des MAF ist es möglich, die einzelnen technischen Elemente zu identifizieren und hinsichtlich ihrer Charakteristiken einzuordnen und z.B. mit übergeordneten Regularien in Kontext zu setzen. Bei einem Vergleich von ECDIS und Maritime Connectivity Platform aus regulativer Sicht ist festzustellen, dass die Zulassung und der operative Betrieb einer ECDIS und verwandter technischer Dienste und verwendeter Hardware auf einem SOLAS-Schiff von einer Vielzahl an internationalen Vorgaben abhängig ist. Als ein Resultat eines solchen Vergleichs mittels *Structural Framework* kann die Anforderung gezählt werden, dass für eine Gewährleistung von Interoperabilität auf regulativer Ebene zu prüfen ist, welche der bestehenden Regularien für eine ECDIS berücksichtigt werden müssen bzw. in wie weit eine solche Ergänzung des ECDIS Systems aus regulativer Sicht überhaupt möglich ist.

Abbildung 83 stellt einen Auszug aus den zu berücksichtigenden Regularien für den Einsatz eines ECDIS-Systems in Kontext mit den entsprechenden technischen Elementen dar.

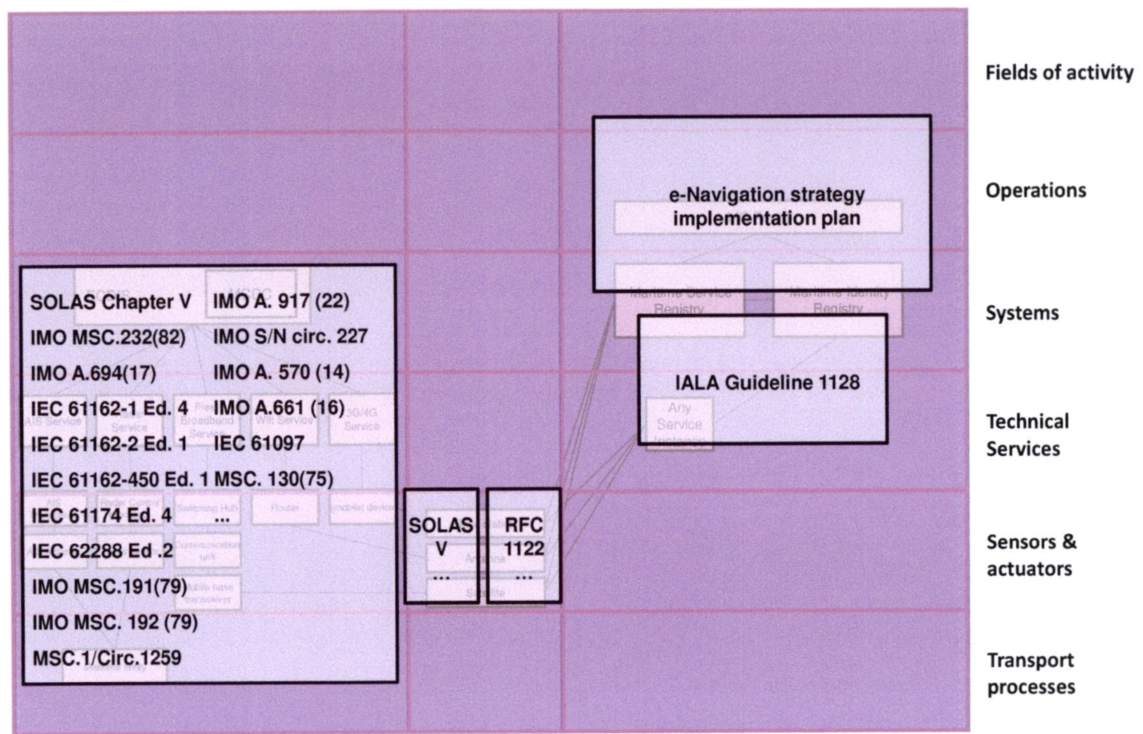

Abbildung 83. Kontextualisierung von technischen Elementen mit regulativen Elementen

Bei der Betrachtung obiger Abbildung lässt sich auch feststellen, dass die unterschiedlichen Komponenten der Maritime Connectivity Platform nur dem übergeordneten e-Navigation SIP der IMO bzw. technische Dienste einer künftigen Guideline der IALA zugeordnet werden können. Nach der Durchführung einer Konsistenzanalyse (siehe Kapitel 6.4.2) der Maritime Connectivity Platform Systemarchitektur ist festzustellen, dass im Allgemeinen die Maritime Connectivity Platform auf technischer und funktionaler Ebene zwar einen relativen Reifegrad für den Test der technischen Umsetzung in einem Produktivumfeld erreicht hat, vergleichbar mit dem Technologie-Reifegrad 6 gemäß der Richtlinien für Horizon 2020 Projekte [Euro17], die Spezifizierung von Standards, operativen Prozessen, Regularien und Governance-Modellen gegenwärtig jedoch nicht in ähnlichem Maß erfolgt ist. Tabelle 10 stellt die Ergebnisse einer Konsistenzanalyse der einzelnen Architekturelemente aus Komponentenperspektive dar.

Consistency analysis (Component Layer)

ID	Component	Communication	Information	Function	Regulations & Governance
#C_1		#CL_1, #CL_2	#IL_1	#F_6, #F_7, #F_8	(#RG_2)
#C_2		#CL_1	#IL_1	#F_1, #F_2, #F_3, #F_4, #F_5	(#RG_2)
#C_3	#C_2	#CL_1	#IL_1	#F_9	
#C_4		#CL_1, #CL_2	#IL_1	#F_10	
#C_5		#CL_1	#IL_1	#F_5	#RG_2

Tabelle 10. Ergebnisse einer Konsistenzanalyse

Hier ist festzustellen, dass die Elemente mit der ID #C_21, #C_2 und #C_5 (MIR, MSR, Any Service Instance) dem Regularium #RG_2 IALA e-Navigation Technical Services Documentation Guideline zugeordnet werden können. MIR und MSR können jeweils nur eingeschränkt dieser Guideline zugeordnet werden, da diese als Kernelemente der Maritime Connectivity Platform den Endanwendern bereitgestellt werden, während künftige Dienste von unterschiedlichen Diensteanbietern unter Berücksichtigung der Guideline implementiert werden sollen. Bei Betrachtung der Guideline ist festzustellen, dass hier ausschließlich technische Aspekte adressiert werden. So sind zwar Prozesse für die Funktionalität der Maritime Connectivity Platform mittels MAF identifiziert und beschrieben, diese Prozesse sind aber aus Perspektive der technischen Anforderungen definiert und sind daher nicht als Geschäftsprozesse auf Basis von Geschäftsmodellen zu adressieren. Zudem gibt es aktuell keine sicherheitsrelevanten Richtlinien für Betrieb und Nutzung der Maritime Connectivity Platform und dort registrierter Dienste von unterschiedlichen Endanwendern (Lotsen, Kapitäne, Verkehrsüberwachungszentralen), die jedoch als Grundlage für eine Integration in solch kritischen Infrastrukturen erforderlich sind.

8.4.2 Experteninterviews

Wie im Testkonzept beschrieben, besteht ein Teil der Evaluation aus unabhängig voneinander durchgeführten Experteninterviews. Durch die Befragung von Experten soll die Praxistauglichkeit des MAF nachgewiesen werden. Ein Experte wird entweder charakterisiert als Domänenexperte in Bezug auf die maritime Systemlandschaft oder als domänenunabhängiger Systemingenieur mit Erfahrungen im Bereich von Architekturframeworks bzw. Unternehmensarchitekturmanagement. Die Experten wurden hinsichtlich der in Kapitel 8.3.2 beschriebenen Kriterien zu ihrer Expertise über das MAF bzw. herkömmliche Methoden befragt. In Tabelle 11 werden die Ergebnisse der Experteninterviews mit Bezug auf die Gewichtung der unterschiedlichen Kriterien dargestellt.

Kriterium	Exp. 1	Exp.2	Exp.3	Exp.4	Exp.5	Exp.6	Median
Abbildung verschiedener Architekturperspektiven	3	4	2	2	5	2	2,5
Maritime Charakteristiken	1	7	4	3	2	1	2,5
Interoperabilität	2	3	3	5	1	6	3
Architekturbeschreibung	7	2	1	1	6	4	3
Unterstützung versch. Nutzergruppen	8	1	5	4	3	3	3,5
Komplexität	5	5	6	6	4	8	5,5
Skalierbarkeit	6	6	7	8	7	7	7
Formalisierung	4	8	8	7	8	5	7,5

Tabelle 11. Gewichtung der Kriterien durch die Experten

Wie in Tabelle 11 zu sehen, sind die Kriterien *Abbildung verschiedener Architekturperspektiven* und *Maritime Charakteristiken* als am relevantesten gewichtet worden. In Verbindung mit ähnlichen Anforderungen resultierend aus der e-Navigation ist die Notwendigkeit der Unterstützung dieser Aspekte durchaus nachvollziehbar. Auf Position 3 befinden sich die Kriterien *Interoperabilität* und *Architekturbeschreibung*, die von den jeweiligen Experten gänzlich unterschiedlich eingestuft wurde. Als hinreichend relevant wird von den Experten die *Unterstützung verschiedener Nutzergruppen* angesehen, während *Komplexität*, *Skalierbarkeit* und *Formalisierung* eine untergeordnete Relevanz haben.

Aufgrund der Tatsache, dass einige Kriterien sich den gleichen Median teilen, ist für die eindeutige Festlegung der Reihenfolge eine Berechnung des Interquartilsabstands der Mediane auf Basis der Einzelgewichtungen der jeweiligen Experten durchgeführt worden. Tabelle 12 stellt die finale Reihenfolge der gewichteten Kriterien dar.

Position	Kriterium	Median	Interquartilsabstand	Punktwert	Gewichtung
1	Abbildung verschiedener Architekturperspektiven	2,5	1,75	8	22,22
2	Maritime Charakteristiken	2,5	2,5	7	19,44
3	Interoperabilität	3	2,25	6	16,67
4	Architekturbeschreibung	3	4,25	5	13,89
5	Unterstützung versch. Nutzergruppen	3,5	1,75	4	11,11
6	Komplexität	5,5	1	3	8,34
7	Skalierbarkeit	7	0,75	2	5,56
8	Formalisierung	7,5	2,5	1	2,78

Tabelle 12. Die Reihenfolge der Kriterien unter Berücksichtigung des Interquartilsabstandes

Der geringere Interquartilsabstand als Entscheidungsmerkmal für die finale Positionierung gleich bewerteter Kriterien ist gewählt worden, da auf diese Art und Weise die Streuung der einzelnen Bewertungen berücksichtigt wird: Kriterien mit einer geringeren Streuung in der Gesamtbewertung ermöglichen den Rückschluss auf eine homogenere Bewertung durch die Experten. Um den

Bewertungsvorgang möglichst übersichtlich zu halten, sind die Kriterien absteigend mit der Rangskala von 1-8 nach Relevanz sortiert. Um die resultierende Reihenfolge im Rahmen der angestrebten Nutzwertanalyse verwenden zu können, ist die Positionierung in einen Punktwert übertragen worden [Kühn14, S.11]. Für die Erstellung einer Gewichtung ist die Annahme getroffen worden, dass der Abstand zwischen den Kriterien jeweils identisch ist. Der jeweilige Abstand von einheitlich 2,78 zwischen den Kriterien und die daraus resultierende Gewichtung basiert auf der Berechnung der Summe der Positionen in der Rangskala dividiert durch 100 und multipliziert mit dem jeweiligen Punktwert.

Die nachfolgende Abbildung 84 stellt die Bewertung des Maritime Architecture Frameworks im Vergleich zu bisher verwendeten Methoden auf Basis der Ergebnisse der Nutzwertanalyse dar. Unter Summierung der Teilnutzwerte ergibt sich ein Gesamtnutzwert von 19,17 für den MAF und 15,67 für andere Methoden. Der MAF hat dementsprechend einen um 18,26% höheren Nutzwert.

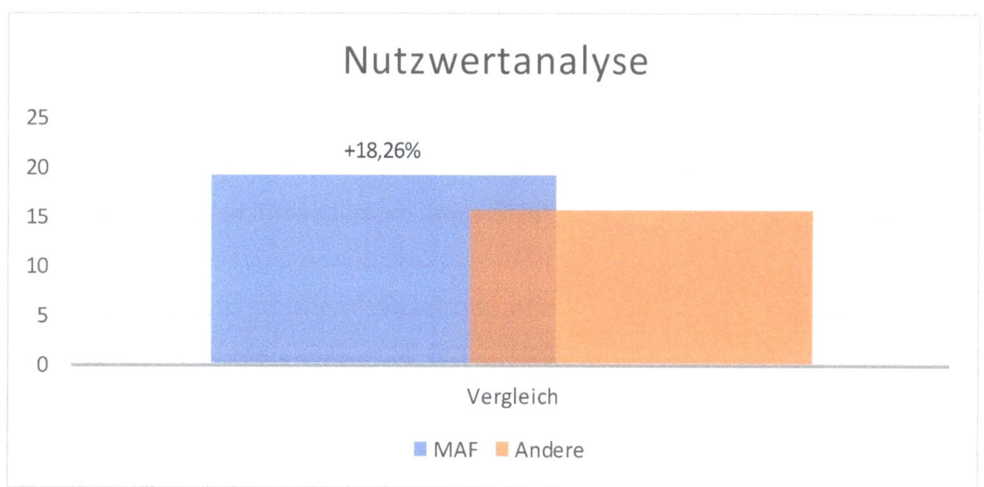

Abbildung 84. Ergebnis der durchgeführten Nutzwertanalyse

Da das Ergebnis der Nutzwertanalyse eine reduzierte Aussagekraft in Bezug auf die Vor- und Nachteile des MAF auf Basis der einzelnen Kriterien hat, werden nachfolgend die jeweiligen Teilnutzwerte pro Bewertungskriterium betrachtet. In Anhang A.8 werden die Bewertungen der Experten je Kriterium tabellarisch aufgelistet. Nachfolgende Abbildung 85 stellt die Teilnutzwerte der Methoden vergleichend dar. Die Kriterien sind aufsteigend nach Relevanz sortiert.

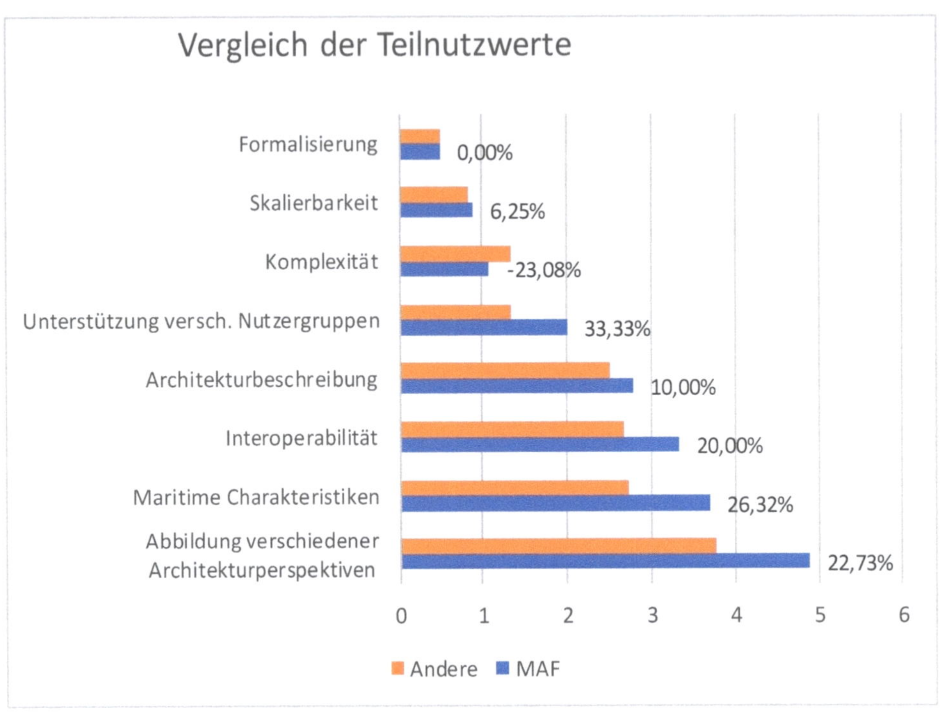

Abbildung 85. Die Teilnutzwerte der durchgeführten Nutzwertanalyse

Bei Betrachtung obiger Abbildung lässt sich feststellen, dass das MAF bei 6 von 8 Kriterien besser als andere Methoden bewertet worden ist. Insbesondere in den als am relevantesten identifizierten Kriterien *Abbildung verschiedener Architekturperspektiven, Maritime Charakteristiken* sowie *Interoperabilität* beträgt die Differenz mindestens +20.00 %. Dies steht im Einklang mit Aussagen unterschiedlicher Experten während der Befragung, dass herkömmliche Methoden zwar im Allgemeinen die Abbildung verschiedener Architekturperspektiven zulassen, diese jedoch von generischer Natur sind und keine Berücksichtigung der Anforderungen an verschiedene Architekturperspektiven in einem gemeinsamen Kontext, wie etwa in der e-Navigation-Architektur postuliert, ermöglichen. Zudem ist die Berücksichtigung von domänenspezifischen Charakteristiken während der Anwendung des MAFs im Vergleich zu herkömmlichen Methoden positiv hervorgehoben worden. Die Möglichkeit, unterschiedliche Systemarchitekturen zur Abbildung bzw. Identifikation von Interoperabilitätsaspekten auch visuell im *Structural Framework* in Kontext zueinander zu betrachten, hebt das MAF von gängiger Praxis ab. Ergänzend hierzu sind insbesondere die *Unterstützung unterschiedlicher Nutzergruppen* und deren Perspektiven um ca. 33% besser bewertet worden. Lediglich die als weniger relevant eingestufte *Komplexität* des MAF ist im Vergleich zu anderen Methoden als weniger gut bewertet worden. Auf Basis der Gespräche mit den Interviewpartnern kann angenommen werden, dass dies u.a. auf eine höhere Einarbeitungszeit in das wenig bekannte Konzept des MAF zurückzuführen ist.

Bei einer Einzelbetrachtung der Teilnutzwerte lässt sich feststellen, dass die Experten, unabhängig voneinander und ohne die Ergebnisse vorangegangener Interviews zu kennen, die Kriterien jeweils mit der gleichen Tendenz bewertet haben. In Abbildung 86 werden die Bewertungen der Experten beispielhaft im Rahmen des Kriteriums *Abbildung versch. Architekturperspektiven* visualisiert.

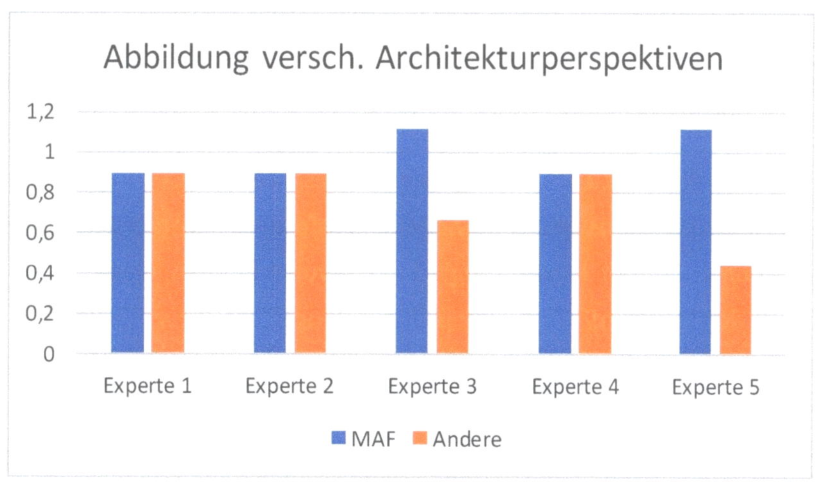

Abbildung 86. Einzelbetrachtung der Bewertungen

In der Abbildung ist zu sehen, dass alle Befragten das MAF als gleichwertige oder sogar adäquatere Alternative im Vergleich zu etablierten Methoden ansehen. Bei weiterer Einzelbetrachtung der Kriterien (siehe A.7 Einzelbetrachtung der Teilnutzwerte) wird dieses Muster bestätigt: Die Tendenz der Experten ist nahezu identisch bei maximal einer Abweichung. Daher kann an dieser Stelle angenommen werden, dass sich diese Tendenz auch bei einer signifikant höheren Anzahl an Experteninterviews fortführt. Der Grad der Meinungsdivergenz wird daher als weitestgehend festgelegt betrachtet.

8.5 Diskussion

Die Evaluation des Maritime Architecture Frameworks ist neben einer Überprüfung der generellen Wirksamkeit des Ansatzes noch während der Entwicklung im Rahmen von CPSE labs Experimenten mit zwei getrennt zu betrachtenden Methoden durchgeführt worden: zum einen die Evaluation anhand von Experteninterviews und Bewertungen des Ansatzes anhand von Kriterien mit anschließender Nutzwertanalyse zur Bestimmung eines Mehrwerts im Vergleich zu existierenden Ansätzen, zum anderen die Überprüfung der generellen Anwendbarkeit zur Erfüllung der initialen Zielsetzung des Ansatzes anhand eines Anwendungsszenarios unterteilt in drei Fallbeispielen. In seiner Gesamtheit soll die Evaluation den Nachweis eines potentiellen Nutzens für die Beschreibung von (e-Navigation) Architekturen und die Integration und Kombination von Systemen in einer maritimen Systemumgebung erbringen.

Die Überprüfung der generellen Anwendbarkeit anhand des Anwendungsszenarios „Maritime Connectivity Platform" hat gezeigt, dass die Verwendung des MAFs gemäß den definierten Entwicklungszielen eine praktikable Option im Rahmen der Betrachtung und Harmonisierung neuer maritimer Systeme bzw. deren Architekturen ist. Fallbeispiel 1 demonstriert exemplarisch die top-down Entwicklung neuer maritimer Systemarchitekturen. Hierfür wurde das Vorgehen gemäß der *System Design Methodology* angewandt und die verschiedenen Entwicklungsstufen der Architektur unter Berücksichtigung eines Anforderungsmanagements (siehe MAF-Komponente *Requirements*

Management) und unter Verwendung des *Structural Frameworks* zur Erstellung eines Architekturmodells beschrieben. Hierbei konnte nachgewiesen werden, dass sich der untersuchte Ansatz dazu eignet, externe Ansprüchen an ein System im Rahmen der Methodik aufzugreifen und stufenweise in eine Architektur zu überführen bzw. zu beschreiben. Es konnte aufgezeigt werden, dass mittels des MAF die Problemstellung bzw. die Herausforderung (Anforderung *#R1*) identifiziert wurden. Zudem konnten unter Verwendung der Entwurfsvorlagen, basierend auf dem MAF-Datenmodell, sowie des *Structural Frameworks* die topologischen- bzw. hierarchischen Strukturen der maritimen Domäne (Anforderung *#R2* und *#R5*) bei der Architekturbeschreibung berücksichtigt werden. Durch die Anwendung der Methodik bei gleichzeitiger Verwendung des *Structural Frameworks* konnte somit eine ganzheitliche Architekturbeschreibung der Maritime Connectivity Platform erstellt werden, in der sowohl Regularien und institutionelle Rahmenbedingungen (Anforderung *#R4*), eine funktionale Perspektive (Anforderung *#R6*) und eine technische Architektur (Anforderung *#R7*) adressiert werden. Somit konnten vielfältige Aspekte einer sozio-technischen Systemarchitektur der Maritime Connectivity Platform im Kontext der allgemeinen maritimen Systemumgebung reflektiert werden.

Basierend auf dieser Ausgangslage konnte in Fallbeispiel 2 aufgezeigt werden, dass das MAF geeignet ist, um verschiedene Einzelsysteme in einem SoS miteinander zu harmonisieren. Hierfür wurde die parallele Entwicklung von technischen Komponenten der Maritime Connectivity Platform innerhalb und außerhalb von ES2 betrachtet und auf Grundlage des *Structural Frameworks* bzw. der verschiedenen Entwurfsvorlagen in eine gemeinsame Systemarchitektur überführt. Hierbei konnte insbesondere dargelegt werden, dass das Maritime Architecture Framework ein standardisiertes Vorgehen ermöglicht, unabhängig von den jeweiligen Architekturbeschreibungen unterschiedlicher Systeme, das eine Kombination von mehreren Architekturbeschreibungen im gewissen Maße unterstützt. Dabei hilft das MAF zum einen eine Beschreibung von Anwendungsfällen, Funktionen und technischen Elementen in einheitlichen Entwurfsvorlagen und schafft dadurch die Möglichkeit, verschiedene Architekturbeschreibungen zu vereinen. Zum anderen bietet das MAF die Möglichkeit mit dem *Structural Framework* verschiedene Systeme in einem gemeinsamen Architekturmodell abzubilden und mit dieser Darstellung als Ausgangslage Überschneidungen bzw. Gemeinsamkeiten unter der Berücksichtigung der Charakteristiken für Systeme als Bestandteil in einem SoS zu identifizieren und unter Adaption der *System Design Methodology* auszuarbeiten. Vor diesem Hintergrund kann damit die Anforderung *#R3 – Vereinheitlichung* als erfüllt angesehen werden.

Das Fallbeispiel 3 fokussiert sich auf Grundlage der Vorarbeit in den vorangegangenen Fallbeispielen auf die Integration der Architektur des SoS Maritime Connectivity Platform in die Struktur der maritimen Domäne. Hierfür wird die Systematik der maritimen Welt bzw. die Maritime Connectivity Platform Architektur basierend auf den LCIM Interoperabilitätsebenen bzw. den darauf aufbauenden GWAC-Stacks als sozio-technisches System betrachtet. Dadurch wird die Adressierung von Interoperabilität auf unterschiedlichen Interoperabilitätsebenen ermöglicht. Als

Beispiel für die Integration der Maritime Connectivity Platform in eine Produktivumgebung wurde exemplarisch der Aufbau eines ECDIS-Systems an Bord eines Schiffes verwendet. Das ECDIS-System wurde durch die entsprechende Entwurfsvorlage für den Ist-Zustand einer Systemumgebung beschrieben und gemeinsam mit der Architektur der Maritime Connectivity Platform auf dem *Structural Framework* abgebildet. Nach erfolgter gemeinsamer Abbildung ist eine Interoperabilitätsanalyse (siehe Kapitel 6.4.2) für eine mögliche Erweiterung des ECDIS-Systems um Maritime Connectivity Platform Funktionalität durchgeführt worden. Als Resultat konnte festgestellt werden, dass insbesondere die Integration der Maritime Connectivity Platform auf regulativer Ebene eine Herausforderung darstellt: Ein ECDIS-System ist in hohem Maße beeinflusst durch verschiedene internationale Standards und Konventionen, die den Betrieb und die Funktionalität regulieren. Da die Integration der Maritime Connectivity Platform nicht nur aus technischer Sicht erfolgen kann, konnte so auf dieser Interoperabilitätsebene Handlungsbedarf identifiziert werden. Die Unterstützung der Anforderung #R8 – Interoperabilität kann durch die Verwendung des *Structural Frameworks* in Kombination mit der Interoperabilitätsanalyse somit als erfüllt angesehen werden, da dadurch die Identifikation von gemeinsam zu adressierenden Aspekten zwischen sozio-technischen Systemen auf unterschiedlichen Interoperabilitätsebenen auf Basis der Systemarchitekturen ermöglicht werden kann.

Insgesamt kann festgestellt werden, dass durch die Überprüfung der Anwendbarkeit mittels der Fallbeispiele der MAF eine vorteilhafte Option im Rahmen der Entwicklung und Erweiterung maritimer Systeme innerhalb der e-Navigation ist. Das Architekturframework lässt sich vor dem Hintergrund des Lebenszykluses von (sozio-technischen) Systemen in der Architekturentwicklung bzw. in der Anforderungserfassung für die Entwicklung und Erweiterung einsetzen. Durch das Anwendungsszenario „Maritime Connectivity Platform“ ist nicht nur ein allgemeiner Nutzen des MAFs dargelegt worden, sondern auch ein Beispiel mit Praxisbezug über die Art und Weise seiner Anwendung geschaffen worden.

Dieser Eindruck konnte in den Experteninterviews bestätigt werden. Zur Durchführung der Experteninterviews wurden auf Basis der Anforderung an ein domänenspezifisches Architekturframework möglichst universelle Kriterien abgeleitet, um eine neutrale Betrachtung des Maritime Architecture Frameworks durch die Experten zu gewährleisten. Bei den nachfolgenden unabhängigen Bewertungen durch Experten aus dem Bereich der (maritimen) Systementwicklung ist das MAF durchgehend positiver bewertet worden. Das MAF scheint den Experten im Vergleich zu bekannten Methoden einen höheren Mehrwert bei gleichem Anwendungsziel zu bieten.

Abschließend lässt sich feststellen, dass die durchgeführte Evaluation einen positiven Trend über die Vorteile des Maritime Architecture Framework erkennen lässt. Der Mehrwert von Architekturframeworks zeichnet sich jedoch im Allgemeinen durch einen hohen Praxisbezug bei der Entwicklung bzw. Beschreibung von Architektur aus. Der praxisnahe Einsatz des MAFs und eine damit einhergehende Überprüfung und weitere Optimierung dieses Ansatzes unter Berücksichtigung weiterer Einflussgrößen durch unterschiedliche Nutzer ist daher naheliegend.

Kapitel 9
Zusammenfassung und Ausblick

"Zusammenfassung der Arbeit und Ausblick auf potentielle Weiterentwicklungen"

Dieses Kapitel bildet den Abschluss dieser Dissertation. Der Autor fasst die Entwicklung eines Architekturframeworks für die maritime Domäne zusammen und gibt einen Ausblick auf Einsatzgebiete und mögliche Weiterentwicklungen des Maritime Architecture Frameworks.

9.1 Zusammenfassung

Mit der Einführung der e-Navigation-Strategie durch die IMO in 2007 und weitere ähnlicher Initiativen steht die internationale maritime Domäne vor der Herausforderung, bereits verwendete Systeme für einen einheitlichen Informationsaustausch zu harmonisieren und mit künftigen Technologien zu kombinieren. Dabei gilt es nicht nur, eine technische Harmonisierung anzustreben, sondern langfristig Mehrwerte in Form von Informationsgewinn und Vereinheitlichung für weitere Aufgaben und Herausforderungen, wie etwa zur Unterstützung der MSPs, auch aus operativer- und regulativer Perspektive zu schaffen. Die e-Navigation-Strategie adressiert dadurch Lösungsansätze aus Bereichen des Systems Engineering bzw. des System of Systems Engineering und dem Unternehmensarchitekturmanagement.

Eine gemeinsame Betrachtung existierender und neuer Systeme auf Basis ihrer jeweiligen Systemarchitekturen ermöglicht die Identifikation von Anforderungen für eine spätere Umsetzung der angestrebten Harmonisierung des Informationsaustausches zwischen Einzelsystemen in einer größeren Systemumgebung. In Folge dessen ist anzunehmen, dass sich der spätere Aufwand bei der Angleichung der Systeme durch das so erlangte Wissen verringert.

Im ersten Kapitel dieser Forschungsarbeit wird daher das Ziel, einen Ansatz zur Erstellung und zum Vergleich von Architekturen zu entwickeln, der verschiedene Lösungsansätze zur Architekturbeschreibung und relevante maritime Charakteristiken in sich vereint, beschrieben.

Im zweiten Kapitel werden Grundlagen sowohl aus dem Bereich der Architekturentwicklung als auch aus der maritimen Domäne untersucht. Neben einem Überblick über gängige Terminologien im Systems Engineering beinhaltet das Kapitel eine Übersicht über existierende Praktiken zur Architekturbeschreibung. Zudem werden auf den Aufbau und die Struktur der maritimen Domäne mit Bezug auf rechtliche Aspekte eingegangen sowie die e-Navigation-Strategie diskutiert.

Basierend auf diesem Hintergrundwissen werden im dritten Kapitel die potentiellen Anwendungsfelder für ein maritimes Architekturframework diskutiert. Unter Berücksichtigung von Einflussfaktoren wie e-Navigation und maritimen Charakteristiken werden die allgemeinen Anforderungen abgeleitet und mit dem ISO-Standard für Architekturframeworks abgeglichen. Im Anschluss daran ist die Betrachtung von potentiell adaptierbaren Architekturframeworks erfolgt, um festzustellen, ob bereits existierende Ansätze in veränderter Form für die domänenspezifischen Anforderungen übernommen werden können. Hierfür ist ein interdisziplinärer Untersuchungsansatz für qualitative Inhaltsanalysen unter Berücksichtigung bereits vorhandener Vergleiche unterschiedlicher Architekturframeworks entwickelt worden.

Ausgehend von den erfassten Anforderungen sowie den Ergebnissen aus der Analyse existierender Architekturframeworks ist in Kapitel 4 der Entwurf des Maritime Architecture Framework definiert worden. Hierfür wurden allgemeine Bestandteile von Architekturframeworks identifiziert und basierend auf den Anforderungen aus Kapitel 3 in einen eigenen Entwurf überführt und entsprechend beschrieben. Das Kapitel schließt mit der Identifikation der Entwicklungsschwerpunkte für die nachfolgende Spezifizierung des Maritime Architecture Framework.

Basierend auf der Entwurfsbeschreibung des Maritime Architecture Framework folgt in Kapitel 5 die Ausgestaltung des *Structural Framework* als ein Modelltyp, als eine Grundlage für die Erstellung von Architekturmodellen unterschiedlicher Einzelsysteme in einem gemeinsamen, maritimen Kontext. Dabei sind die Designprinzipien des SGAM Frameworks im Wesentlichen adaptiert und um relevante maritime Charakteristiken ergänzt worden. Diese Charakteristiken sind zuvor im Rahmen von Workshops, Interviews mit maritimen Stakeholdern sowie in Form von Machbarkeitsnachweisen identifiziert und auf Tauglichkeit geprüft worden. Das Kapitel schließt mit der finalen Spezifizierung des *Structural Framework* sowie der Definition eines allgemeinen Regelwerks für die Einordnung von Architekturelementen von zu betrachtenden Systemarchitekturen.

Kapitel 6 schließt nahtlos an die Ergebnisse aus Kapitel 5 an und beschreibt den Aufbau der *System Design Methodology* als eine Methodik zur Erstellung einer Architekturbeschreibung für maritime Systemarchitekturen. Ein Bestandteil dieser Methodik ist das zuvor definierte *Structural Framework*. Zudem werden in diesem Kapitel die in Kapitel 4 ihres Aufgabenbereichs betreffend beschriebenen MAF-Komponenten *Requirements Management*, *Analysis* und *Design Rules* spezifiziert und in den Gesamtkontext der Methodik integriert. Die Berücksichtigung von Interoperabilitätsaspekten sowie Ansätzen aus dem Systems Engineering und für die Entwicklung von Unternehmensarchitekturen haben die Entwicklung dieser Methodik beeinflusst. Gemäß den

Anforderungen ermöglicht sie sowohl ein bottom-up als auch ein top-down Vorgehen und stellt Vorgehensmodelle für weitere Betrachtungen von Systemen auf Basis ihrer Architekturbeschreibungen in Form von weitergehenden Analysen als zusätzlichen Mehrwert zur Verfügung. Für die Darstellung des allgemeinen Vorgehensmodells in Kontext mit den verschiedenen Komponenten des Architekturframeworks ist die *System Design Methodology* sowohl als ein Datenmodell als auch in Form eines Komponentendiagrams zur Beschreibung des Informationsflusses zwischen eben diesen verschiedenen MAF-Komponenten beschrieben. In seiner Gesamtheit bildet die so entstandene Methodik den Kern des Maritime Architecture Frameworks.

In Kapitel 7 werden die zuvor beschriebenen MAF-Komponenten zusammengefasst und die Zusammenhänge in einem Metamodell beschrieben. Hierbei wird auf Grundlage der System Design Methodology die Verwendung der MAF-Komponenten innerhalb der jeweiligen Prozessschritte dargestellt.

Die Evaluation des Maritime Architecture Framework erfolgt in Kapitel 8. Sie basiert einerseits auf einem Wirksamkeitsnachweis in Form von der Anwendung einer frühen Entwicklungsstufe des MAF im Rahmen einer CPSE labs Experimentreihe sowie auf einem zweistufigen Evaluationsansatz zur Bestimmung des Nutzens des MAF. Der Evaluationsansatz setzt sich zusammen aus der Durchführung eines Anwendungsszenarios am Beispiel „Maritime Connectivity Platform", indem die verschiedenen Anwendungsoptionen des MAFs auf Eignung geprüft werden, und aus der Ermittlung eines Nutzwerts auf Basis von Bewertungen und Interviews mit Domänenexperten. Durch die Evaluation konnte aufgezeigt werden, dass das MAF im Kontext der Aufgabenstellung im Allgemeinen positiv bewertet wurde sowie die gestellten Anforderungen erfüllt.

9.2 Ausblick

Der Abschluss dieser Forschungsarbeit bietet ein Ausblick auf Verwendungs- und Erweiterungsmöglichkeiten des Maritime Architecture Frameworks. Bereits während der Entwicklung konnte das Potential des MAF als ein Ansatz zur Architekturbeschreibung aber auch als Grundlage für die Koordinierung von Architekturentwicklungen in verschiedenen Projekten erahnt werden. Die Integration in die technische Spezifikation der Maritime Connectivity Platform zur Darstellung der Zusammenhänge zwischen einzelnen Architekturelementen sowie die Entscheidung des IALA e-NAV Komitee, das MAF im IALA Navguide 2017 in Kontext der e-Navigation-Strategie näher zu beschreiben, lässt eine künftige Verwendung auch außerhalb des OFFIS Institut für Informatik bzw. der Abteilung Systemanalyse- und Optimierung Wirklichkeit werden.

Während der Entwicklung des MAF haben sich verschiedene Aspekte aufgetan, die eine künftige Verwendung in Zusammenhang mit Projektmanagement- und Entwicklungsmethoden von Produkten und Systemen ermöglichen können. Abbildung 87 stellt dabei eine mögliche Integration des MAF in Scrum vor. Wie in der Abbildung zu sehen, ist der MAF mindestens auf zwei verschiedene Weisen integrierbar: In Variante 1 bildet das MAF die Basis für die Beschreibung der Anforderungen im Produkt-Backlog bzw. die aus der Anwendung des MAF resultierende Systemarchitektur als Blaupause und Referenz während der Umsetzung von Produkten und Systemen.

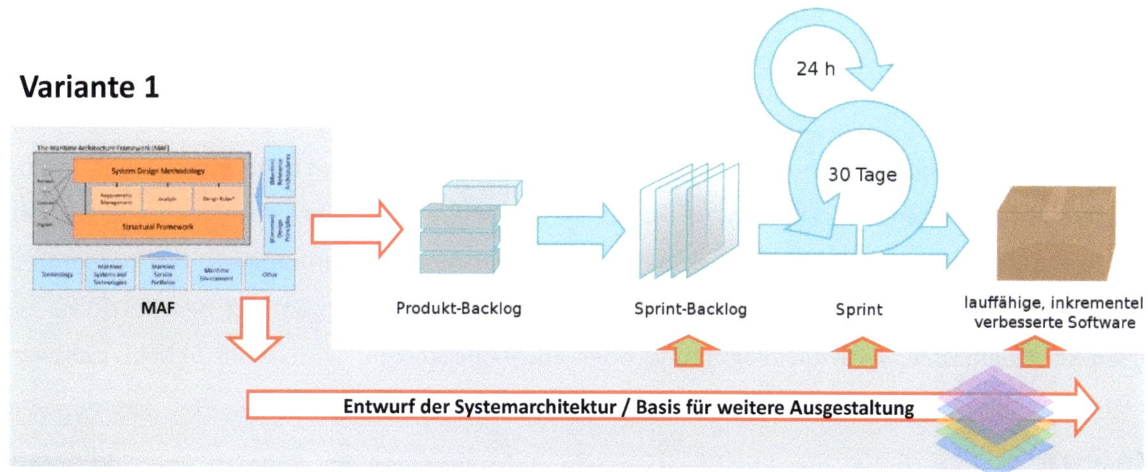

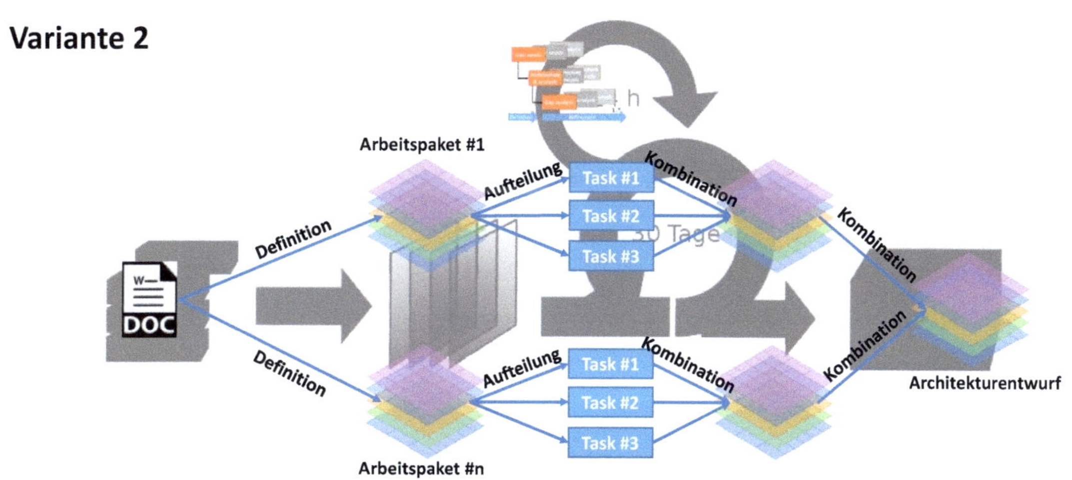

Abbildung 87. Potentielle Integrationsmöglichkeiten in Scrum (eigene Darstellung[2])

Variante 2 beschreibt die Kombination des MAF mit dem Vorgehensmodell von Scrum. In diesem Fall werden die initialen Anforderungen im Produkt Backlog erstellt. Sie bilden die Basis für die Definition der Inkremente, bestehend aus verschiedenen Tasks, die durch das jeweilige Team zur Erstellung von Teilarchitekturmodellen unter Verwendung des *Structural Frameworks* erarbeitet werden können. Im nächsten Schritt ist die Überführung der einzelnen Teilarchitekturmodelle zuerst in ein gemeinsames Architekturmodell je Inkrement und anschließend in einen übergeordneten Architekturentwurf möglich.

---

[2] Abbildung 87 basierend auf Lakeworks, Wikimedia Commons, lizenziert unter CreativeCommons-Lizenz by-sa-3.0-de, http://creativecommons.org/licenses/by-sa/3.0

Zudem ist die Verwendung in einem linearen Ansatz wie dem V-Modell (XT) möglich. So könnte das MAF hierbei sowohl zur Festlegung der Anforderungen, zur Spezifizierung und Entwurf des Systems als auch zum Vergleich zwischen Soll- und Ist-Zustand bei der Abnahme herangezogen werden.

Das MAF soll künftig auch durch verschiedene Tools unterstützt werden. So hat sich bereits eine Abschlussarbeit mit der webgestützten Entwicklung von Anwendungsfällen auf Basis des MAF-Datenmodells befasst. Auch eine Implementierung als eine Erweiterung für das Kollaborationssystem Confluence in Zusammenarbeit mit dem Bereich Energie des OFFIS steht derzeit zur Diskussion.

Neben der Verwendung in oben beschriebenen Ansätzen und Methoden bietet auch das MAF selbst Potential für Weiterentwicklungen. So ist auf Basis der Ergebnisse bei Anwendung der *System Design Methodology* eine Ableitung bzw. Erstellung von Ablaufplänen möglich. Um zudem noch weitere Aspekte von Systemen spezifizieren zu können, ist die Ergänzung des Portfolios um Sequenzdiagramme, Aktivitätsdiagramme oder auch Checklisten, wie sie im SEMAT (Software Engineering Method and Theory) Ansatz Verwendung finden, denkbar.

Um das MAF auch bei der Identifikation von Anforderungen im Rahmen von Systemtests heranzuziehen, ist zudem die Ergänzung der Interoperabilitätsebenen im *Structural Framework* um weitere Zwischenebenen zur differenzierten Kontextualisierung von Testanforderungen und Testmethoden mit den jeweiligen Systemelementen denkbar. Bei einer solchen Verwendung könnten zusätzlich das Datenmodell bzw. die darauf basierenden Entwurfsvorlagen um entsprechende Testaspekte ergänzt werden.

Bei der Betrachtung der zuvor genannten Punkte lässt sich abschließend feststellen, dass das Maritime Architecture Framework großes Anwendungspotential innerhalb verschiedener Bereiche der maritimen Domänen besitzt.

Literaturverzeichnis

[Acon00] *A Conceptual Model of Architecture Description.* URL http://www.iso-architecture.org/ieee-1471/cm/index.html. - abgerufen am 2016-12-19. — ISO/IEC/IEEE 42010: 2011 - A Conceptual Model of Architecture Description

[Alli15] ALLIANZ GLOBAL CORPORATE & SPECIALITY SE: *Safety and Shipping Review 2015*, 2015

[Anto07] ANTONIO CARTELLI: Socio-Technical Theory and Knowledge Construction: Towards New Pedagogical Paradigms? In: *Issues in Informing Science and Information Technology*, 2007

[ARPM11] ANDREW JERSEY ; RACHEL HARRISON ; PAUL HOMAN ; MATTHEW F. ROUSE ; TOM VAN SANTE ; MIKE TURNER ; PAUL VAN DER MERWE: *TOGAF® Version 9.1 - A Pocket Guide*. Zaltbommel : Van Haren Publishing, 2011 — ISBN 978-90-8753-678-7

[Basv11] BAS VAN GILS, SVEN VAN DIJK: *Enterprise Architecture Roadmap for success: Top-down versus Bottom-up architecture*. URL http://blog.bizzdesign.com/ea-roadmap-for-success-top-down-versus-bottom-up-architecture. - abgerufen am 2017-01-13. — Bizzdesign

[Bézi05] BÉZIVIN, JEAN: On the Unification Power of Models. In: *Softw. Syst. Model.* Bd. 4 (2005), Nr. 2, S. 171–188

[Bott00] *Bottom-up-Prinzip.* URL http://wirtschaftslexikon.gabler.de/Archiv/75448/bottom-up-prinzip-v8.html. - abgerufen am 2017-01-13. — Gabler Wirtschaftslexikon, Stichwort: Top-Down-Prinzip

[Bren15] BRENTON FORD, WADE HARRIS: *Top Down vs Bottom Up Engineering*. URL http://www.fastengineering.com.au/single_post.php?id=Top%20down%20Vs%20Bottom%20up%20Engineering. - abgerufen am 2017-01-13. — Fast engineering

[Bund71] BUNDESMINISTERIUM DER JUSTIZ UND VERBRAUCHERSCHUTZ: Seeschiffahrtsstraßen-Ordnung, 1971

[Comp00] *ComputingCase.org.* URL http://computingcases.org/general_tools/sia/socio_tech_system.html. - abgerufen am 2016-12-16

[Cpse17] *CPSE Labs - Cyber-Physical Systems Engineering Labs*. URL http://www.cpse-labs.eu/cps.php. - abgerufen am 2017-03-01. — Cyber-Physical Systems

[CTBA16] CHRISTOPH RIHACEK ; THOMAS LUTZ ; BENJAMIN WEINERT ; ANDRE BOLLES ; KASPER NIELSEN ; JENS JENSEN: *Conceptual Model* (Deliverable Nr. 3.2) : EfficienSea2, 2016

[Czar16] CZARNECKI, CHRISTIAN: Design und Nutzung einer industriespezifischen Referenzarchitektur für die Telekommunikationsindustrie. In: *Informatik 2016, 46. Jahrestagung der Gesellschaft für Informatik, 26.-30. September 2016, Klagenfurt, Österreich*, 2016, S. 807–814

[Dani00] DANISH MARITIME AUTHORITY: *What are we working for?* URL http://www.dma.dk/Policy/Sider/Whatareworkingfor.aspx. - abgerufen am 2017-01-19

[Depa01] DEPARTMENT OF DEFENSE, SYSTEMS MANAGEMENT COLLEGE: *SYSTEMS ENGINEERING FUNDAMENTALS*. Fort Belvoir, Virginia (United States of America) : Defense Acquistion University Press, 2001

[Derb00] DER BEAUFTRAGTE DER BUNDESREGIERUNG FÜR INFORMATIONSTECHNIK: *Das V-Modell XT*. URL http://www.cio.bund.de/Web/DE/Architekturen-und-Standards/V-Modell-XT/vmodell_xt_node.html. - abgerufen am 2017-01-12

[Dere07] DEREK K. HITCHINS: *Systems Engineering: A 21st Century Systems Methodology*. 1th edition. Aufl. : Wiley, 2007 — ISBN 0-470-05856-0

[Din16] DIN: DIN SPEC 91345:2016-04, Beuth Verlag GmbH (2016)

[Dirk11] DIRK MATTHES: *Enterprise Architecture Frameworks Kompendium, xpert.press* : Springer Heidelberg Dordrecht London New York, 2011 — ISBN 978-3-642-12954-4

[Dnvg15] DNV GL STRATEGIC: *Ship Connectivity*, 2015

[Effi16] *EfficienSea2 - Getting Connected*. URL http://efficiensea2.org/. - abgerufen am 2016-12-15. — EfficienSea2 - Getting Connected

[EiGS15] EID, M. ; GOLLWITZER, M. ; SCHMITT, M.: *Statistik und Forschungsmethoden: Lehrbuch. Mit Online-Material* : Psychologie Verlagsunion, 2015 — ISBN 978-3-621-28201-7

[EQJS11] ENGELSMAN, WILCO ; QUARTEL, DICK ; JONKERS, HENK ; VAN SINDEREN, MARTEN: Extending Enterprise Architecture Modelling with Business Goals and Requirements. In: *Enterp. Inf. Syst.* Bd. 5 (2011), Nr. 1, S. 9–36

[Espe94] ESPEJO, RAUL: What is systemic thinking? In: *System Dynamics Review* Bd. 10 (1994), Nr. 2–3, S. 199–212

[EuCo01] EUROPEAN PARLIAMENT ; COUNCIL OF THE EUROPEAN UNION: DIRECTIVE 2001/96/EC OF THE EUROPEAN PARLIAMENT AND OF THE COUNCIL (2001)

[Euro00] EUROPEAN MARITIME SAFETY AGENCY: *Ship Safety Standards*. URL http://www.emsa.europa.eu/implementation-tasks/ship-safety-standards.html. - abgerufen am 2017-01-19

[Euro17] EUROPEAN COMMISSION: Horizon 2020 Work Programme 2016-2017 (2017)

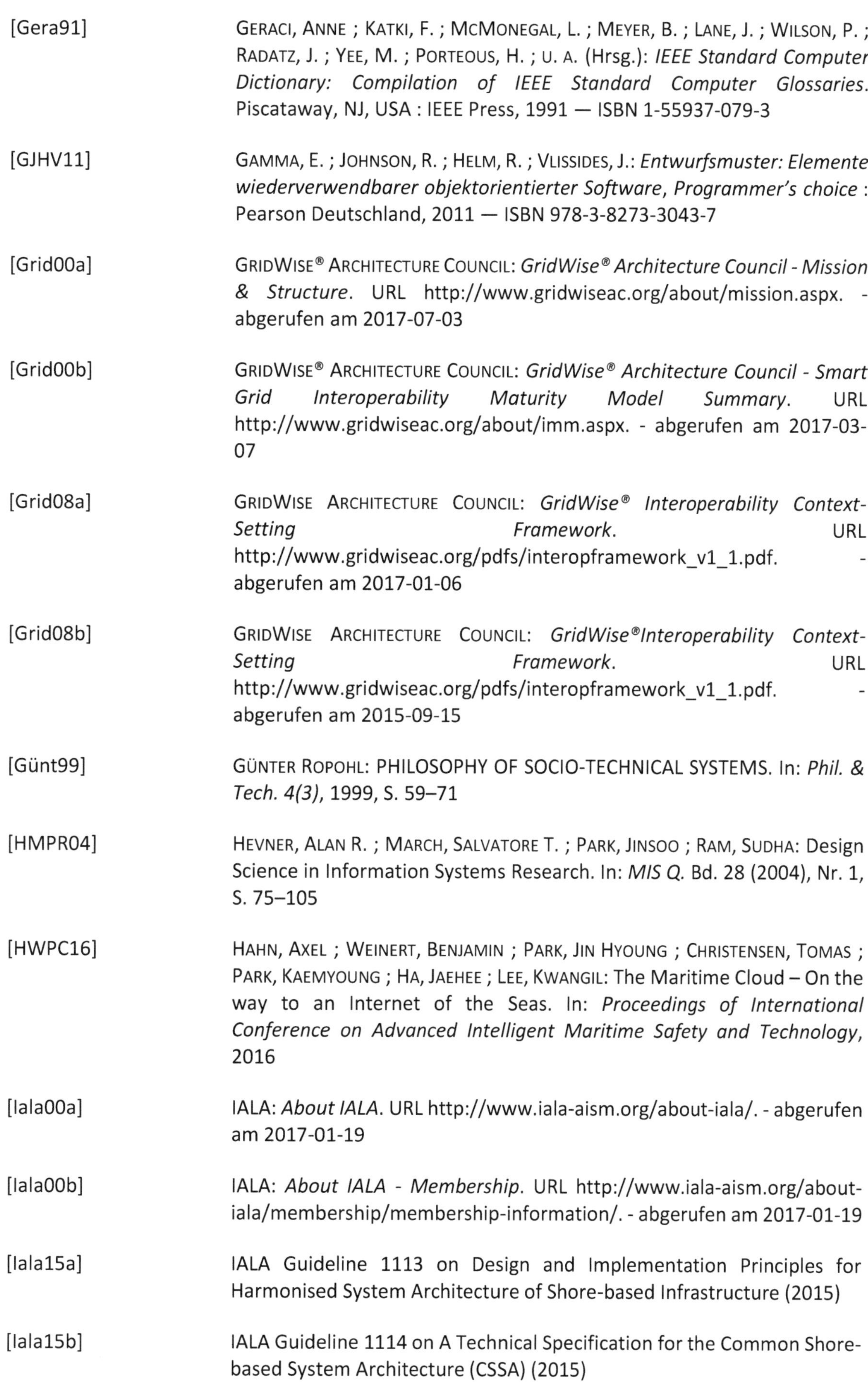

[Gera91] Geraci, Anne ; Katki, F. ; McMonegal, L. ; Meyer, B. ; Lane, J. ; Wilson, P. ; Radatz, J. ; Yee, M. ; Porteous, H. ; u. a. (Hrsg.): *IEEE Standard Computer Dictionary: Compilation of IEEE Standard Computer Glossaries*. Piscataway, NJ, USA : IEEE Press, 1991 — ISBN 1-55937-079-3

[GJHV11] Gamma, E. ; Johnson, R. ; Helm, R. ; Vlissides, J.: *Entwurfsmuster: Elemente wiederverwendbarer objektorientierter Software, Programmer's choice* : Pearson Deutschland, 2011 — ISBN 978-3-8273-3043-7

[Grid00a] GridWise® Architecture Council: *GridWise® Architecture Council - Mission & Structure*. URL http://www.gridwiseac.org/about/mission.aspx. - abgerufen am 2017-07-03

[Grid00b] GridWise® Architecture Council: *GridWise® Architecture Council - Smart Grid Interoperability Maturity Model Summary*. URL http://www.gridwiseac.org/about/imm.aspx. - abgerufen am 2017-03-07

[Grid08a] GridWise Architecture Council: *GridWise® Interoperability Context-Setting Framework*. URL http://www.gridwiseac.org/pdfs/interopframework_v1_1.pdf. - abgerufen am 2017-01-06

[Grid08b] GridWise Architecture Council: *GridWise®Interoperability Context-Setting Framework*. URL http://www.gridwiseac.org/pdfs/interopframework_v1_1.pdf. - abgerufen am 2015-09-15

[Günt99] Günter Ropohl: PHILOSOPHY OF SOCIO-TECHNICAL SYSTEMS. In: *Phil. & Tech. 4(3)*, 1999, S. 59–71

[HMPR04] Hevner, Alan R. ; March, Salvatore T. ; Park, Jinsoo ; Ram, Sudha: Design Science in Information Systems Research. In: *MIS Q.* Bd. 28 (2004), Nr. 1, S. 75–105

[HWPC16] Hahn, Axel ; Weinert, Benjamin ; Park, Jin Hyoung ; Christensen, Tomas ; Park, Kaemyoung ; Ha, Jaehee ; Lee, Kwangil: The Maritime Cloud – On the way to an Internet of the Seas. In: *Proceedings of International Conference on Advanced Intelligent Maritime Safety and Technology*, 2016

[Iala00a] IALA: *About IALA*. URL http://www.iala-aism.org/about-iala/. - abgerufen am 2017-01-19

[Iala00b] IALA: *About IALA - Membership*. URL http://www.iala-aism.org/about-iala/membership/membership-information/. - abgerufen am 2017-01-19

[Iala15a] IALA Guideline 1113 on Design and Implementation Principles for Harmonised System Architecture of Shore-based Infrastructure (2015)

[Iala15b] IALA Guideline 1114 on A Technical Specification for the Common Shore-based System Architecture (CSSA) (2015)

[Iala15c] IALA Recommendation V-128 on Operational and Technical Performance of VTS systems (2015)

[Iala17] IALA: *International e-Navigation Underway 2017*. URL http://www.iala-aism.org/products-projects/e-navigation/e-nav-underway/international-e-navigation-underway-2017/. - abgerufen am 2017-08-09. — International e-Navigation Underway 2017

[Iec615] IEC 62559-2 Use case methodology – Part 2: Definition of the templates for use cases, actor list and requirements list (2015)

[Ieee90] IEEE Standard Glossary of Software Engineering Terminology. In: *IEEE Std 610.12-1990* (1990), S. 1–84

[Iho00] IHO: *Information on IHO Standards related to ENC and ECDIS* : International Hydrographic Organization

[Imo74] IMO: *International Convention for the Safety of Life at Sea*. URL http://www.imo.org/en/About/Conventions/ListOfConventions/Pages/International-Convention-for-the-Safety-of-Life-at-Sea-%28SOLAS%29%2c-1974.aspx. - abgerufen am 2017-01-19

[Inte00a] *International Maritime Organization - Safe, Secure and Efficient Shipping on Clean Oceans*. URL http://www.imo.org/en/OurWork/Environment/PollutionPrevention/AirPollution/Documents/COP%2018/IMO%20side%20event.pdf. - abgerufen am 2017-01-17

[Inte00b] International Maritime Organization: *Member States, IGOs and NGOs*. URL http://www.imo.org/en/About/Membership/Pages/Default.aspx. - abgerufen am 2017-01-19

[Inte00c] International Maritime Organization: *List of IMO Conventions*. URL http://www.imo.org/en/About/Conventions/ListOfConventions/Pages/Default.aspx. - abgerufen am 2017-01-19

[Inte00d] International Maritime Organization: *IMODOCS*. URL https://docs.imo.org/. - abgerufen am 2017-02-16

[Inte00e] International Maritime Organization: *FAL CONVENTION*. URL http://www.imo.org/en/OurWork/Facilitation/ConventionsCodesGuidelines/Pages/Default.aspx. - abgerufen am 2017-02-15

[Inte15] Internationale Organisation für Normung: Qualitätsmanagementsysteme - Grundlagen und Begriffe (ISO 9000:2015); Deutsche und Englische Fassung EN ISO 9000:2015, Beuth Verlag GmbH (2015)

[Inte17a] International Telecommunication Union: *About International Telecommunication Union (ITU)*. URL http://www.itu.int/en/about/Pages/default.aspx. - abgerufen am 2017-12-05

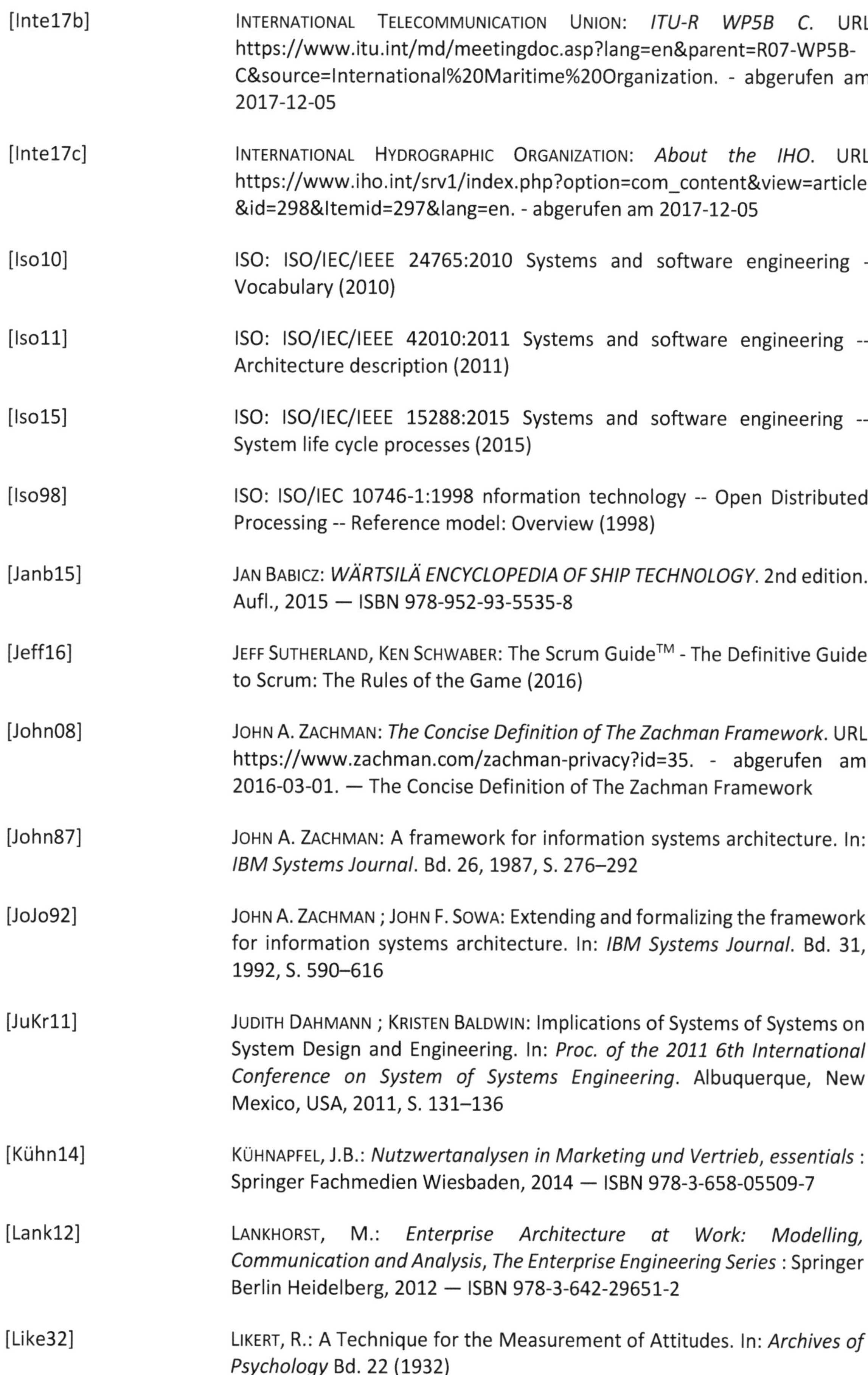

[Inte17b] International Telecommunication Union: *ITU-R WP5B C*. URL https://www.itu.int/md/meetingdoc.asp?lang=en&parent=R07-WP5B-C&source=International%20Maritime%20Organization. - abgerufen am 2017-12-05

[Inte17c] International Hydrographic Organization: *About the IHO*. URL https://www.iho.int/srv1/index.php?option=com_content&view=article&id=298&Itemid=297&lang=en. - abgerufen am 2017-12-05

[Iso10] ISO: ISO/IEC/IEEE 24765:2010 Systems and software engineering - Vocabulary (2010)

[Iso11] ISO: ISO/IEC/IEEE 42010:2011 Systems and software engineering -- Architecture description (2011)

[Iso15] ISO: ISO/IEC/IEEE 15288:2015 Systems and software engineering -- System life cycle processes (2015)

[Iso98] ISO: ISO/IEC 10746-1:1998 nformation technology -- Open Distributed Processing -- Reference model: Overview (1998)

[Janb15] Jan Babicz: *WÄRTSILÄ ENCYCLOPEDIA OF SHIP TECHNOLOGY*. 2nd edition. Aufl., 2015 — ISBN 978-952-93-5535-8

[Jeff16] Jeff Sutherland, Ken Schwaber: The Scrum Guide™ - The Definitive Guide to Scrum: The Rules of the Game (2016)

[John08] John A. Zachman: *The Concise Definition of The Zachman Framework*. URL https://www.zachman.com/zachman-privacy?id=35. - abgerufen am 2016-03-01. — The Concise Definition of The Zachman Framework

[John87] John A. Zachman: A framework for information systems architecture. In: *IBM Systems Journal*. Bd. 26, 1987, S. 276–292

[JoJo92] John A. Zachman ; John F. Sowa: Extending and formalizing the framework for information systems architecture. In: *IBM Systems Journal*. Bd. 31, 1992, S. 590–616

[JuKr11] Judith Dahmann ; Kristen Baldwin: Implications of Systems of Systems on System Design and Engineering. In: *Proc. of the 2011 6th International Conference on System of Systems Engineering*. Albuquerque, New Mexico, USA, 2011, S. 131–136

[Kühn14] Kühnapfel, J.B.: *Nutzwertanalysen in Marketing und Vertrieb*, *essentials* : Springer Fachmedien Wiesbaden, 2014 — ISBN 978-3-658-05509-7

[Lank12] Lankhorst, M.: *Enterprise Architecture at Work: Modelling, Communication and Analysis*, *The Enterprise Engineering Series* : Springer Berlin Heidelberg, 2012 — ISBN 978-3-642-29651-2

[Like32] Likert, R.: A Technique for the Measurement of Attitudes. In: *Archives of Psychology* Bd. 22 (1932)

[MaBo15] MARTIN HANKEL ; BOSCH REXROTH: *Industrie 4.0: The Reference Architectural Model Industrie 4.0 (RAMI 4.0)* : ZVEI - German Electrical and Electronic Manufacturers' Association, 2015

[Mari00] *Maritime Cloud.* URL http://maritimecloud.net/. - abgerufen am 2016-12-15. — Maritime Cloud

[Mari16] MARIO HERMANN, TOBIAS PENTEK, BORIS OTTO: Design Principles for Industrie 4.0 Scenarios. In: *49th Hawaii International Conference on System Sciences (HICSS)*, 2016 — ISBN 1530-1605, S. 3928–3937

[Mari17] MARITIME AND COASTGUARD AGENCY: *Guidance on SOLAS Chapter V - Safety of Navigation.* URL http://solasv.mcga.gov.uk/. - abgerufen am 2017-05-05

[Mari99] MARITIME AND COASTGUARD AGENCY: MGN 128 (M+F) Navigation in the Dover Strait (1999)

[Mcfa97] MCFADZEAN, ELSPETH: Improving Group Productivity with Group Support Systems and Creative Problem Solving Techniques. In: *Creativity and Innovation Management* Bd. 6 (1997), Nr. 4, S. 218–225

[MGHH12] MOHAMED, MAHMOUD ; GALAL-EDEEN, GALAL H ; HASSAN, HESHAM AHMED ; HASANIEN, EHAB EZZAT ; OTHERS: An evaluation of enterprise architecture frameworks for e-government. In: *Computer Engineering & Systems (ICCES), 2012 Seventh International Conference on* : IEEE, 2012, S. 255–260

[MMSJ12] MATHIAS USLAR ; MICHAEL SPECHT ; SEBASTIAN ROHJANS ; JÖRN TREFKE ; CHRISTIAN DÄNEKAS ; JOSÉ M. GONZÁLES ; CHRISTINE ROSINGER ; ROBERT BLEIKER: *Standardization in Smart Grids - Introduction to IT-related Methodologies, Architectures and Standards* : Springer, 2012 — ISBN 978-3-642-34916-4

[Msc809] *MSC 85/26, Report Of The Maritime Safety Committee On Its Eighty-Fifth Session, Add. 1* : Maritime Safety Committee (IMO), 2009

[Ncsr14] *NCSR 1-28 - Report to the Maritime Safety Committee* : International Maritime Organization, Sub-Committee on navigation communications and search and rescue, 2014

[NJSY17] NIKLAS KOLBE ; JEREMY ROBERT ; SYLVAIN KUBLER ; YVES LE TRAON: PROFICIENT: Productivity Tool for Semantic Interoperability in an Open IoT Ecosystem. In: *Proceedings of the 14th EAI International Conference on Mobile and Ubiquitous Systems: Computing, Networking and Services*, 2017

[Obje17] OBJECT MANAGEMENT GROUP: *About OMG.* URL http://www.omg.org/about/index.htm. - abgerufen am 2017-12-13

[Omg11] OMG: *Business Process Model and Notation (BPMN), Version 2.0* (Nr. formal/2011-01-03) : Object Management Group, 2011

[Omg16] OMG: *Information technology - Object Management Group Meta Object Facility (MOF) Core*, 2016. — 00000

[PaMo08] PANETTO, HERVÉ ; MOLINA, ARTURO: Enterprise integration and interoperability in manufacturing systems: Trends and issues. In: *Computers in Industry* Bd. 59 (2008), Nr. 7, S. 641–646

[Pari16] PARIS MEMORANDUMG OF UNDERSTANDING ON PORT STATE CONTROL: *2015 White, Grey and Black Flags List* : Paris Memorandumg of Understanding on Port State Control, 2016

[Phil00] PHILIPP MAYRING: *Qualitative Inhaltsanalyse*. URL https://www.ph-freiburg.de/fileadmin/dateien/fakultaet3/sozialwissenschaft/Quasus/Volltexte/2-00mayring-d_qualitativeInhaltsanalyse.pdf. - abgerufen am 2016-06-28

[Phil01] PHILIPP MAYRING: Kombination und Integration qualitativer und quantitativer Analyse. In: *Forum: Qualitative Sozialforschung* Bd. 2 (2001), Nr. 1

[Prof12] PROF. DR.-ING. JÜRGEN JASPERNEITE: Was hinter Begriffen wie Industrie 4.0 steckt. In: *computer-automation.de* (2012)

[PTRC07] PEFFERS, KEN ; TUUNANEN, TUURE ; ROTHENBERGER, MARCUS A. ; CHATTERJEE, SAMIR: A Design Science Research Methodology for Information Systems Research. In: *Journal of Management Information Systems* Bd. 24 (2007), Nr. 3, S. 45–77

[Rich17] RICH HILLIARD: *Model and Meta Model Matters*. URL http://www.iso-architecture.org/ieee-1471/meta/. - abgerufen am 2017-12-13

[RoBa11] ROBERT WARD ; BARRIE GREENSLADE: IHO S-100 The Universal Hydrographic Data Model (2011)

[Sage92] SAGE, ANDREW P.: *Systems Engineering*. New York, NY, USA : John Wiley & Sons, Inc., 1992 — ISBN 0-471-53639-3

[SCCK12] SOMMERVILLE, IAN ; CLIFF, DAVE ; CALINESCU, RADU ; KEEN, JUSTIN ; KELLY, TIM ; KWIATKOWSKA, MARTA ; MCDERMID, JOHN ; PAIGE, RICHARD: Large-scale Complex IT Systems. In: *Commun. ACM* Bd. 55 (2012), Nr. 7, S. 71–77

[SeUl00] SEBASTIAN HERDEN ; ULRIKE ZENNER: *Klassifikation von Enterprise–Architecture–Management–Frameworks: Eine Literaturanalyse*. Magedeburg : Institut für technische und betriebliche Informationssysteme, Otto-von-Guericke-Universität Magdeburg

[Smar12] *Smart Grid Reference Architecture*. URL http://ec.europa.eu/energy/sites/ener/files/documents/xpert_group1_reference_architecture.pdf. - abgerufen am 2015-10-12. — 00021

[Spri17] SPRINGER GABLER VERLAG (HERAUSGEBER): *Gabler Wirtschaftslexikon, Stichwort: Nutzwertanalyse*. URL http://wirtschaftslexikon.gabler.de/Archiv/4761/nutzwertanalyse-v11.html

[Stmv17a] *STM Validation*. URL http://stmvalidation.eu/. - abgerufen am 2017-03-15

[Stmv17b] STM VALIDATION: *Port CDM*. URL http://stmvalidation.eu/videos/port-cdm/. - abgerufen am 2017-01-08

[SuGr06] SUSANNE LEIST ; GREGOR ZELLNER: Evaluation of Current Architecture Frameworks. In: *Proceedings of the 2006 ACM symposium on Applied computing* : University of Regensburg, 2006, S. 1546–1553

[Surv00] *Survey of Architecture Frameworks*. URL http://www.iso-architecture.org/ieee-1471/afs/frameworks-table.html. - abgerufen am 2017-05-01. — Survey of Architecture Frameworks

[Swee10] SWEENEY, R.: *Achieving Service-Oriented Architecture: Applying an Enterprise Architecture Approach* : Wiley, 2010 — ISBN 978-0-470-62253-7

[Syst00] *Systems and software engineering — Architecture description*. URL http://www.iso-architecture.org/ieee-1471/index.html. - abgerufen am 2016-12-16. — Systems and software engineering — Architecture description

[Team10] TEAM, CMMI PRODUCT: *CMMI for Development, Version 1.3* (Nr. CMU/SEI-2010-TR-033). Pittsburgh, PA : Software Engineering Institute, Carnegie Mellon University, 2010

[ToCl05] TONY GORSCHEK ; CLAES WOHLIN: Requirements Abstraction Model. In: *Journal Requirements Engineering*. Bd. Volume 1 Issue 1, 2005, S. 79–101

[Toga00a] *TOGAF®9.1 - Part I: Introduction*. URL http://pubs.opengroup.org/architecture/togaf9-doc/arch/chap01.html. - abgerufen am 2017-01-04

[Toga00b] *TOGAF®9.1 - Part II: Architecture Development Method (ADM) > Introduction to the ADM*. URL http://pubs.opengroup.org/architecture/togaf9-doc/arch/chap05.html. - abgerufen am 2017-04-01

[Top-00] *Top-Down-Prinzip*. URL http://wirtschaftslexikon.gabler.de/Archiv/16275/top-down-prinzip-v7.html. - abgerufen am 2017-01-13. — Gabler Wirtschaftslexikon, Stichwort: Top-Down-Prinzip

[TPGP11] TOOMAS TAMM ; PETER B SEDDON ; GRAEME SHANKS ; PETER REYNOLDS: How Does Enterprise Architecture Add Value to Organisations? In: *Communications of the Association for Information Systems*. Bd. 28, 2011, S. 141–168

[Unit82] UNITED NATIONS: United Nations Convention on the Law of the Sea (1982)

[Usco00] U.S. COAST GUARD NAVIGATION CENTER: *Vessel Traffic Services*. URL http://www.navcen.uscg.gov/?pageName=vtsMain. - abgerufen am 2017-01-19

[Usde07] US DEPARTMENT OF DEFENSE: System of Systems Systems Engineering Guide: Considerations for Systems Engineering in a System of Systems Environment (2007)

[Usde10] US DEPARTMENT OF DEFENSE: *The DoDAF Architecture Framework Version 2.02*, 2010

[Usde84] U.S. DEPARTMENT OF HOMELAND SECURITY: Navigation Rules: International - Inland (1984)

[Usla15] USLAR, MATHIAS: Energy Informatics: Definition, State-of-the-art and new horizons. In: KUPROG, F. (Hrsg.): *Proceedings der ComForEn 2015 Vienna*. Wien : OVE Verlag, 2015

[Wass00a] WASSERSTRAßEN- UND SCHIFFFAHRTSVERWALTUNG DES BUNDES: *Wir über uns*. URL http://wsv.de/Wir_ueber_uns/index.html. - abgerufen am 2017-01-19

[Wass00b] WASSERSTRAßEN- UND SCHIFFFAHRTSAMT STRALSUND: *Wir gewährleisten Sicherheit durch Verkehrsüberwachung und Verkehrsanalyse*. URL https://www.wsv.de/wsa-hst/Schiff-WaStr/Schifffahrt/Verkehrsmanagement_u_VKZ/index.html. - abgerufen am 2017-01-19

[WaTW09] WANG, WENGUANG ; TOLK, ANDREAS ; WANG, WEIPING: The Levels of Conceptual Interoperability Model: Applying Systems Engineering Principles to M&S. In: *Proceedings of the 2009 Spring Simulation Multiconference, SpringSim '09*. San Diego, CA, USA : Society for Computer Simulation International, 2009, S. 168:1–168:9

[What00] *What is Systems Engineering?* URL http://www.incose.org/AboutSE/WhatIsSE. - abgerufen am 2016-12-16. — INCOSE

[Worl17a] WORLD METEOROLOGICAL ORGANIZATION: *Welcome to the WMO Community*. URL https://www.wmo.int/pages/index_en.html. - abgerufen am 2017-12-05

[Worl17b] WORLD METEOROLOGICAL ORGANIZATION: *The Marine Meteorology and Oceanography Programme*. URL https://www.wmo.int/pages/prog/amp/mmop/index_en.html. - abgerufen am 2017-12-05

[Zang14] ZANGEMEISTER, C.: *Nutzwertanalyse in der Systemtechnik: Eine Methodik zur multidimensionalen Bewertung und Auswahl von Projektalternativen* : Zangemeister, 2014 — ISBN 978-3-923264-00-1

Anhang

A.1 Analyseergebnisse bestehender Architekturframeworks

Archimate

Archimate		
		Comments
General characteristics		
Origin	Open Group	
Field of application	Enterprise	With focus on service oriented architectures
Viewpoints / Layers	• Business Layer • Application Layer • Technology Layer	
Content / Scope	• Methodology • Reference model	Generic Tools can be used for the modelling process
Development phases	• Preliminary • Architecture Vision • Business Architecture • Information System Architectures • Technology Architecture • Opportunities and Solutions • Migration Planning • Implementation Governance • Architecture Change Management	Derived from TOGAF
Specific characteristics		
Scalability	Yes	
Conventions and standards	No	
Domain-specific	No	

ARIS

ARIS		
		Comments
General characteristics		
Origin	R&D	
Field of application	Enterprise Information systems	Support the lifecycle of an IS
Viewpoints / Layers	• Organization View • Control View • Data View • Function View • Product / Service View • Resource View	
Content / Scope	• Conceptual Framework • Methodology • Toolset	Focus on visualization and optimization of business processes
Development phases	• Requirements Definition • Design Specification • Implementation Description • Run-Time Phase	
Specific characteristics		
Scalability	Yes	Allows individual use of development phases
Conventions and standards	No	
Domain-specific	No	

C4ISR Architecture Framework

C4ISR Architecture Framework		
		Comments
General characteristics		
Origin	U.S. Department of Defense	
Field of application	Integration of military information systems	Basis for DoDAF
Viewpoints / Layers	• All-View • Operational View • Systems View • Technical View	
Content / Scope	• Architecture Reference Models • Architecture Data Model • ARIS-Methodology • ARIS-Toolset	
Development phases	• Requirements Definition • Design Specification • Implementation Description • Run-Time Phase	Derived from ARIS
Specific characteristics		
Scalability	No	
Conventions and standards	Yes	
Domain-specific	No	Originates in the military sector

CIMOSA – CIM Open System Architecture

CIMOSA – CIM Open System Architecture		
		Comments
General characteristics		
Origin	Economy	Founded by EU
Field of application	Enterprise	
Viewpoints / Layers	Stepwise Derivation • Requirements Definition • Design Specification • Implementation Description Stepwise Instantiation • Generic Requirements • Partial Requirements • Particular Requirements Generation • Function • Information • Resource • Organization • View	Exists as three dimensional cube.
Content / Scope	• Reference Architecture • Methodology	Generic Tools can be used for the modelling process
Development phases	• CIMOSA Modelling Framework • CIMOSA Integrating Infrastructure • System Lifecycle	Three concepts based upon distribution in *generic functions and special functions*
Specific characteristics		
Scalability	Unknown	
Conventions and standards	No	
Domain-specific	No	

DoDAF – Department of Defense AF

DoDAF – Department of Defense AF		
		Comments
General characteristics		
Origin	U.S. Department of Defense	
Field of application	Integration of military information systems	Derived from C4ISR AF, includes service-oriented architecture. Basis for MoDAF.
Viewpoints / Layers	• All-View • Capability Viewpoint • Data and Information Viewpoint • Operational Viewpoint • Project Viewpoint • Services Viewpoint • Standards Viewpoint • Systems Viewpoint	
Content / Scope	• Meta-Model • Reference models • Methodology	Generic Tools can be used for the modelling process
Development phases	• Determine the intended use of the architecture • Determine scope of architecture • Determine data required of support architecture development • Collect, organize, correlate and store architecture data • Conduct analyses in support of architecture objectives • Document results IAW Decision – Maker needs	
Specific characteristics		
Scalability	Unknown	
Conventions and standards	Yes	
Domain-specific	No	Originates in the military sector

EAF – Enterprise Architecture Framework

EAF – Enterprise Architecture Framework		
		Comments
General characteristics		
Origin	Economy	Developed by Gartner
Field of application	Enterprise	
Viewpoints / Layers	• Business Viewpoint • Information Viewpoint • Technology Viewpoint	Has at least three viewpoints
Content / Scope	• Meta-Model • Methodology	
Development phases	• Conceptual • Logical • Implementation	
Specific characteristics		
Scalability	Unknown	
Conventions and standards	Unknown	
Domain-specific	Unknown	

EIF – European Interoperability Framework

EIF – European Interoperability Framework		
		Comments
General characteristics		
Origin	European commission	
Field of application	Pan European e-government services (PEGS) / Extended Enterprises	
Viewpoints / Layers	Interoperability level • Political Context • Legal Interoperability • Organizational Interoperability • Semantic Interoperability • Technical Interoperability • Interoperability chain • Administration, Business, Citizens • Secure Data Exchange • Aggregate Service • Basic Public Functions Standards • Suitability • Potential • Openness • Market conditions	Exists as three-dimensional cube.
Content / Scope	• Meta Model • Methodology	Used with other modules (EU Interoperability Strategy, EU Interoperability Architecture Guidelines, EU Interoperability Infrastructure Services).
Development phases	• Business Description • Problem identification • Development	
Specific characteristics		
Scalability	Unknown	
Conventions and standards	Yes	
Domain-specific	No	

FEAF – Federal Enterprise Architecture Framework

FEAF - Federal Enterprise Architecture Framework		
		Comments
General characteristics		
Origin	CIO Council	Developed by U.S. authorities
Field of application	Enterprise	
Viewpoints / Layers	• (Business Architecture) • Data Architecture • Applications Architecture • Technology Architecture	Based on Zachman Framework.
Content / Scope	• Meta Model • Methodology	
Development phases		The development process for an EA is described from development to maintenance.
Specific characteristics		
Scalability	Unknown	
Conventions and standards	Unknown	
Domain-specific	No	

GERAM – Generalised Enterprise Reference Architecture and Methodology

GERAM – Generalised Enterprise Reference Architecture and Methodology		
		Comments
General characteristics		
Origin	Economy	Based upon CIMOSA.
Field of application	Enterprise Engineering & Integration Projects	
Viewpoints / Layers	Based on three dimensions: • Lifecycle Dimension • Genericity Dimension • View Dimension Includes following layers: • Identification Layer • Concept Layer • Requirements • Preliminary design, DESIGN, detailed design • Implementation • Operations • Decommission	
Content / Scope	• Reference Architecture • Methodology • Terminology • Modelling concepts • Reference architectures • Enterprise Models • Enterprise Operational Systems • Tools	
Development phases	• Human oriented concepts • Process oriented concepts • Technology oriented concepts	
Specific characteristics		
Scalability	No	
Conventions and standards	No	Possible during architecture development
Domain-specific	No	

HIF – Healthcare IF (Din V ENV 12443)

HIF – Healthcare IF (Din V ENV 12443)		
		Comments
General characteristics		
Origin	Regional authorities	Comité Européen de Normalisation
Field of application	Medical institutions / enterprises	
Viewpoints / Layers	Three views: • Healthcare Domain View • Technology View • Performance Requirements View Described by: • Healthcare Application Layer • Healthcare Middleware Layer • Healthcare Bitways Layer	
Content / Scope	• Conceptual Architecture Framework (Meta-Model) • Reference Architecture • Methodology	
Development phases	• Domain identification • Identifying Reference Architectures • Combination and specialization of Reference Architectures	
Specific characteristics		
Scalability	Yes	Allows the focus on different aspects in the healthcare sector
Conventions and standards	Yes	Allows the focus on different regions in the healthcare sector
Domain-specific	Yes	

IAF – Integrated Architecture Framework

IAF – Integrated Architecture Framework von Capgemini		
		Comments
General characteristics		
Origin	Economy (Consulting)	Capgemini
Field of application	Enterprise	
Viewpoints / Layers	Four Abstraction Levels: • Contextual Level • Conceptual Level • Logical Level • Physical Level Six Aspect Areas: • Business aspect area • Information aspect area • Information System aspect area • Technology Infrastructure aspect area • Governance aspect area • Security aspect area	Abstraction Level derived from ZACHMAN
Content / Scope	Tools, Templates, Interview techniques	Method
Development phases	/	
Specific characteristics		
Scalability	Yes	IAF support Tools, templates and approaches for architecture development. Process not defined in IAF , linked to TOGAF.
Conventions and standards	No	
Domain-specific	No	

PERA – Purdue Enterprise Reference Architecture

PERA – Purdue Enterprise Reference Architecture		
		Comments
General characteristics		
Origin	Industry	
Field of application	Industry / Production processes	
Viewpoints / Layers	• Information System Architecture • Manufacturing Equipment Architecture • Human and Organizational Architecture	
Content / Scope	Reference Architecture ARIS Toolset	
Development phases	• Concept Layer • Definition Layer • Functional Design or Specification • Detailed Design • Construction and Commissioning or Manifestation • Operations • Recycle or Proposal	Process life cycle
Specific characteristics		
Scalability	No	
Conventions and standards	No	
Domain-specific	Yes	Production Industry

TEAF – Treasury Enterprise Architecture Framework

TEAF – Treasury Enterprise Architecture Framework		
		Comments
General characteristics		
Origin	U.S. Department of Treasury	
Field of application	Enterprise, Authorities	
Viewpoints / Layers	Functional View Information View Organizational View Infrastructure View	Orients towards ZACHMAN
Content / Scope	Strategy development guidelines Tools (FEAMS, EA Webmodeler etc)	
Development phases	• Definition of Framework • Architectural planning & implementation • Business strategy planning & implementation	
Specific characteristics		
Scalability	Unknown	
Conventions and standards	No	
Domain-specific	No	

TOGAF – The Open Group Architecture Framework

TOGAF – The Open Group Architecture Framework		
		Comments
General characteristics		
Origin	The Open Group	
Field of application	Technical architectures	
Viewpoints / Layers	Layer (ADM): • Business Vision • Business Architecture • Information System Architecture • Technology Architecture Layer Technical Reference Model: • Application Layer • Application Platform Layer • Communication Infrastructure Layer	TOGAF focuses only on the developers' perspective
Content / Scope	• Architecture Development method (ADM) • Architecture Content Framework • Reference Models • Enterprise Continuum • Architecture Capability Framework • Guidelines & Techniques	TOGAF includes no own toolset but (commercial) solutions are existing.
Development phases	• Preliminary • Architecture Vision • Business Architecture • Information System Architectures • Technology Architecture • Opportunities and Solutions • Migration Planning • Implementation Governance • Architecture Change Management	
Specific characteristics		
Scalability	Yes	
Conventions and standards	Yes	"Enterprise Continuum"
Domain-specific	No	

Virtual Enterprise Reference Architecture and Methodology

Virtual Enterprise Reference Architecture and Methodology		
		Comments
General characteristics		
Origin	Economy	
Field of application	Virtual Manufacturing Enterprise / Distributed Enterprises	
Viewpoints / Layers	• Function • Information • Organization • Resource	
Content / Scope	• Architecture Reference Model • Onthology • Technologies, standards, guides, • Modelling • Applications and infrastructures • Methodology • Implementation	
Development phases	• Modelling Framework • Process Models • Use Cases • Classes & Components • Sequence Diagrams • Interface & Application Specification	
Specific characteristics		
Scalability	Yes	
Conventions and standards	Yes	
Domain-specific	No	

XAF – eXtreme Enterprise Architecture

XAF – eXtreme Enterprise Architecture		
		Comments
General characteristics		
Origin		
Field of application	Reverse Engineering	
Viewpoints / Layers	Viewpoints: • Activity • Information • Software • Data • Technology Layer: • Component • Application • Process • Enterprise • Sector	
Content / Scope	Matrix	
Development phases		Includes no phases but elements for description of activities and software applications within an enterprise
Specific characteristics		
Scalability	Unknown	
Conventions and standards	No	
Domain-specific	No	

Zachman EA Framework

Zachman EA Framework		
		Comments
General characteristics		
Origin	Economy	
Field of application	Enterprise	
Viewpoints / Layers	Layer: • Scope • Enterprise Model • System Model • Technology Model • Components • Functioning System Viewpoints: • Data • Function • Network • People • Time • Motivation	
Content / Scope	Matrix	
Development phases	/	
Specific characteristics		
Scalability	Yes	
Conventions and standards	No	
Domain-specific	No	

A.2 Entwurfsvorlage „Vision"

MAF SYSTEM VISION TEMPLATE

Name	Organisation
Benjamin Weinert	OFFIS

Version	Date	Status	Author	Changes
0.1	10.05.2017	Initial	BWe	

A.2.1 Purpose of this document

This document describes the initial vision for the development of the Maritime Connectivity Platform within EfficienSea2. This document is part of the evaluation of the Maritime Architecture Framework.

A.2.2 System template

A.2.2.1 Problem definition

Problem definition

ID	Name	Description

A.2.2.2 Demands

Demands

ID	Name	Description	Reference
ES2-SV-D-1		*Improve navigational safety and efficiency*	*ES2-SV-PD-1*

A.2.2.3 Scope of the system

Scope of the system

Name	Description

A.2.2.4 Goals of the system

System goals

ID	Name	Description

A.2.3 Architecture vision

This section is for the facilitation of the information, as gathered in the sections above and to allocate them within the maritime environment, using the Structural Framework as architecture model.

The sub-sections below contains different perspectives on the envisioned system in the maritime environment.

A.2.3.1 Regulations & Governance

A.2.3.2 Function

A.2.3.3 Component

A.2.3.4 Combined

A.3 Entwurfsvorlage „Use cases"

USE CASE TEMPLATE

Name	Organisation
Benjamin Weinert	OFFIS

Version	Date	Status	Author	Changes
0.1	07.11.2016	Initial	BWe	
0.2	08.11.2016	Draft	BWe	Update Template
0.3	10.11.2016	Draft	BWe	Update Template
0.4.	10.05.2017	Draft	BWe	Update Template (Reduced overload)
0.5	24.05.2017	Draft	BWe	Integrate Actor_reference into document

A.3.1 Purpose of this document

This document provides a use case template to meet the needs for a methodological and iterative development of (maritime) system architectures using the Maritime Architecture Framework.

The image below (see Figure 1) represents the initial structure of the System design methodology of the Maritime Architecture Framework and shows moreover the embedding of the use cases within this process. The figure shows the use cases (highlighted with green background) with the basic relationships between entities within the use cases as well as the interaction of the use cases element with the initial description of the envisioned system ("*System*") but shows also, how the use cases are linked to the *Requirements management* and the *system architecture*, which is based mainly on the use case descriptions.

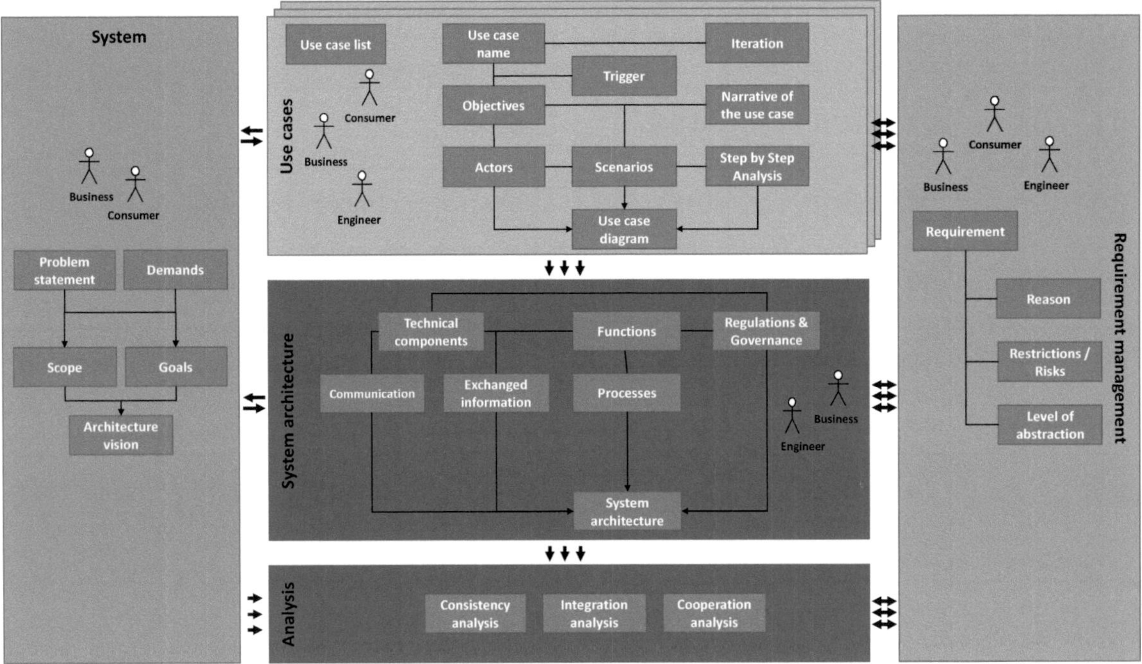

Figure 1. Generic structure of use case within a system

Based on the input from *System* the use cases can be developed iteratively as part of the specification of the system until the envisioned grade of maturity is reached. The use cases can be developed by the different user groups Business, Consumer, Engineer.

A.3.2 Use case list

This section summarizes all system-related use cases in one list. This section is the initial starting point for the comprehensive use case in the sections below. It contains the following (mandatory) fields.

Use Case ID: Unique Identifier for the use case.

Use Case title: Short title of the use case.

Short description: Short description of the use case.

Version: Contains the current version of the use case to allow the user a short view about the update status.

Latest update: Date of the latest update.

The included fields are exemplary defined in the table below.

General Use Case list

Use Case ID	Title	Short description	Version	Latest update

The including fields can be extended to adjust it to project- or system-specific demands.

A.3.3 Use case template

A.3.3.1 Name of the Use case

This section is used to describe the Use Case in general. The fields in this section are:

Use Case ID: Unique Identifier for the use case.

Use Case title: Short title of the use case.

Topological allocation: Place the use case in the topological area of application. A use case can be placed in more than one topological area. The topological areas are derived from the structured maritime domain as defined in the MAF-Cube.

Version: Contains the current version of the use case.

The included fields are exemplary defined in the table below.

Name of the Use Case

Use Case ID	Use Case title	Version

The including fields can be extended to adjust it to project- or system-specific demands.

A.3.3.2 Use case iteration

This section is used to and give a brief overview about the iterations and authors of the Use Case. This section is only relevant, if you iteratively improve a use case. In this case you have several instances ("Iterations") of a specific use case. The fields in this section are:

Iteration: Contains the iteration of the use case to allow the user an overview about the development process.

Date: Creation / Change date of the use case iteration.

Status: Development status of the use case.

Author: Name of the responsible author of the changes / the initial use case.

The included fields are exemplary defined in the table below.

Iteration of the Use Case

Iteration	Date	Status	Author

The including fields can be extended to adjust it to project- or system-specific demands.

A.3.3.3 Use case objectives

This section describes the scope and the objectives of the use case. Further, the objectives, listed in this section are derived from the already existing objectives for the envisioned system and allocated for the specific use cases. The fields in this section are:

ID: Reference to the already defined objectives.

Name: Name of the objective.

Description: Brief overview about the objective(s) of the use case.

Use case objectives

ID	Name	Description

The including fields can be extended to adjust it to project- or system-specific demands.

A.3.3.4 Narrative of the use case

This section describes the Use Case in a non-formal, textual way to gain a common understanding about the use case between the different user groups. The section contains the two fields:

Short description: A short summary in not more than five sentences about the idea and focus in this use case.

Long description: A complete use case story from the users point of view. The description shall include all relevant and necessary information to structure it in a formal way in the sections below. This includes possible conditions and details. It should be possible to derive further requirements, actors from this description. The text need to be understood from all user groups. The text-length is not limited.

General remarks: This field is optional for further use.

The included fields are exemplary defined in the table below.

Narrative of the Use Case

Short description

Long description

General remarks

The including fields can be extended to adjust it to project- or system-specific demands.

A.3.3.5 Use case actors

This section lists the actors, which are involved in the use case as derived from the narrative of the use case. The correct actors term need to be consistent with the actor list (see annex). The actors can be categorized in different types and include humans, systems, applications, devices and more. The actors are sub-divided in two groups (Primary actors and secondary actors) regarding their operational use in the descripted use case. The section contains the following fields:

Actor: List the actor(s) of the use case. #

Actor type: Describe the type of the actor (Human, application, system, device ...).

Topological allocation: Names the topological area of application of the actor (Ship and other maritime traffic objects, communication link, Shore)

Aim: Describes the purpose of the actor in relation to the use case objectives.

Further information: Individual information about the actors.

The included fields are exemplary defined in the table below.

Actors

Actor	Actor type	Topological allocation	Aim	Further information
Vessel operator	Human	Vessels and other maritime traffic objects	Safe and fast voyage to targeted harbour	Part of the maritime domain

The including fields can be extended to adjust it to project- or system-specific demands.

A.3.3.6 Trigger

This section describes the trigger, the triggering event, preconditions and assumptions for the use case. The section contains the following fields:

Trigger: The trigger of the use case. This list the triggering actor for this use case.

Triggering event: Describes the (external) event, which leads to the use case.

Preconditions: Describes the explicit conditions, which must be fulfilled for triggering the use case.

Assumptions: Describes the general conditions / assumptions, which must be fulfilled before.

The included fields are exemplary defined in the table below.

Trigger, Triggering event, Preconditions and Assumptions

Trigger	
Triggering event	
Preconditions	1. Precondition #1 2. Precondition #2
Assumptions	

The included fields are exemplary defined in the table below.

A.3.3.7 Use case scenarios

This section describes based on the narrative of the use case all possible scenarios. It includes successful scenarios as well as failed scenarios. This section sub-divides the scenarios in two parts. First, this section contents a list of all identified scenarios. Second, the section includes a step-by-step analysis for each listed scenario. The first part includes the following fields:

Scenario ID: The scenario ID for a unique identification of a scenario in this use case.

Scenario Name: The name of the scenario.

Primary actor: List the primary actor(s) of the use case. An actor is a primary actor if it is responsible for the trigger or provision of the use case. The actor shall be refer to the actor-list in the annex.

Trigger reference: Links to the related Trigger for this scenario.

Precondition: Describes the explicit conditions, which must be fulfilled for triggering the scenario.

Post condition: Describes the conditions obtain after the scenario.

The included fields are exemplary defined in the table below.

Use Case scenarios

Scenario ID	Scenario Name	Primary Actor	Trigger reference	Precondition	Post condition
				▪	▪

The including fields can be extended to adjust it to project- or system-specific demands.

The second part of this section takes the scenarios from the list above and describe them in a step-by-step analysis. This includes the following fields:

Scenario Name: Name of the scenario, adapted from the first part of this section.

Scenario ID: ID of the scenario, adapted from the first part of this section.

Step No.: Continuous number for the identifying of the step

Name of activity: Name of the activity in the current step.

Description of activity: Description of the activity, which is done in the current step.

Information Producer: This identifies the producer of the exchanged information. The producer is normally one of the actors within the use case.

Information Consumer: This identifies the receiver of the exchanged information. The producer is normally one of the actors within the use case.

Information exchanged: This field describes the exchanged information in a specific step. The source of the information could be external or internal from this use case as well as the output of this use case. Multiply information can be listed divided by comma.

Information ID: A unique ID for the described information. Will be used in the sections below to describe each listed information in more detail.

Requirement ID: List necessary requirements for a particular step by ID in this field, divided by comma. The Requirements can be derived from the section "Requirements" below.

The included fields are exemplary defined in the table below.

Step by Step Analysis

Scenario ID	#1
Scenario Name	
Step. No.	
Name of activity	
Description of activity	
Information Producer	
Information Consumer	
Information exchanged	
Information ID	
Requirement ID	

The including fields can be extended to adjust it to project- or system-specific demands.

A.3.3.8 Functions (optional)

This section provides a list of functions, which are derived from the information, collected in the section above. This templates section is structured to gather information about the functions in the following fields:

Function-ID: Every function ID must be unique between all use cases in the system (architecture) development.

Name: Short name of the function

Description: Description of the function, which is identified / derived from the sections above.

The included fields are exemplary defined in the table below.

Functions

Function ID	Name	Description
		▪

The including fields can be extended to adjust it to project- or system-specific demands.

A.3.3.9 Diagrams

This section provides different diagrams for a clarification for the described use cases. The input for the diagrams is derived from the sections above. The types of diagrams are:

UML use case diagram: Provides a complete overview about the identified components and their interrelationship to each other.

UML component diagram: Provides an overview about existing components and the needed interfaces and relations between them.

UML communication diagram: Provides an overview about interactions between objects / components within the use case.

UML information flow diagram: This behavior diagram shows the information exchange between the entities of the system.

The named diagrams are exemplary defined in the figures below (taken from http://www.uml-diagrams.org).

UML use case diagram

UML component diagram

UML communication diagram

UML information flow diagram

A.3.3.10 Annex

Annex A

Kind	Stakeholder / Actor
shipborne	Generic SOLAS ships
shipborne	Commercial tourism craft
shipborne	High-speed craft
shipborne	Mobile VTS assets
shipborne	Pilot vessels
shipborne	Coastguard vessels
shipborne	SAR vessels
shipborne	Law enforcement vessels (police, customs, border control, immigration, fisheries inspection)
shipborne	Nautical assistance vessels (tugs, salvage vessels, tenders, firefighting, etc.)
shipborne	Counter pollution vessels
shipborne	Military vessels
shipborne	Fishing vessels
shipborne	Leisure Craft
shipborne	Ferries
shipborne	Dredgers
shipborne	AtoN service vessels
shipborne	Ice patrol / breakers
shipborne	Offshore energy vessels (rigs, supply vessels, lay barges, survey vessels,construcion vessels, cable layers, guard ships, production storage vessels)
shipborne	Hydrographic survey vessels
shipborne	Oceanographic research vessels
Shore-based	Ship owners and operators, safety managers
Shore-based	VTM organizations
Shore-based	VTS centers
Shore-based	Pilot organizations
Shore-based	Coastguard organizations
Shore-based	Lawenforcement organizations
Shore-based	National administrations
Shore-based	Coastal administrations
Shore-based	Port authorities
Shore-based	Security organizations
Shore-based	Port State control authorities
Shore-based	Incident managers
Shore-based	Counter pollution organizations
Shore-based	Military organziations
Shore-based	Fairway maintenance organizations
Shore-based	AtoN organizations
Shore-based	Meteorological organizations
Shore-based	Hydrographic Offices / Agencies
Shore-based	Ship owners and operators, logistic managers
Shore-based	News organizations
Shore-based	Coastal management authorities

Shore-based	Marine accident investigators
Shore-based	Health and safety organizations
Shore-based	Insurance and financial organizations
Shore-based	National, regional and local governments and administration
Shore-based	Port authorities (strategic)
Shore-based	Ministries
Shore-based	Marine environment managers
Shore-based	Fisheries management
Shore-based	Tourism agencies (logistics)
Shore-based	Energy providers
Shore-based	Ocean research institutes
Shore-based	Training organizations
Shore-based	Equipment and system manufacturers and maintainers

A.4 Entwurfsvorlage „System architecture"

MAF SYSTEM ARCHITECTURE TEMPLATE

Version	Date	Status	Author	Changes
0.1	03.01.2017	Initial	BWe	
0.2	24.05.2017	Draft	BWe	Integration of actor references and minor updates

Name	Organisation
Benjamin Weinert	OFFIS

A.4.1 Introduction

This template purpose is to structure the documentation of the development of a maritime system architecture within its (envisioned) maritime context and use. It contributes to the Maritime Architecture Framework and is the successor of its initial use case template. Therefore, this document refers to the defined use cases so far and builds upon this content by defining and describing architectural elements within this document.

A.4.1.1 Document overview

This document describes the architecture of XXX system. It describes:

- A general description of the system and the ambient maritime context
- The functional architecture of the system under design
- The technical architecture the system under design
- The justification of technical choices made

A.4.1.2 References

This section contains references to relevant documents regarding this system architecture

(a) Project References

Refers to the use cases defined before as well as other references of the project (e.g. architectural diagrams and visualizations).

This section contains the fields:

Reference ID: A unique identifier to identify the reference.

Document Identifier: The identifier of the document.

Document Title: The title of the document.

Project References

Reference ID	Document Identifier	Document Title
#Ref_1	*ISO XXXXX*	*Add your documents references.*

(b) Further References

Refers to non-project issues (optional).

This section contains the fields:

Reference ID: A unique identifier to identify the reference.

Document Identifier: The identifier of the document.

Document Title: The title of the document.

Further References

Reference ID	Document Identifier	Document Title
#Ref_2	*ISO XXXXY*	*Add your documents references.*

A.4.2 Architecture

A systems architecture does not include only technical aspects but also focus on functional design as well as the organizational or business structure of a system embedded in the maritime context. The following sections describe successive the named perspectives.

A.4.2.1 Architecture overview

Give a general description of the system, from the point of view of the user:

- In what environment it works
- Who the users are
- What it is for,
- The main functions,
- The main interfaces, inputs and outputs.
- Enable different perspectives (business, consumer, engineer)

The section includes also a representation of the envisioned system from a high-level perspective allocated in the maritime context (see figure below).

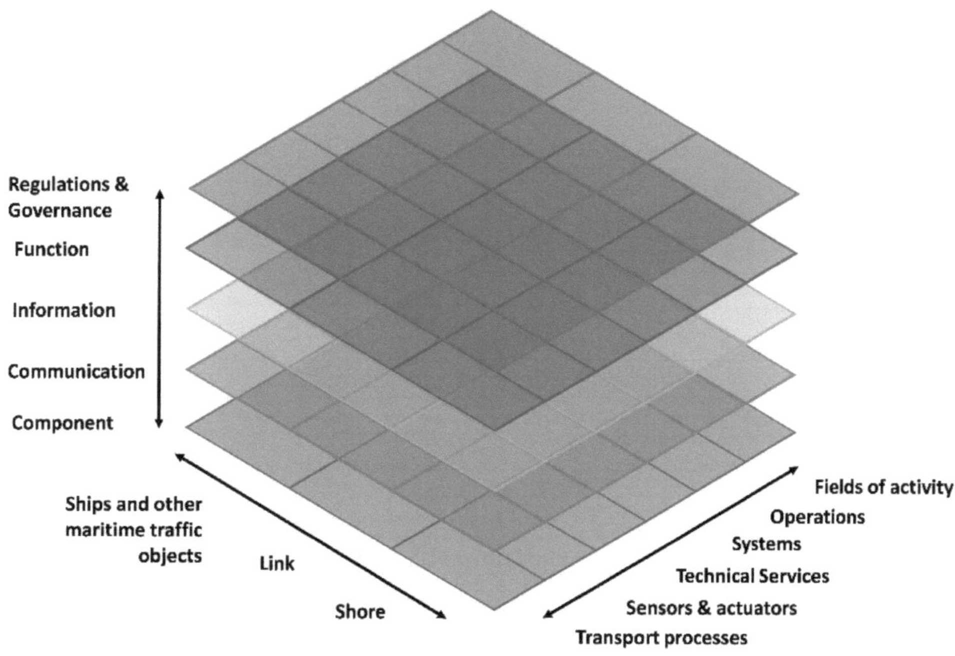

Figure 2. Structural Framework for the allocation of a systems vision in the maritime domain

A.4.2.2 Functional architecture overview

Describe the functions and their relation to each other of the system under design. The functional architecture is derived / based upon the defined use cases. Therefore, the different functions should be referred to the specific use case documents where they are derived from. Functions as well as related processes may not just meet technical use cases but also business cases which need to support via technical components.

Use components diagrams, deployment diagrams, network diagrams, interface diagrams...

(a) Function 1 description

Describe the content of a specific function in the architecture from a technological-agnostic but logical perspective. The functions can be derived from the documented use cases. This section contains the fields:

> ***Function ID***: A unique identifier to identify the function (refer to Use Case Document / allocation within conceptual space of MAF).
>
> ***Name***: the name of the particular function.
>
> ***Description***: Brief description about the function.
>
> ***Functionality***: Describe the behavior of the function in a concrete way.
>
> ***Connection & Cooperation:*** Interaction with other functions.

Topological allocation: Allocation of the function in the maritime topology as defined in the structural framework.

Hierarchical allocation: Allocation of the function in the maritime hierarchy as defined in the structural framework.

Actor ID: A unique identifier for the actors

Actor name: The name of the main actor of a function.

<table>
<tr><th colspan="4">Function #1 description (example)</th></tr>
<tr><th>Function ID</th><th>Name</th><th colspan="2">Description</th></tr>
<tr><td>#F_1</td><td>Name</td><td colspan="2">Brief description about the function</td></tr>
<tr><th colspan="4">Functionality</th></tr>
<tr><td colspan="4">Use Business process diagrams or UML diagrams to describe the behaviour of the function in a concrete way and in context with related functions.</td></tr>
<tr><th colspan="4">Connection & Cooperation</th></tr>
<tr><td colspan="4">Describe in context with related functions.</td></tr>
<tr><th colspan="2">Topological allocation</th><th colspan="2">Hierarchical allocation</th></tr>
<tr><td colspan="2">The function is provided on shore, but can be called from the ship-side</td><td colspan="2">Operations, Systems</td></tr>
<tr><th colspan="4">Actor</th></tr>
<tr><th>Actor ID</th><td colspan="3">#A_1</td></tr>
<tr><th>Actor name</th><td colspan="3">The main actor of the function</td></tr>
</table>

(b)Function 2 description

<table>
<tr><th colspan="4">Function #1 description (example)</th></tr>
<tr><th>Function ID</th><th>Name</th><th colspan="2">Description</th></tr>
<tr><td>#F_1</td><td>Name</td><td colspan="2">Brief description about the function</td></tr>
<tr><th colspan="4">Functionality</th></tr>
<tr><td colspan="4">Use Business process diagrams or UML diagrams to describe the behaviour of the function in a concrete way and in context with related functions.</td></tr>
<tr><th colspan="4">Connection & Cooperation</th></tr>
<tr><td colspan="4">Describe in context with related functions.</td></tr>
<tr><th colspan="2">Topological allocation</th><th colspan="2">Hierarchical allocation</th></tr>
<tr><td colspan="2">The function is provided on shore, but can be called from the ship-side</td><td colspan="2">Operations, Systems</td></tr>
<tr><th colspan="4">Actor</th></tr>
<tr><th>Actor ID</th><td colspan="3">#A_1</td></tr>
<tr><th>Actor name</th><td colspan="3">The main actor of the function</td></tr>
</table>

(c) Function x description

Function #1 description (example)			
Function ID	**Name**	**Description**	
#F_1	*Name*	*Brief description about the function*	
Functionality			
Use Business process diagrams or UML diagrams to describe the behaviour of the function in a concrete way and in context with related functions.			
Connection & Cooperation			
Describe in context with related functions.			
Topological allocation		**Hierarchical allocation**	
The function is provided on shore, but can be called from the ship-side		Operations, Systems	
Actor			
Actor ID	*#A_1*		
Actor name	*The main actor of the function*		

A.4.2.3 Technical architecture

This section contains description about architectural components of systems in context of using a specific technology to ensure the operational of the defined functions within the envisioned system architecture. Furthermore, it contains descriptions about the necessary interfaces and exchanged information (e.g. derived from existing use cases) between components. In terms of the cyber-physical system of systems engineering, which is addressed here, the described elements may be components of a system but also may be a system, which is part of the system environment (e.g. a ECDIS in the system environment of a ship's bridge).

(a) Technical system / technical component 1 description

Describe the content of each top-level hardware / software component in the architecture. This includes the following fields:

System ID: A unique ID for the described system or system component.

Name: Name of the component.

Purpose: Purpose of the component

References: Refer to aimed function(s) and use cases

Description: Describe the component and its internal behavior

Topological allocation: Allocation of the component within the maritime context: Either Ship-Side, Shore-side or as a communication link.

Hierarchical allocation: Allocation of the component within the hierarchical context.

Used by components: Refer to components, either realized the system or in the envisioned system environment, which cooperate with this component

Used components: Refer to components, either realized the system or in the envisioned system environment, which is required for work of this component.

Required information: Description about what information is needed to ensure the work of the particular component.

Supported Information model: What kind of information model is supported by the component to collect the necessary information? The initial required information may be derived from the specific use cases.

Provided communication protocols: List here all communication protocols which are provided / consumable via the particular component.

Overview: A brief overview about the component and its input and output based on the documented information above.

<table>
<tr><th colspan="4">Technical system / technical component #1 description</th></tr>
<tr><th>System ID</th><th>Name</th><th>Purpose</th><th>References</th></tr>
<tr><td>#C_1</td><td>Name</td><td>Purpose of the component</td><td>Refer to aimed function(s) and use cases</td></tr>
<tr><th colspan="4">Description</th></tr>
<tr><td colspan="4">Describe the component and its internal behaviour</td></tr>
<tr><th colspan="2">Topological allocation</th><th colspan="2">Hierarchical Allocation</th></tr>
<tr><td colspan="2">Allocation of the component within the maritime context: Either Ship-Side, Shore-side or as a communication link.</td><td colspan="2">Allocation of the component within the hierarchical structure of maritime management & control systems</td></tr>
<tr><th colspan="2">Used by components</th><th colspan="2">Used components</th></tr>
<tr><td colspan="2">Refer to components, either realised the system or in the envisioned system environment, which cooperate with this component</td><td colspan="2">Refer to components, either realised the system or in the envisioned system environment, which is required for work of this component.</td></tr>
<tr><th colspan="4">Supported information model</th></tr>
<tr><td colspan="4">What kind of information model is supported by the component to collect the necessary information? The initial required information may be derived from the specific use cases.</td></tr>
<tr><th colspan="4">Provided communication protocols</th></tr>
<tr><td colspan="4">CAN-BUS / ISO 11898</td></tr>
<tr><th colspan="4">Overview</th></tr>
<tr><td colspan="4"></td></tr>
</table>

(b) Technical system / technical component 2 description

Technical system / technical component #2 description			
System ID	Name	Purpose	References
Description			
Allocation	Used by components	Used components	
Required information			
Supported Information model			
Provided communication protocols			
Summary			

(c) Technical system / technical component x description

Technical system / technical component #X description			
System ID	Name	Purpose	References
Description			
Allocation	Used by components	Used components	
Required information			
Supported Information model			
Provided communication protocols			
Summary			

A.4.2.4 Regulations and governance structure

This section collects regulations and governance rules such as recommendations, laws, guidelines, etc. which affect the envisioned system and its design.

(a) Regulation and governance 1 description

This includes the following fields:

Regulation ID: A unique ID for the described regulation.

Name: Name of the component.

Description: Describe the component and its internal behavior

Source:Reference to the documents

Range:Global, Regional, National, and Local

Type: Law, Rule, Guideline, etc.

Topological allocation: Allocation of the component within the maritime context: Either Ship-Side, Shore-side or as a communication link.

Hierarchical allocation: Allocation of the component within the hierarchy of maritime management & control systems.

Affected architectural elements: Refer to functions, use cases, components etc. which are affected by the specific regulation or governance issue.

Regulation and governance #1 description		
#	**Name**	**Description**
[F1]	Name	Brief description about the function
Source		Reference to the documents
Range		Global, Regional, National, Local
Type		Law, Rule, Guideline, etc.
Topological allocation		Allocation of the component within the maritime context: Either Ship-Side, Shore-side or as a communication link.
Hierarchical allocation		Allocation of the component within the hierarchy of maritime management & control systems
Affected architectural elements		Refer to functions, use cases, components etc. which are affected by the specific regulation or governance issue.

(b) Regulation and governance 2 description

Repeat the pattern for each top-level regulation and governance issue.

Regulation and governance #2 description		
#	Name	Description
Source		
Range		
Type		
Affected architectural elements		

(c) Regulation and governance x description

Repeat the pattern for each top-level regulation and governance issue.

Regulation and governance #X description		
#	Name	Description
Source		
Range		
Type		
Affected architectural elements		

A.4.3 System design

This section covers all sub-sections above and tries to allocate the various described architectural elements (functions, information models, communication protocols, elements as well as regulation and governance aspects on the conceptual space of the structural framework as a representation of the maritime domain. This enables the system architects to have a holistic view on various aspects of the system design within the maritime context.

A.5 Entwurfsvorlage „Analysis"

MAF ANALYSES TEMPLATE

Name	Organisation
Benjamin Weinert	OFFIS

Version	Date	Status	Author	Changes
0.1	23.05.2017	Initial	BWe	1th version

A.5.1 Introduction

This template purpose is to structure the documentation of the development of a maritime system architecture within its (envisioned) maritime context and use. It contributes to the Maritime Architecture Framework and is the successor of its initial use case template. Therefore, this document refers to the defined use cases so far and builds upon this content by defining and describing architectural elements within this document.

A.5.1.1 Document overview

This document describes the different analyses and list its results. It contains:

- Consistency analysis
- Interoperability analysis
- Integration analysis

A.5.1.2 References

This section contains references to relevant documents for this analysis template.

(a) Project References

Project References		
Reference ID	**Document Identifier**	**Document Title**
#Ref_1	*ES2 MAF requirements management.docx*	*ES 2 MAF requirements management*
#Ref_2	*MAF Evaluation ES2 Use cases.docx*	*MAF ES2 USE CASES*
#Ref_3	*System vision Maritime Connectivity Platform_0.1.docx*	*System (Vision) Maritime Connectivity Platform*
#Ref_4	*MAF ES2 Evaluation System architecture.docx*	*Draft system architecture "Maritime Connectivity Platform"*

(b)Further References

Further References		
Reference ID	**Document Identifier**	**Document Title**
#Ref_2	*ISO XXXXY*	*Add your documents references.*

A.5.2 Consistency analysis

This type of analysis refers to an internal consistency check of a (draft) system architecture, based on the existing architecture description. This analysis is subdivided into two subtasks. Firstly, the analysis is intended to verify the correspondence of architecture elements regarding its relation to each other but also between the different layers of the architecture description. This is for the identification of inconsistencies. Secondly, the analysis is intended to validate if the system design follows the identified scope & goals, demanded design principles as well as defined requirements.

Therefore, this analysis method requires besides an internal consistency check, the alignment between the draft of the draft system architecture with already identified requirements and moreover with the initial system vision with its scope & demands.

This analysis uses the different mapping rules for the usage of the structural framework as basis to verify consistency:

General mapping rules These rules define the general mapping of elements to the structural framework.

- Physical elements are only place able on the component layer. Such an element must be positioned a) in one area regarding the topological axis and b) in one area of the hierarchical structure of maritime systems.
- Non-physical elements such as a communication protocols or information models used within a system are not depending on topological restrictions and can be placed in several areas.
- Independently if physical or non-physical, an element can be a subset of a group of elements.
- A group of elements can be allocated in several areas.
- If mapping a SoS with two or more constituent systems to the structural framework, elements need to be marked to associate them to their respective systems.

Correspondence rules Every (standalone) system, mapped to the structural framework must be internally correspondent between its inherent system elements. This means, that each element cannot be stand-alone without relation to elements on other layers. This is expressed within the rules:

- Each system element must be correspondent with its related elements on other layers.

- There must be a direct connection to 1 to n elements at the neighbor-layers, the correspondence between elements to other layers is ensured via the connecting elements on the layers in-between.
- Each layer must have at least one element of a certain system.
- Each layer may have a group of elements. Those element groups may have a correspondence to only one element from a certain layer.

If a system visualized on the structural framework follows these rules, it can be seen as fully specified in conceptual, functional and technical manner according to its internal consistency.

Figure 3 shows the application of these rules. Each system element on the layers is allocated to one element on the neighbor-layers and through this, to (at least) one element on each layer. The correspondence from a group of elements on the component layer to one element on the communication layer is shown, too.

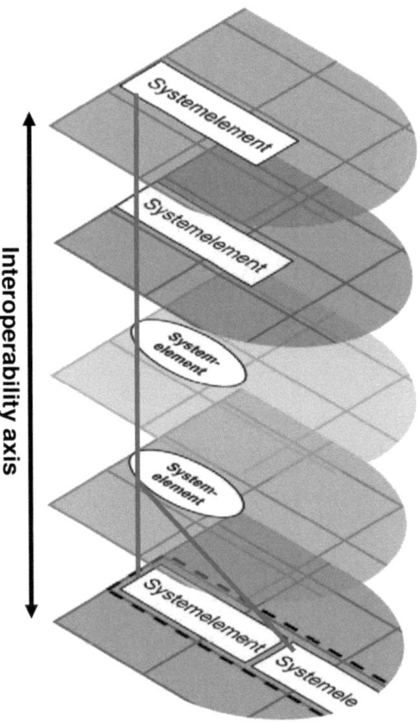

Figure 3. Representation of correspondence on each layer

Interoperability rules Systems visualized in a SoS environment on the structural framework are interoperable to each other if the following rules are applied:

- An element of a system is interfacing an element of another system.
- Every layer provides an interface between different systems.
- These interfaces need to be correspondent to each other on different layers

Additionally, for the representation of the mapped systems in maritime context must be every mapped element according to its properties (for instance sensor or actuator for a ship's bridge) assigned to its place of action in context of the provided maritime characteristics in this model.

A.5.2.1 Correspondence analysis

This subtask of the analysis is facilitated by listing each element with relative elements from each layer. According to the correspondence rules, each element must have a 1 to n connection to the direct neighbor-layers and also a connection via other elements on other layers to all five layers. If all elements fulfill these statements, the envisioned architecture is correspondent in context of its internal elements.

Element ID: The unique identifier of the element.

Component: A reference to related elements on the component layer.

Communication: A reference to related elements on the information layer.

Function: A reference to related elements on the function layer.

Regulations & Governance: A reference to related elements on the regulations & governance layer.

Correspondent element					
Element ID	**Component**	**Communication**	**Information**	**Function**	**Regulations & Governance**
#C_1	#C_2	#CL_1	#IL_1	#F_2	#RG_2
#F_2	#C_1, C_2	#CL_1	#IL_1, #_IL2	#F_1	#RG_1, #RG_2

Each analysis is followed by an evaluation report to enable the analysts to write down the results.

Evaluation report

A.5.2.2 Internal verification of system design

This subtask uses the identified requirements and goals for the (intended) systems from the previous documents. This analysis opposes them with the elements of the system architecture. The performing analyst must check, if the elements provides the intended goals and meet the defined requirements.

Verification with system goals			
System Goals ID		**System Goals Name**	
Provided by			
	Element ID	**Name**	
Regulations & Governance elements			
Function elements			
Information elements			
Communication elements			
Component elements			

Verification with requirements			
Requirements ID		**Requirements Name**	
Provided by			
	Element ID	**Name**	
Regulations & Governance elements			
Function elements			
Information elements			
Communication elements			
Component elements			

Each analysis is followed by an evaluation report to enable the analysts to write down the results.

Evaluation report

A.5.3 Interoperability analysis

This section uses the current architecture draft for the envisioned system and merge it with an architectural representation of the already existing maritime system environment, where the envisioned system is intended to take place in. The precondition is, that each architectural representation uses the structural framework. Accordingly, the architectures can be merged subsequently by using the different interoperability-layers to identify potential overlaps and gaps.

A.5.3.1 Component layer

Merge both architectures in one representation.

Component layer

Each analysis is followed by an evaluation report to enable the analysts to write down the results.

Evaluation report

A.5.3.2 Communication layer

Merge both architectures in one representation.

Communication layer

Each analysis is followed by an evaluation report to enable the analysts to write down the results.

Evaluation report

A.5.3.3 Information layer

Merge both architectures in one representation.

Information layer

Each analysis is followed by an evaluation report to enable the analysts to write down the results.

Evaluation report

A.5.3.4 Function layer

Merge both architectures in one representation.

Component layer

Each analysis is followed by an evaluation report to enable the analysts to write down the results.

Evaluation report

A.5.3.5 Regulations & Governance layer

Merge both architectures in one representation.

Regulations & Governance layer

Each analysis is followed by an evaluation report to enable the analysts to write down the results.

Evaluation report

A.5.4 Integration analysis

This analysis focuses on the identification of general issues to be considered if a system shall be developed for the replacement of an established system within the maritime SoS environment.

The result of this analysis should be the identification of (potential) requirements for the replacing system. Such as the requirement to consider a certain overarching regulation (e.g. SOLAS) or the compliance to established communication protocols in the targeted system environment.

A.5.4.1 Component layer

Component layer

A.5.4.2 Communication layer

Communication layer

A.5.4.3 Information layer

Information layer

A.5.4.4 Function layer

Function layer

A.5.4.5 Regulations & Governance layer

Regulations & Governance layer

A.5.4.6 Evaluation

List all identified elements in the sections above in the table below.

Element ID: A unique ID for the listed element. Use the prefix "As_Is" to mark the origin of the element.

Element name: The name of the element.

Layer: The reference to the layer, where the element is allocated.

Reasoning: The reason, why this specific element must be considered

Element ID	Element name	Layer	Reasoning
#C_1		#C_2	#CL_1

Each analysis is followed by an evaluation report to enable the analysts to write down the results.

Evaluation report

A.6 Entwurfsvorlage „Requirements Management"

MAF REQUIREMENTS MANAGEMENT TEMPLATE

Version	Date	Status	Author	Changes
0.1	16.01.2017	Initial	BWe	
0.2	17.01.2017	Update	BWe	Update structure
0.3	09.05.2017	Update	BWe	Update concept
0.4	10.05.2017	Update	BWe	Update structure of requirements specification
0.5	16.05.2017	Update	BWe	Update references to Use cases and other components

Name	Organisation
Benjamin Weinert	OFFIS

A.6.1 Introduction

This template purpose is to structure the documentation of requirements for a maritime system architecture within its (envisioned) maritime context and use. It contributes to the Maritime Architecture Framework. This template is used as basis for an ongoing requirements management during the process of the definition of a particular architecture / a system design for a maritime system. Further project-related files, which are based on the other MAF-templates shall refer to this document.

A.6.1.1 Document overview

This document list and describes the requirements of a system. It follows the approach as defined in the Requirement Abstraction Model[3] and adapt it for the use within the maritime domain and especially for the Maritime Architecture Framework.

The following section describes the Requirement Abstraction Model and guide through the use within the methodology of the Maritime Architecture Framework.

A.6.1.2 Requirements Abstraction Model

The following section orients towards the Requirements Abstraction Model (RAM). This Model allows to ensure interoperability between requirements in a project with different project partners as well as between different projects. RAM structures the requirements in different layers' project-independent focused on the (overarching) goal. This goal could be for example the development of the Maritime Connectivity Platform as an overarching communication infrastructure in the maritime domain. This goal is realized in different projects such as for example in EfficienSea2 and Sea Traffic Management Validation. Because of the close connection and cooperation between them, a high coordination between ES2 and STM is recommended. The Requirements Abstraction Model support this coordination by a standardized alignment of existing (upcoming) requirements.[4]

The RAM support the requirement centered engineering in the following three points:[5]

- Crosscheck of the requirements with the overarching goal: Offers the possibility to remove (false) requirements.
- Brake-down of requirements to the same abstraction level: All requirements are broken-down to the same abstraction level to raise the quality of the requirements as basis for the development process in the project.

[3] [ToCl05]
[4] [ToCl05]
[5] [ToCl05]

- Work-up of requirements: Defined requirements are re-formulated on the same level of abstraction. The RAM offers different abstractions level (high abstraction, low abstraction) to align the requirements to compare them on the same levels.

A.6.1.3 Concept of MAF Requirements Management

The concept of this requirements managements adapts the approach of specification and abstraction of a requirement but also integrates the Structural Framework.

As seen in this figure, the process starts with the Identification and Specification of a requirement. A requirement can be identified anytime, independently from the current stage or iteration of the System Design methodology. The process continuous with the allocation of the requirement into the Structural Framework. The assumption is, that a requirement is identified and specified by one user of the MAF. The appropriate allocation of a requirement into the maritime domain, represented by the Structural Framework is to ease the common understanding for other user in different user groups about what kind of requirement is this and where does it challenge the further development of a system architecture.

The final step is the abstraction of the requirements to different levels. This is to provide a common understanding of a requirement along all user groups. The abstraction to the different levels, which are derived from the interoperability layers of the Structural Framework (Regulations & Governance, Function, Information, Communication, Component), will provide a specification on each level and therefore establish an understanding of each requirement for users in each user group according to their different knowledge-basis.

An additional allocation of these abstracted requirements to different perspectives, using the Structural Framework generates moreover a common understanding in which manner the original requirement affects the development of an architecture along all interoperability layers.

A.6.2 Requirements

This section contains tables and descriptions in order to enable an ongoing requirements management during the definition of a particular system architecture.

This section lists all defined requirements, sorted by requirement ID. This list offers an overview about the existing requirements and refer to the different abstraction level of each requirement (see the section below).

Requirement ID: A unique identifier to identify a requirement.

Name: The name of the requirement.

Description: Describe the requirement and its need in a brief way.

Requirement List			
Requirement ID	**Name**	**Description**	**Reference**
#Req_1	*Requirement xy*	*The system shall be able to use standardized formats to ensure an interoperability with the existing system environment*	*Reference to Use cases, scenarios, components etc*
#Req_2			

A.6.2.1 Requirement Req_1 overview

This section offers a uniform way to specify the requirements in a more detailed way. Furthermore, this section enables the abstraction of a particular requirement to different levels in order to adjust its description for a specific perspective (e.g. from a system engineer or a business user).

Description: Describe the requirement in detail.

Reason (Benefit / Rationale): Describe the reason for this requirement.

Restrictions / Risks: Describe, what are the risks behind this requirement.

Topological allocation: Identify, which parts of the topological structure of the maritime environment are influenced by this requirement.

Hierarchical allocation: Identify, which parts in the management & control hierarchy of maritime systems are affected by this requirement.

Level of abstraction: Refers to one of the abstraction levels, described above, which fits to the description level of the requirement. The definition of the abstraction levels are described below.

Abstracted description: Describe the requirement from the particular level of abstraction.

Status: Includes information if the particular requirement is the original or an abstraction.

Level of abstractions:

Regulations & Governance Level: Most abstracted level, focused on the goals and comparable to the overarching strategy and objectives (e.g. ensure interoperability between system a and system b) resulting from external regulations or restrictions.

Function Level:This level describes the function of a system / a system component including specific input, behavior and output to define what the system / system component is supposed to do. This level also describes non-functional requirements to describe availability, reliability of the system / system component. The requirements of this level have to be fulfill the expectations of a system engineer user.

Information Level: This level is for technical requirements such as the usage of certain information- or data models or the requirement to consider specific information within such models. The requirements of this level have to be fulfill the expectations of a system engineer user.

Communication Level: This level is for technical requirements for communication aspects within the system architecture. This can be physical communication means but also the requirements for the use of specific communication protocols. The requirements of this level have to be fulfill the expectations of a system engineer user.

Component Level: This level represents more detailed functional requirements and contains specific possible suggestions how the system or the system component should be engineered. This level of abstraction should be adapted by programmers and designer.

Application Rules: An abstraction of requirements must follow the rule, that no requirement exists without having a connection to the top abstraction levels. The abstraction of a requirement to each abstraction level is not mandatory but recommended.

Requirement #Req_1			
Description	*The system shall be able to use standardized formats to ensure a interoperability with the existing system environment*		
Reason (Benefit / Rationale)	*Why: Use the information output from other systems to facilitate in this system.* Benefit: *Usable in different and changing system environments*		
Restrictions / Risks	*Using information from third parties leads to a dependency on external organizations. By opening the system by using common formats and allow interoperability with external systems, the owner (project-partner) lose control over what the system is used for in combination with external systems.*		
Topological Allocation	*Appropriate definition, where the requirement is allocated according to the topological structure of the maritime environment (e.g. Ships and other maritime traffic objects, Link, Shore).*		
Hierarchical Allocation	*Appropriate definition, on which level of hierarchy (roughly) of management and control systems of the maritime domain the requirement takes place (e.g. Fields of activity, Operation, Systems, Technical Services, Sensors & actuators, Transport processes).*		
Level of abstraction	**ID**	**Abstracted description**	**Status**
Regulations & Governance Level	**#Req1_1**		*Original requirement*
Function Level	**#Req1_2**		*Derived requirement*
Information Level	**#Req1_3**		*Derived requirement*
Communication Level	**#Req1_4**		*Derived requirement*
Component Level	**#Req1_5**		*Derived requirement*

A.6.2.2 Requirement Req_2 overview

Requirement #Req_1			
Description			
Reason (Benefit / Rationale)			
Restrictions / Risks			
Topological Allocation			
Hierarchical allocation			
Level of abstraction	**ID**	**Abstracted description**	**Status**
Regulations & Governance Level	**#Req2_1**		*Original requirement*
Function Level	**#Req2_2**		*Derived requirement*
Information Level	**#Req2_3**		*Derived requirement*
Communication Level	**#Req2_4**		*Derived requirement*
Component Level	**#Req2_5**		*Derived requirement*

A.6.3 Allocation on Structural Framework

Use PP-Template

A.7 **Einzelbetrachtung der Teilnutzwerte**

Abbildung verschiedener Architekturperspektiven

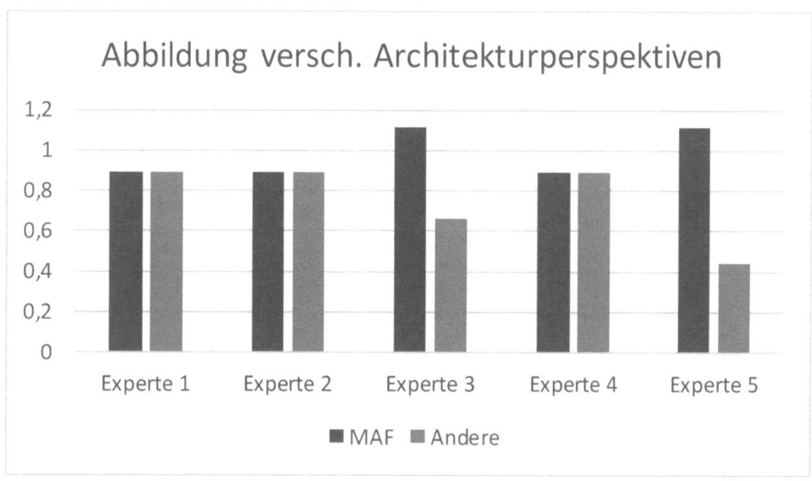

Maritime Charakteristiken

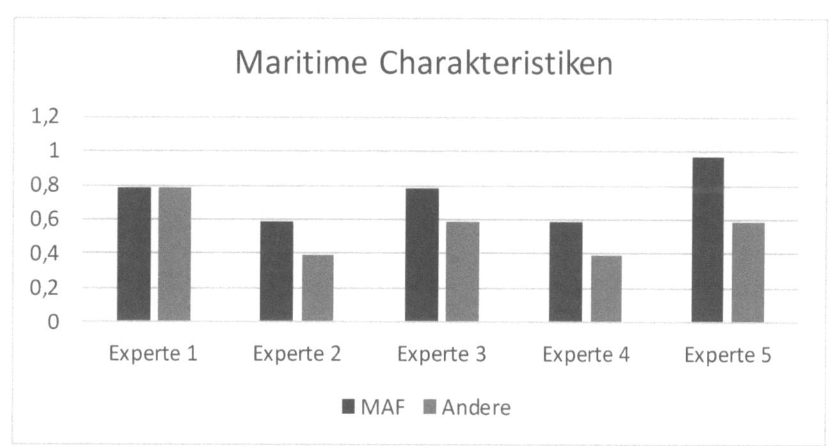

Interoperabilität

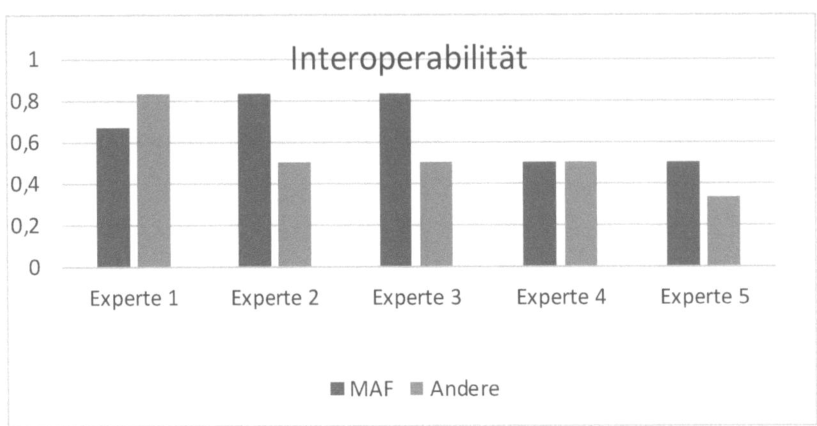

Architekturbeschreibung

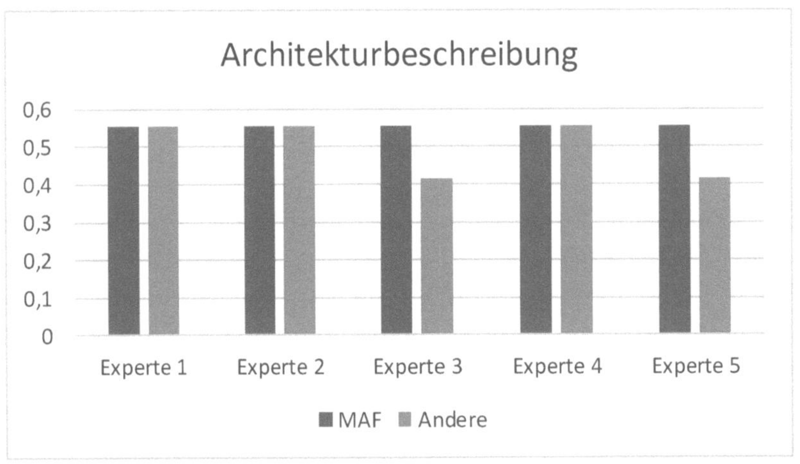

Unterstützung verschiedener Nutzergruppen

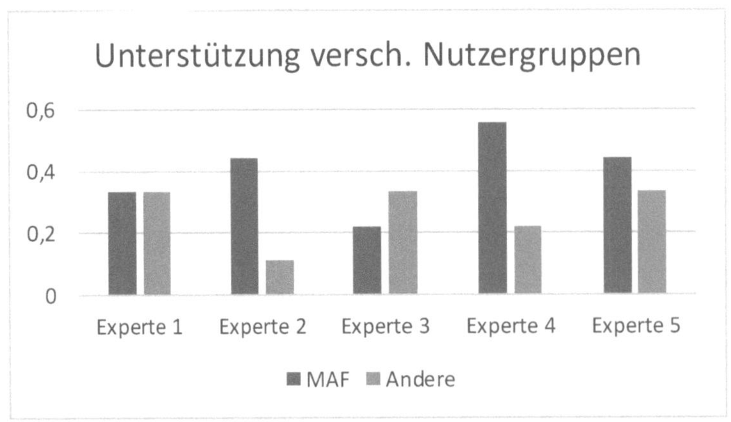

Komplexität

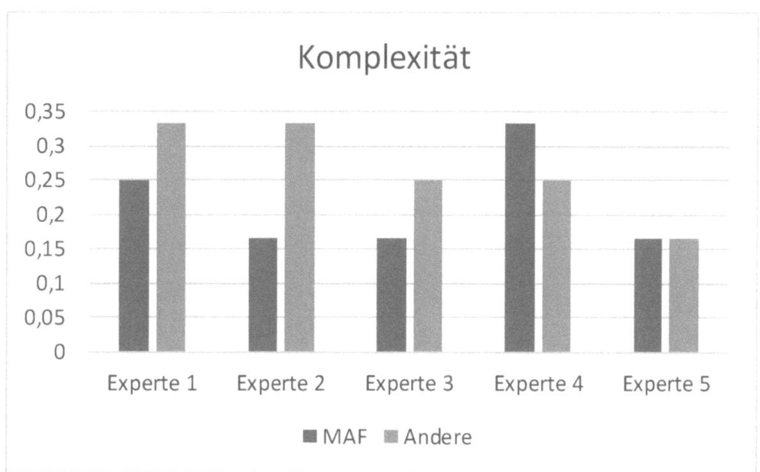

Skalierbarkeit

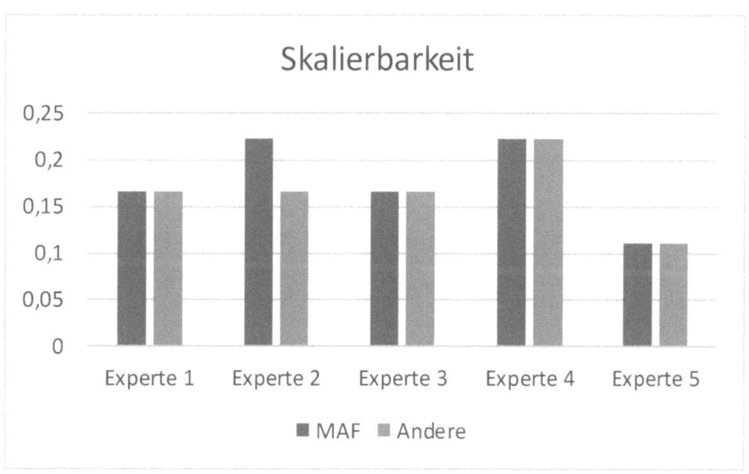

Formalisierung

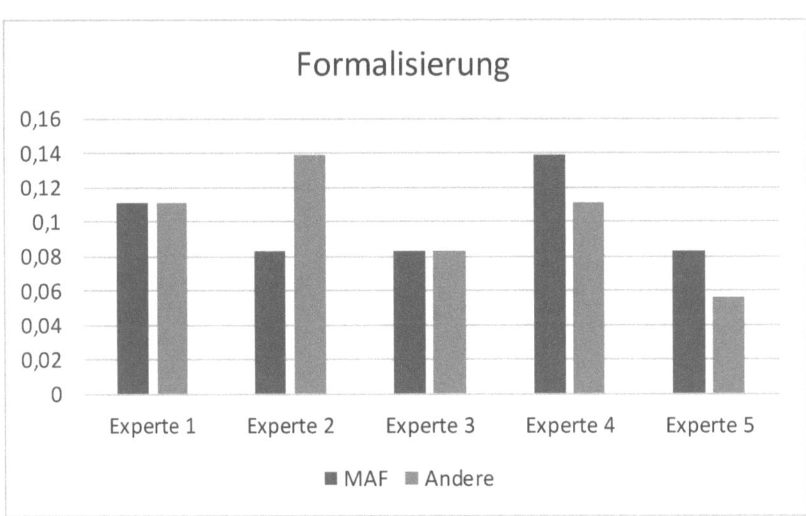

A.8 Ergebnisse der Expertenbefragungen

		Abbildung versch. Architekturperspektiven	Maritime Charakteristiken	Interoperabilität	Architektur-beschreibung	Unterstützung versch. Nutzergruppen	Komplexität	Skalierbarkeit	Formalisierung
Experte 1	*MAF*	4	4	4	4	3	3	3	4
	Other	4	4	5	4	3	4	3	4
Experte 2	*MAF*	4	3	5	4	4	2	4	3
	Other	4	2	3	4	1	4	3	5
Experte 3	*MAF*	5	4	5	4	2	2	3	3
	Other	3	3	3	3	3	3	3	3
Experte 4	*MAF*	4	3	3	4	5	4	4	5
	Other	4	2	3	4	2	3	4	4
Experte 5	*MAF*	5	4	4	4	5	4	4	5
	Other								
Experte 6	*MAF*	5	5	3	4	4	2	2	3
	Other	2	3	2	3	3	2	2	2

A.9 Datenmodell

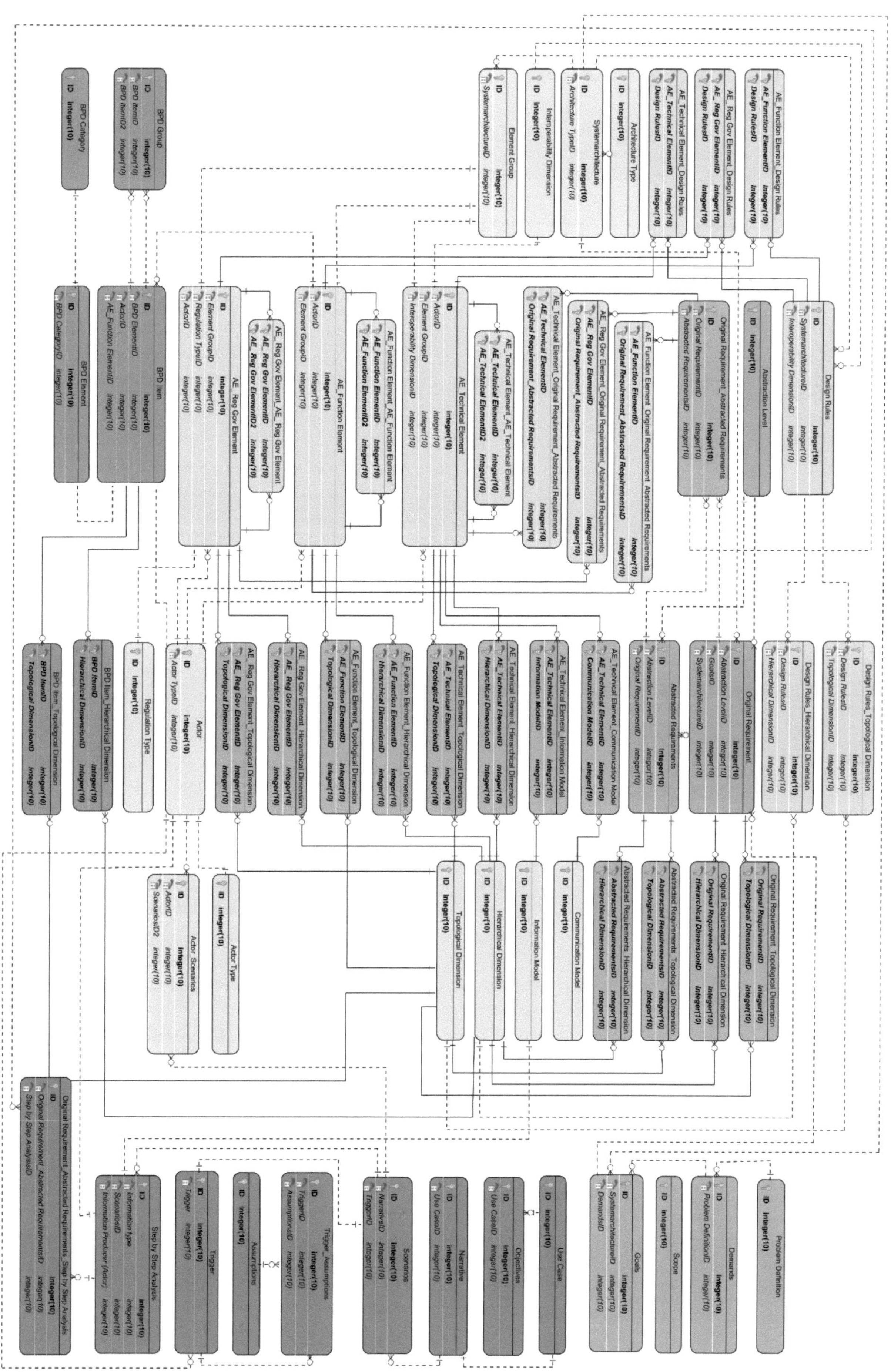

A.10 Tabellen Datenmodell

Architecture Type			
#	**Name**	**Datentyp**	**Beschreibung**
1	ID	integer	Eindeutige Kennung des Architekturtyps
2	Name	varchar	Name des Architekturtyps
3	Description	varchar	Beschreibung des Architekturtyps. Der Architekturtyp kann sowohl ein Entwurfsstand sein oder basierend auf einem Entwurfsmuster (SOA, MVC, etc.)
4	Reference	varchar	Externer Verweis (sofern vorhanden)

Systemarchitecture			
#	**Name**	**Datentyp**	**Beschreibung**
1	ID	integer	Eindeutige Kennung der Systemarchitektur
2	Name	varchar	Name der Systemarchitektur
3	Description	varchar	Kurze Beschreibung über die Systemarchitektur
4	Architecture TypeID	integer	Fremdschlüssel zur Tabelle Architecture Type

Interoperability Dimension			
#	**Name**	**Datentyp**	**Beschreibung**
1	ID	integer	Eindeutige Kennung Interoperabilitätsebene
2	Interoperability Level	varchar	Name der Interoperabilitätsebene. In der aktuellen Fassung des *Structural Framework* sind die vorhandenen Ebenen: • Regulations & Governance • Function • Information • Communication • Component

Element Group			
#	**Name**	**Datentyp**	**Beschreibung**
1	ID	integer	Eindeutige Kennung der Elementgruppe
2	SystemarchitectureID	Integer	Fremdschlüssel zur Zuordnung zwischen Elementgruppe und Systemarchitektur

Design Rules			
#	**Name**	**Datentyp**	**Beschreibung**
1	ID	integer	Eindeutige Kennung einer Regel
2	Name	varchar	Name der Regel
3	Description	varchar	Anwendungsbeschreibung der Regel
4	SystemarchitectureID	integer	Fremdschlüssel zur Zuordnung, bei welcher Systemarchitektur diese Regel Anwendung findet
5	Interoperability DimensionID	integer	Fremdschlüssel zur Zuordnung

Design Rules_Topological Dimension			
#	**Name**	**Datentyp**	**Beschreibung**
1	ID	integer	Eindeutige Kennung der Verknüpfung zwischen Design Rules und Topological Dimension
2	Design RulesID	integer	Fremdschlüssel zur Referenz auf eine bestimmte Regel in der Tabelle Design Rules
3	Topological DimensionID	integer	Fremdschlüssel zur Referenz einer topologischen Kategorie in der Tabelle Topological Dimension

Design Rules_Hierarchical Dimension			
#	**Name**	**Datentyp**	**Beschreibung**
1	ID	integer	Eindeutige Kennung der Verknüpfung zwischen Design Rules und Hierarchical Dimension
2	Design RulesID	integer	Fremdschlüssel zur Referenz auf eine bestimmte Regel in der Tabelle Design Rules
3	Hierarchical DimensionID	integer	Fremdschlüssel zur Referenz einer topologischen Kategorie in der Tabelle Hierarchical Dimension

Abstraction Level			
#	Name	Datentyp	Beschreibung
1	ID	integer	Eindeutige Kennung der Abstraktionsebene für Systemanforderungen
2	Abstration Level	varchar	Fremdschlüssel zur Referenz auf eine bestimmte Regel in der Tabelle Design Rules
3	Hierarchical DimensionID	integer	Fremdschlüssel zur Referenz einer topologischen Kategorie in der Tabelle Hierarchical Dimension

Original Requirement			
#	Name	Datentyp	Beschreibung
1	ID	integer	Eindeutige Kennung der originären Systemanforderung
2	Title	varchar	Titel der Systemanforderung
3	Description	varchar	Beschreibung der Systemanforderung (vorgenommen durch den Nutzer)
4	Reason	varchar	Nutzerseitige Begründung, warum diese Anforderung erhoben worden ist
5	Benefit	varchar	Beschreibung des zu erreichenden Mehrwerts durch diese Anforderung
6	Restrictions	varchar	Beschreibung der potentiell auftretenden Risiken bzw. Einschränkungen, die mit der Anforderung einhergehen
7	Source	varchar	Herkunft der Anforderung (Ggf. Verweis auf den Ersteller, eine externe Referenz zu Regularien, etc.)
8	Abstraction LevelID	integer	Fremdschlüssel auf die Tabelle Abstraction Level zur Einordnung der Anforderung auf eine Abstraktionsebene
9	GoalsID	integer	Fremdschlüssel zur Referenz, welches Ziel durch die Anforderung unterstützt werden soll
10	SystemarchitectureID	integer	Fremdschlüssel für die Zuordnung einer Anforderung zu einer bestimmten Systemarchitektur

Abstracted Requirement			
#	**Name**	**Datentyp**	**Beschreibung**
1	ID	integer	Eindeutige Kennung der abstrahierten Systemanforderung
2	Title	varchar	Titel der Systemanforderung
3	Description	varchar	Beschreibung der abstrahierten Systemanforderung (vorgenommen durch den Nutzer) aus der Sicht der entsprechenden Abstraktionsebene
4	Reason	varchar	Nutzerseitige Begründung, warum diese abstrahierte Anforderung erhoben worden ist
5	Benefit	varchar	Beschreibung des zu erreichenden Mehrwerts durch die abstrahierte Anforderung
6	Restrictions	varchar	Beschreibung der potentiell auftretenden Risiken bzw. Einschränkungen, die mit der Anforderung einhergehen
7	Abstraction LevelID	integer	Fremdschlüssel auf die Tabelle Abstraction Level zur Einordnung der abstrahierten Anforderung auf eine Abstraktionsebene
8	Original RequirementID	integer	Fremdschlüssel zur Referenz auf die Ursprungsanforderung

Original Requirement_Abstracted Requirement			
#	**Name**	**Datentyp**	**Beschreibung**
1	ID	integer	Eindeutige Kennung zur Identifikation jeweiliger Zuordnungen zwischen Ursprungsanforderung und abstrahierten Anforderungen
2	Original RequirementID	integer	Fremdschlüssel zur Referenz auf die Ursprungsanforderung
3	Abstracted RequirementID	integer	Fremdschlüssel zur Referenz auf eine abstrahierte Anforderung

Original Requirement_Topological Dimension			
#	Name	Datentyp	Beschreibung
1	ID	integer	Eindeutige Kennung der Verknüpfung zwischen Original Requirement und Topological Dimension
2	Original RequirementID	integer	Fremdschlüssel zur Referenz auf die Ursprungsanforderung
3	Topological DimensionID	integer	Fremdschlüssel zur Referenz einer topologischen Kategorie in der Tabelle Topological Dimension

Original Requirement_Hierarchical Dimension			
#	Name	Datentyp	Beschreibung
1	ID	integer	Eindeutige Kennung der Verknüpfung zwischen Original Requirement und Hierarchical Dimension
2	Original RequirementID	integer	Fremdschlüssel zur Referenz auf die Ursprungsanforderung
3	Hierarchical DimensionID	integer	Fremdschlüssel zur Referenz einer topologischen Kategorie in der Tabelle Hierarchical Dimension

Abstracted Requirements_Topological Dimension			
#	Name	Datentyp	Beschreibung
1	ID	integer	Eindeutige Kennung der Verknüpfung zwischen Abstracted Requirements und Topological Dimension
2	Abstracted RequirementsID	integer	Fremdschlüssel zur Referenz auf die Anforderung
3	Topological DimensionID	integer	Fremdschlüssel zur Referenz einer topologischen Kategorie in der Tabelle Topological Dimension

Abstracted Requirements_Hierarchical Dimension			
#	Name	Datentyp	Beschreibung
1	ID	integer	Eindeutige Kennung der Verknüpfung zwischen Abstracted Requirements und Hierarchical Dimension
2	Abstracted RequirementsID	integer	Fremdschlüssel zur Referenz auf die Anforderung
3	Hierarchical DimensionID	integer	Fremdschlüssel zur Referenz einer topologischen Kategorie in der Tabelle Hierarchical Dimension

AE_Technical Element			
#	**Name**	**Datentyp**	**Beschreibung**
1	ID	integer	Eindeutige Kennung für ein technisches Architekturelement
2	Name	varchar	Name des Architekturelements
3	Reason	varchar	Textuelle Begründung für die Verwendung des Architekturelements
4	Description	varchar	Beschreibung des Elements
5	ActorID	integer	Fremdschlüssel zur Referenz auf den hauptverantwortlichen Akteur (sofern vorhanden)
6	Element GroupID	integer	Fremdschlüssel zur Zuordnung des Elements zu einer Elementgruppe
7	Interoperability DimensionID	integer	Fremdschlüssel zur Einordnung des Elements zu einer Interoperabilitätsdimension

AE_Technical Element_Original Requirement_Abstracted Requirements			
#	**Name**	**Datentyp**	**Beschreibung**
1	ID	integer	Eindeutige Kennung
2	AE_Technical ElementID	integer	Eindeutige Kennung eines technischen Architekturelements der Tabelle AE_Technical Element
3	Original Requirement_Abstracted RequirementsID	integer	Eindeutige Kennung der Zuordnung zwischen originärer und abgeleiteten Anforderungen

AE_Technical Element_Design Rules			
#	**Name**	**Datentyp**	**Beschreibung**
1	ID	integer	Eindeutige Kennung
2	AE_Technical ElementID	integer	Eindeutige Kennung eines technischen Architekturelements der Tabelle AE_Technical Element
3	Design RulesID	integer	Eindeutige Kennung einer Designregel

AE_Function Element_AE_Function Element			
#	Name	Datentyp	Beschreibung
1	AE_Function ElementID	integer	Eindeutige Kennung eines Architekturelements der Tabelle AE_Function Element
2	AE_Function ElementID2	integer	Eindeutige Kennung eines Architekturelements der Tabelle AE_Function Element

AE_Function Element			
#	Name	Datentyp	Beschreibung
1	ID	integer	Eindeutige Kennung für ein funktionales Architekturelement
2	Name	varchar	Name des Architekturelements
3	Description	varchar	Beschreibung des Elements
5	ActorID	integer	Fremdschlüssel zur Referenz auf den hauptverantwortlichen Akteur (sofern vorhanden)
6	Element GroupID	integer	Fremdschlüssel zur Zuordnung des Elements zu einer Elementgruppe
7	Interoperability DimensionID	integer	Fremdschlüssel zur Einordnung des Elements zu einer Interoperabilitätsdimension

AE_Function Element_Original Requirement_Abstracted Requirements			
#	Name	Datentyp	Beschreibung
1	ID	integer	Eindeutige Kennung
2	AE_Function ElementID	integer	Eindeutige Kennung eines Architekturelements der Tabelle AE_Function Element
3	Original Requirement_Abstracted RequirementsID	integer	Eindeutige Kennung der Zuordnung zwischen originärer und abgeleiteten Anforderungen

AE_Function Element_Design Rules			
#	Name	Datentyp	Beschreibung
1	ID	integer	Eindeutige Kennung
2	AE_Function ElementID	integer	Eindeutige Kennung eines Architekturelements der Tabelle AE_Function Element
3	Design RulesID	integer	Eindeutige Kennung einer Designregel

AE_Reg Gov Element			
#	**Name**	**Datentyp**	**Beschreibung**
1	ID	integer	Eindeutige Kennung für ein funktionales Architekturelement
2	Name	varchar	Name des Architekturelements
3	Description	varchar	Beschreibung des Elements
5	Source	varchar	Herkunft bzw. Quelle des Reg Gov Architekturelements
6	Element GroupID	integer	Fremdschlüssel zur Zuordnung des Elements zu einer Elementgruppe
7	Regulation TypeID	integer	Fremdschlüssel zur Klassifizierung des Reg Gov Elements
8	ActorID	integer	Referenz zum Hauptakteur des Elements

AE_Reg Gov Element_Original Requirement_Abstracted Requirements			
#	**Name**	**Datentyp**	**Beschreibung**
1	ID	integer	Eindeutige Kennung
2	AE_Reg Gov ElementID	integer	Eindeutige Kennung eines Architekturelements der Tabelle AE_Reg Gov Element
3	Original Requirement_Abstracted RequirementsID	integer	Eindeutige Kennung der Zuordnung zwischen originärer und abgeleiteten Anforderungen

AE_Reg Gov Element_Design Rules			
#	**Name**	**Datentyp**	**Beschreibung**
1	ID	integer	Eindeutige Kennung
2	AE_Reg Gov ElementID	integer	Eindeutige Kennung eines Architekturelements der Tabelle AE_Reg Gov Element
3	Design RulesID	integer	Eindeutige Kennung einer Designregel

BPD Item			
#	Name	Datentyp	Beschreibung
1	ID	integer	Eindeutige Kennung
2	Name	varchar	Name des Items
3	Suffix	varchar	Suffis des Items (optional)
4	Order	integer	Position des Items
5	Message	varchar	Weitere Information / angestellte Nachricht zum Item (optional)
6	BPD ElementID	integer	Fremdschlüssel zur Zuordnung des Items zu einem BPD Element
7	ActorID	integer	Fremdschlüssel zur Zuordnung des Hauptakteurs zum BPD Item
8	AE_Function ElementID	integer	Fremdschlüssel zur Zuordnung eines BPD Items zu einem funktionalen Architekturelement

BPD Group			
#	Name	Datentyp	Beschreibung
1	ID	integer	Eindeutige Kennung einer Prozessschrittgruppe
2	BPD ItemID	integer	Fremdschlüssel zur Referenz eines Items der Tabelle BPD Item
3	BPD ItemID2	integer	Fremdschlüssel zur Referenz eines Items der Tabelle BPD Item

BPD Item			
#	Name	Datentyp	Beschreibung
1	ID	integer	Eindeutige Kennung
2	BPD ItemID	integer	Fremdschlüssel zur Referenz eines Items der Tabelle BPD Item
3	BPD ItemID2	integer	Fremdschlüssel zur Referenz eines Items der Tabelle BPD Item

BPD Item_Hierarchical Dimension			
#	Name	Datentyp	Beschreibung
1	BPD ItemID	integer	Fremdschlüssel für die eindeutige Kennung eines BPD Items
2	Hierarchical DimensionID	integer	Fremdschlüssel zur Referenz Kategorie der hierarchischen Dimension

BPD Item_Topological Dimension			
#	**Name**	**Datentyp**	**Beschreibung**
1	BPD ItemID	integer	Fremdschlüssel für die eindeutige Kennung eines BPD Items
2	Topological DimensionID	integer	Fremdschlüssel zur Referenz Kategorie der topologischen Dimension

BPD Element			
#	**Name**	**Datentyp**	**Beschreibung**
1	ID	integer	Eindeutige Kennung
2	Name	varchar	Name des Prozesselements
3	BPD CategoryID	integer	Fremdschlüssel zur Tabelle BPD Category zur Einordnung eines Elements zu einer Kategorie

BPD Category			
#	**Name**	**Datentyp**	**Beschreibung**
1	ID	integer	Eindeutige Kennung
2	Name	varchar	Name der Kategorie

AE_Technical Element_Communication Model			
#	**Name**	**Datentyp**	**Beschreibung**
1	AE_Technical ElementID	integer	Fremdschlüssel zur Referenz auf ein technisches Architekturelement
2	Communication ModelID	integer	Fremdschlüssel zur Referenz auf einen Eintrag in der Tabelle Communication ModelID

AE_Technical Element_Information Model			
#	**Name**	**Datentyp**	**Beschreibung**
1	AE_Technical ElementID	integer	Fremdschlüssel zur Referenz auf ein technisches Architekturelement
2	Information ModelID	integer	Fremdschlüssel zur Referenz auf einen Eintrag in der Tabelle Information ModelID

AE_Technical Element_Hierachical Dimension			
#	Name	Datentyp	Beschreibung
1	AE_Technical ElementID	integer	Fremdschlüssel zur Referenz auf ein technisches Architekturelement
2	Hierarchical DimensionID	integer	Fremdschlüssel zur Referenz auf einen Wert in der Tabelle Hierarchical Dimension

AE_Technical Element_Topological Dimension			
#	Name	Datentyp	Beschreibung
1	AE_Technical ElementID	integer	Fremdschlüssel zur Referenz auf ein technisches Architekturelement
2	Topological DimensionID	integer	Fremdschlüssel zur Referenz auf einen Wert in der Tabelle Topological Dimension

AE_Function Element_Hierachical Dimension			
#	Name	Datentyp	Beschreibung
1	AE_Function ElementID	integer	Fremdschlüssel zur Referenz auf ein funktionales Architekturelement
2	Hierarchical DimensionID	integer	Fremdschlüssel zur Referenz auf einen Wert in der Tabelle Hierarchical Dimension

AE_Function Element_Topological Dimension			
#	Name	Datentyp	Beschreibung
1	AE_Function ElementID	integer	Fremdschlüssel zur Referenz auf ein funktionales Architekturelement
2	Topological DimensionID	integer	Fremdschlüssel zur Referenz auf einen Wert in der Tabelle Topological Dimension

AE_Reg Gov Element_Hierachical Dimension			
#	Name	Datentyp	Beschreibung
1	AE_Reg Gov ElementID	integer	Fremdschlüssel zur Referenz auf ein Architekturelement der Tabelle AE_Reg Gov Element
2	Hierarchical DimensionID	integer	Fremdschlüssel zur Referenz auf einen Wert in der Tabelle Hierarchical Dimension

AE_Reg Gov Element_Topological Dimension			
#	**Name**	**Datentyp**	**Beschreibung**
1	AE_Reg Gov ElementID	integer	Fremdschlüssel zur Referenz auf ein Architekturelement der Tabelle AE_Reg Gov Element
2	Topological DimensionID	integer	Fremdschlüssel zur Referenz auf einen Wert in der Tabelle Topological Dimension

Communication Model			
#	**Name**	**Datentyp**	**Beschreibung**
1	ID	integer	Primärschlüssel
2	Name	varchar	Name des referenzierten Kommunikationsmodells (bzw. -protokoll)

Information Model			
#	**Name**	**Datentyp**	**Beschreibung**
1	ID	integer	Primärschlüssel
2	Name	varchar	Name des referenzierten Informationsmodells (bzw. Datenmodells)

Information Model			
#	**Name**	**Datentyp**	**Beschreibung**
1	ID	integer	Primärschlüssel
2	Name	varchar	Name des referenzierten Informationsmodells (bzw. Datenmodells)

Hierarchical Dimension			
#	**Name**	**Datentyp**	**Beschreibung**
1	ID	integer	Eindeutige Kennung
2	Hierarchical Level	varchar	Name der jeweiligen Kategorie in der hierarchischen Dimension. In der aktuellen Fassung des *Structural Framework* sind die vorhandenen Ebenen: • Transport processes • Sensors & Actuators • Technical Services • Systems • Operations • Fields of activity

Topological Dimension			
#	**Name**	**Datentyp**	**Beschreibung**
1	ID	integer	Eindeutige Kennung
2	Topological Level	varchar	Name der jeweiligen Kategorie in der topologischen Dimension. In der aktuellen Fassung des *Structural Framework* sind die vorhandenen Ebenen: • Ships and other maritime traffic objects • Links • Shore

Actor			
#	**Name**	**Datentyp**	**Beschreibung**
1	ID	integer	Eindeutige Kennung des Akteurs
2	Name	varchar	Name des Akteurs
3	Description	varchar	Beschreibung der Eigenschaften des Akteurs
4	Actor TypeID	integer	Referenz auf die Charakterisierung des Akteurs via Tabelle Actor Type

Actor Type			
#	Name	Datentyp	Beschreibung
1	ID	integer	Eindeutige Kennung
2	Type	varchar	Beschreibung des Akteur-Typs

Actor_Scenarios			
#	Name	Datentyp	Beschreibung
1	ID	integer	Eindeutige Kennung
2	ActorID	integer	Referenz zur Tabelle Actor
3	ScenariosID	integer	Referenz zur Tabelle Scenarios

Problem Definition			
#	Name	Datentyp	Beschreibung
1	ID	integer	Eindeutige Kennung
2	Name	varchar	Name des Problems
3	Description	varchar	Problembeschreibung

Demands			
#	Name	Datentyp	Beschreibung
1	ID	integer	Eindeutige Kennung
2	Name	varchar	Name des Bedarfs
3	Description	varchar	Beschreibung des Bedarfs
4	Problem DefinitionID	integer	Referenz zum zugeordneten Problem

Scope			
#	Name	Datentyp	Beschreibung
1	ID	integer	Eindeutige Kennung
2	Name	varchar	Name der Umfangbeschreibung
3	Scope	varchar	Beschreibung des adressierten Systemumfangs

Goals

#	Name	Datentyp	Beschreibung
1	ID	integer	Eindeutige Kennung
2	Name	varchar	Name der Zielvorgabe
3	Description	varchar	Beschreibung der Zielvorgabe
4	SystemarchitectureID	integer	Referenz zur Tabelle Systemarchitecture
5	DemandsID	integer	Referenz zur Tabelle Demands

Use Case

#	Name	Datentyp	Beschreibung
1	ID	integer	Eindeutige Kennung
2	Name	varchar	Name des Anwendungsfalls

Objectives

#	Name	Datentyp	Beschreibung
1	ID	integer	Eindeutige Kennung
2	Name	varchar	Name des Ziels für einen Anwendungsfall
3	Description	varchar	Ausformulierung des Ziels
4	Use Case ID	integer	Referenz zur Tabelle Use Case zur Zuordnung der Ziele zu den jeweiligen Anwendungsfällen

Narrative

#	Name	Datentyp	Beschreibung
1	ID	integer	Eindeutige Kennung
2	Short Description	varchar	Kurzbeschreibung des Anwendungsfalls
3	Description	varchar	Ausformulierung des Anwendungsfalls
4	Remarks	varchar	Optionale Anmerkungen
5	Use CaseID	integer	Referenz zur Tabelle Use Case zur Zuordnung der Ziele zu den jeweiligen Anwendungsfällen

Scenarios			
#	Name	Datentyp	Beschreibung
1	ID	integer	Eindeutige Kennung
2	Name	varchar	Name eines Szenarios
3	Precondition	varchar	Vorbedingung eines Szenarios
4	Postcondition	varchar	Nachbedingung eines Szenarios
5	NarrativeID	integer	Referenz zur Tabelle Narrative
6	TriggerID	integer	Referenz auf die Tabelle Trigger

Step by Step Analysis			
#	Name	Datentyp	Beschreibung
1	ID	integer	Eindeutige Kennung
2	Step No	varchar	Schrittnummer im Szenario
3	Name of activity	varchar	Name der Aktivität im Szenarioschritt
4	Description	varchar	Beschreibung
5	Information type	integer	Referenz zum erforderlichen Informationsmodell (sofern vorhanden)
6	ScenarioID	integer	Referenz auf das entsprechende Szenario
7	Information Producer (Actor)	integer	Referenz auf den Informationsproduzenten

Trigger			
#	Name	Datentyp	Beschreibung
1	ID	integer	Eindeutige Kennung
2	Trigger	integer	Referenz zum auslösenden Actor
3	Triggering event	varchar	Beschreibung des auslösenden Ereignisses
4	Precondition	varchar	Beschreibung der Konditionen, die zur Auslösung des Anwendungsfalls erforderlich sind

Trigger_Assumptions			
#	Name	Datentyp	Beschreibung
1	ID	integer	Eindeutige Kennung
2	TriggerID	integer	Referenz zur Tabelle Trigger
3	AssumptionsID	integer	Referenz zur Tabelle Assumptions

Assumptions			
#	Name	Datentyp	Beschreibung
1	ID	integer	Eindeutige Kennung
2	Name	integer	Name einer Annahme
3	Description	varchar	Beschreibung einer Annahme

Original Requirement_Abstracted Requirements_Step by Step Analysis			
#	Name	Datentyp	Beschreibung
1	ID	integer	Eindeutige Kennung
2	Original Requirement_Abstracted RequirementsID	integer	Referenz auf die Tabelle Original Requirement_Abstracted Requirements
3	Step by Step AnalysisID	integer	Referenz auf die Tabelle Step by Step Analysis

Stichwortverzeichnis

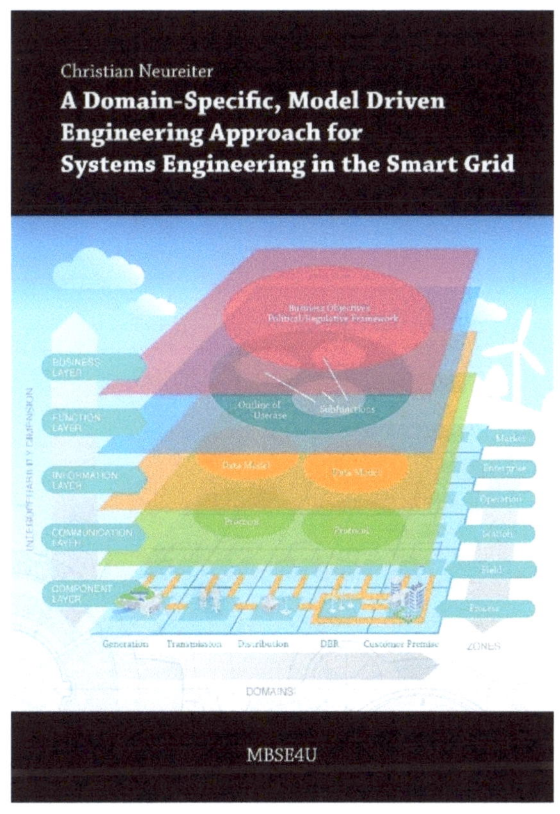

Christian Neureiter

A Domain-Specific, Model Driven Engineering Approach for Systems Engineering in the Smart Grid

The research presented in this book covers considerations on how to utilize Systems Engineering (SE) and Model Driven Engineering (MDE) concepts for the development of robust and dependable Smart Grids.

It discusses the specification and implementation of a standards-based Domain Specific Language (DSL), denoted as SGAM Toolbox. Furthermore, it demonstrates the application of this toolbox on basis of different case studies.

The implementation results are evaluated in different ways and a summarizing scientific discussion identifies different issues that require future research.
One of the intentions of this book is to complement scientific considerations with concepts for practical applicability. Thus, the described results (especially the SGAM Toolbox) are publicly available.

Christian Neureiter is lecturer and researcher at Salzburg University of Applied Sciences. As an affiliate of the Josef Ressel Center for User-Centric Smart Grid Privacy, Security and Control his research concentrates on the two main topics Systems Engineering and Model Driven Engineering. Besides his academic focus, Christian is working as consultant and trainer for the Successfactory Consulting Group.

Published 2017 by MBSE4U

Tim Weilkiens

SYSMOD – The Systems Modeling Toolbox – Pragmatic MBSE with SysML

SYSMOD is an MBSE toolbox for pragmatic modeling of systems. It is well-suited to be used with SysML. The book provides a set of methods with roles and outputs. Concrete guidance and examples show how to apply the methods with SysML.

- Requirements modeling
- System Context
- Use Cases
- Logical and Product Architectures
- Guidance how to create a SysML model
- Full-fledged SysML example
- Complete definition of a profile for SYSMOD

Published 2016 by MBSE4U, 2nd edition.